Quintino d'Annibale

Apprendere la FISICA

Esercizi svolti e commentati

MECCANICA

Cinematica-Dinamica-Statica-Gravitazione-Fluidi-Oscillazioni

ISBN 979-12-200-6928-1

Ortona - novembre 2020

Revisione testi: Laura d'Annibale

Quintino d'Annibale

Apprendere la FISICA

Prima edizione: novembre 2020

ISBN 979-12-200-6928-1

Quintino d'Annibale
Ortona, Italia, 66026
qdannibale@alice.it

In internet:
- Sito internet:www.fisicalst.it
- E-mail:qdannibale@alice.it

Ringraziamenti

Un particolare ringraziamento va a tutti i miei ex alunni che nel corso degli anni hanno accolto con entusiasmo il mio invito a sviluppare diversi esercizi che successivamente sono stati pubblicati sul sito www.fisicalst.it; alcuni dei quali, riveduti e corretti, sono stati riproposti all'interno di questa opera.

Immagine di copertina
Presa dal web, ma non è stato possibile rintracciarne la provenienza; il proprietario che ritiene di non essere stato citato correttamente è pregato di mettersi in contatto con l'autore qdannibale@alice.it.

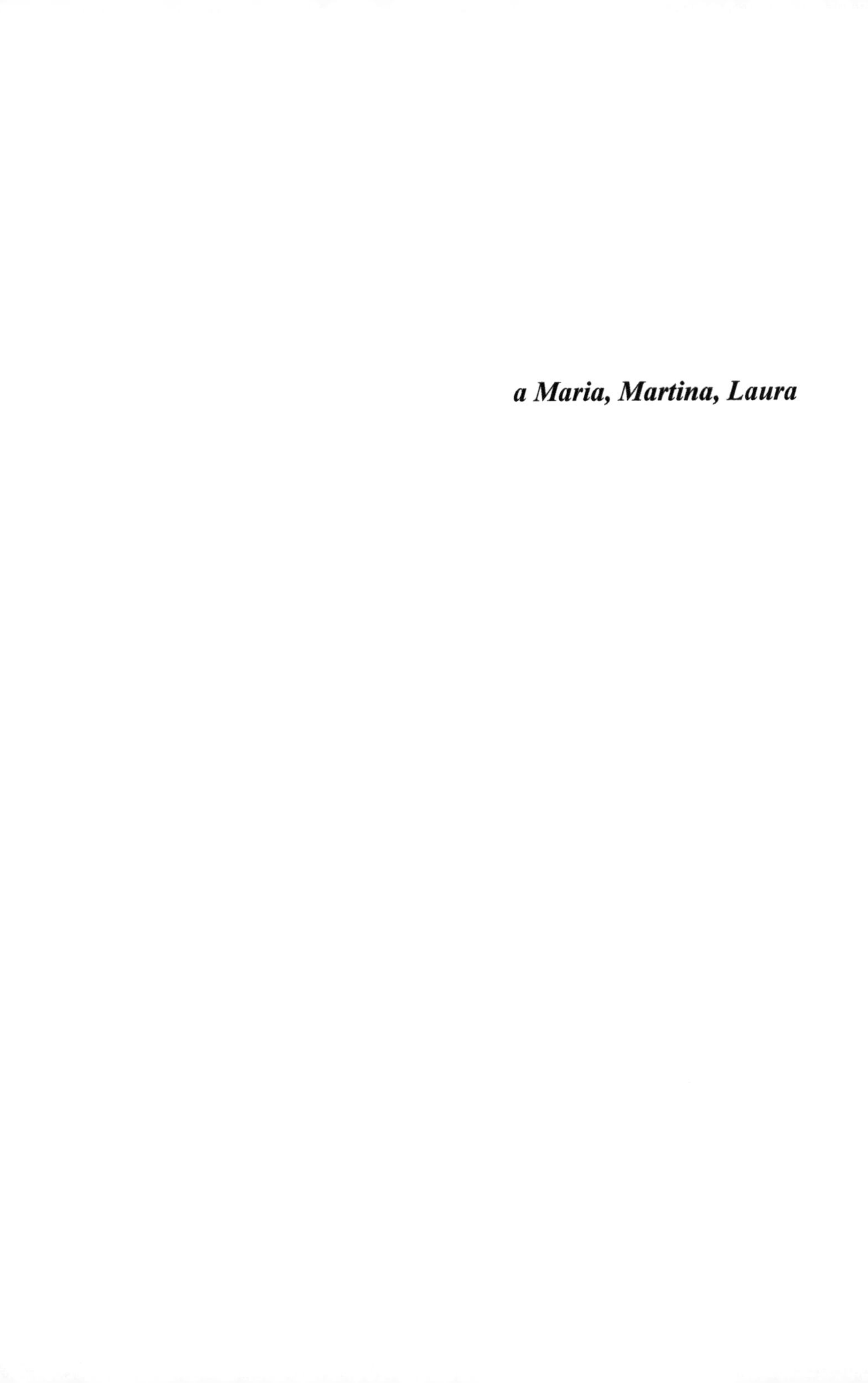

a Maria, Martina, Laura

Sommario

Prefazione

Molti sono i testi che contengono al loro interno esercizi svolti di fisica, tuttavia ritengo che in molti casi si tenda a dare risalto solo alla soluzione dell'esercizio, con una mera applicazione delle relazioni fisico-matematiche, dando poco risalto all' impostazione o strategia utilizzate ed al commento dei passaggi svolti. Questo approccio può andar bene negli allegati ai libri di testo che trattano in maniera approfondita la parte teorica e negli esercizi rimandano a relazioni tra le leggi già esposte nei vari capitoli.

Sicuramente questa metodologia, in una pubblicazione che contiene esercizi svolti, è valida per chi già conosce la materia, ma ritengo che non sia molto utile a chi la materia deve apprenderla anche attraverso l'esercizio.

Nella mia esperienza di docente ho sempre visto la soluzione dei problemi scientifici, di fisica e non solo, come termometro della conoscenza di quel determinato argomento, ma non come semplice applicazione di formule e principi, bensì come momento di riflessione, ragionamento ed apprendimento degli argomenti trattati; in tal senso ho sempre stimolato i miei alunni a fare di un semplice esercizio un momento di autoverifica, con l'intento di descrivere e rendere comprensibile anche ad altri il perché di quelle scelte attuate e il perché di quella soluzione raggiunta. In altri termini il ragionamento che ha portato al tipo di strategia utilizzata per affrontare il problema, considerando il foglio su cui si scrive l'ipotetico interlocutore al quale spiegare le operazioni svolte. Quelle considerazioni che vengono annotate garantiranno l'acquisizione di un linguaggio appropriato e la padronanza dell'argomento, utilizzabili nel completamento dell'apprendimento personale.

Quando un docente propone un esercizio da svolgere in classe dovrebbe stimolare l'analisi del problema in base ai dati e alle richieste specifiche; suggerire tra le diverse possibili strategie utilizzabili, commentare i vari passaggi compresi quelli puramente matematici. Tutto ciò affinché ogni esercizio sia indirizzato alla miglior comprensione dell'argomento a cui si rivolge.

In questo libro ho cercato di inserire tutto ciò che ho sottolineato in precedenza, proponendo una serie di esercizi notevoli divisi per i vari argomenti che forniscano una traccia da seguire su come poter affrontare un problema scientifico traendone il maggior vantaggio. Una parte di questi sono stati raccolti dalle prove di verifica svolte in classe, altri sono stati prelevati da alcuni dei migliori libri di testo utilizzati maggiormente nei licei scientifici e altri dalle prove di ammissione all'università.

Introduzione alla fisica
La fisica

Da (Dizionario Treccani) :"*fiṡica s. f. [dal latino physĭca, derivante dal greco φυσική, propr. femm. sostantivato dell'agg. lat. physĭcus, gr. φυσικός «fisico»]. – 1. Scienza rivolta a fornire una descrizione razionale di quelli tra i fenomeni naturali che sono suscettibili di sperimentazione e che implicano grandezze misurabili*".

La fisica è dunque la scienza che studia i fenomeni naturali, in particolare, tutti gli eventi che possono essere descritti e quantizzati attraverso grandezze opportunamente scelte, al fine di determinarne le correlazioni matematiche e leggi.

Lo studio della fisica spesso si fonda su modelli semplificati dei fenomeni. Come le altre discipline scientifiche, la chimica, la biologia, ecc., si basa sul metodo sperimentale, introdotto da Galileo Galilei, che prevede la riproducibilità dei fenomeni attraverso esperimenti. Esso si basa su diversi fattori: osservazione del fenomeno, scelta delle grandezze da rilevare, misura delle stesse e ricerca della loro correlazione, in modo da definire un modello empirico che, se confermato anche da altri risultati, definisce la legge.

Lo sviluppo della fisica si deve allo studio e alla ricerca di grandi scienziati, da Galileo a Newton per la meccanica classica, a J.C. Maxwell per l'elettromagnetismo, ad Einstein per la fisica moderna e a Fermi per la fisica nucleare.

CINEMATICA DEL PUNTO MATERIALE

CAPITOLO 1

MOTI IN UNA DIMENSIONE

- VELOCITÀ MEDIA - ISTANTANEA
- ACCELERAZIONE MEDIA - ISTANTANEA
- MOTO RETTILINEO UNIFORME
- MOTO RETTILINEO UNIFORMEMENTE ACCELERATO

1. MOTI RETTILINEI

1.1. Introduzione

Il capitolo presenta una serie di esercizi sul moto rettilineo uniforme e uniformemente accelerato.

Analizza la ricerca delle grandezze cinematiche, posizione e spostamento, velocità, accelerazione, nel caso in cui il moto del punto materiale avvenga su di una retta x o y.

1.2. Richiami e formule

Velocità media $$v_m = \frac{\Delta x(t)}{\Delta t} = \frac{x - x_0}{t - t_0} \quad (1)$$

Velocità istantanea $$v(t) = \lim_{\Delta t \to 0} \frac{\Delta x(t)}{\Delta t} = \frac{dx(t)}{dt} \quad (2)$$

1.2.1. <u>Moto rettilineo uniforme</u>

Velocità $$v(t) = costante$$

Legge oraria del moto $$x(t) = x_0 + v(t - t_0) \quad (3)$$

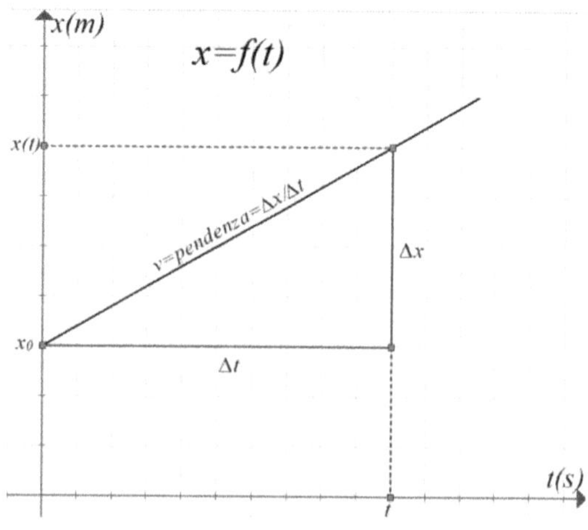

Figura 1

1.2.2. Moto rettilineo uniformemente accelerato

Accelerazione media

$$a_m = \frac{\Delta v(t)}{\Delta t} = \frac{v - v_0}{t - t_0} \tag{4}$$

Accelerazione istantanea

$$a = \lim_{\Delta t \to 0} \frac{\Delta v}{\Delta t} = \frac{dv}{dt} = \frac{d^2 x}{dt^2} \tag{5}$$

Velocità

$$v(t) = v_0 + a(t - t_0) \tag{6}$$

Legge oraria del moto

$$x(t) = x_0 + v_0(t - t_0) + \frac{1}{2}a(t - t_0)^2 \tag{7}$$

Relazione v=f(a,x)

$$v^2(t) = {v_0}^2 + 2a(x - x_0) \tag{8}$$

$$a = \frac{v^2 - {v_0}^2}{2(x - x_0)} \tag{9}$$

Considerando i valori istantanei della velocità e accelerazione *a*=costante

$$v = \frac{dx}{dt} \quad e \quad a = \frac{dv}{dt} \tag{10}$$

l'equazione *v(t)* si può ottenere integrando la seguente equazione

$$dv = a\,dt \tag{11}$$

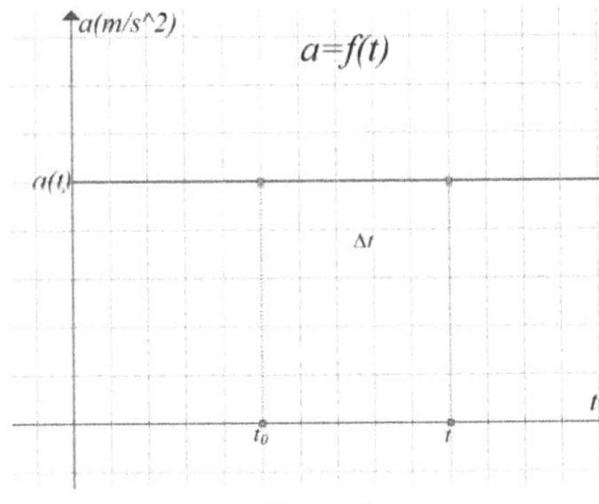

Figura 2

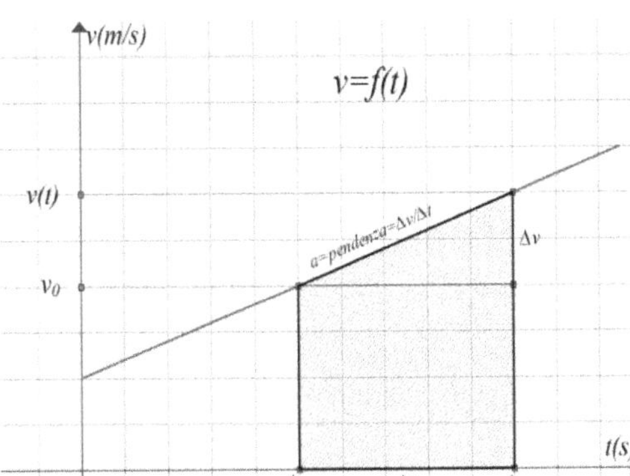

Figura 3

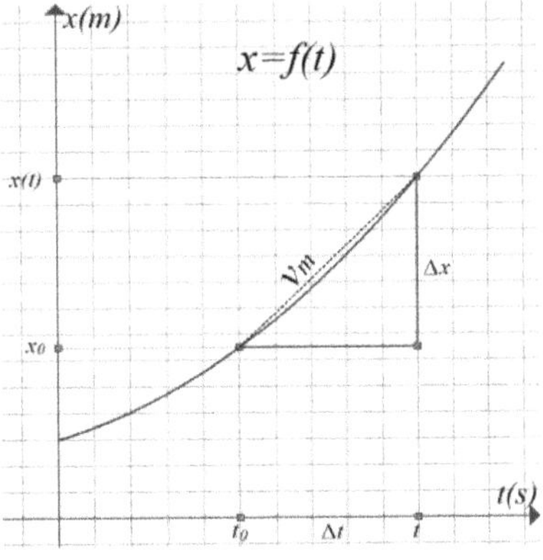

Figura 4

tra un istante iniziale $t_0 = 0$ e un generico istante *t*:

$$\int_{v_0}^{v} dv = \int_{t_0}^{t} a\, dt \tag{12}$$

$$v - v_0 = \int_0^t a\, dt = at \qquad \Rightarrow \qquad v = v_0 + a(t - t_0) \tag{13}$$

Analogamente per *x(t)*

$$dx = v\, dt$$

$$\int_{x_0}^{x} dx = \int_{t_0}^{t} v\, dt \tag{14}$$

$$x - x_0 = \int_{t_0}^{t} [v_0 + a(t - t_0)]\, dt = \int_{t_0}^{t} v_0 dt + \int_{t_0}^{t} a(t - t_0) dt =$$

$$= v_0(t - t_0) + \frac{1}{2} a(t - t_0)^2$$

$$x = x_0 + v_0(t - t_0) + \frac{1}{2} a(t - t_0)^2 \tag{15}$$

1.2.3. Moto dei gravi

Un caso particolare di moto rettilineo uniformemente accelerato è la caduta libera dei corpi, un moto di cui è nota l'accelerazione $a = g$ *che in prossimità della terra può essere considerata costante e circa uguale a* $9{,}8\ m/s^2$.

Le equazioni del moto sono:

Velocità $$v = v_0 \pm gt \tag{16}$$

Legge oraria del moto $$y = y_0 + v_0 \cdot t \pm \frac{1}{2} g t^2 \tag{17}$$

(il segno $\pm$ è giustificato dal moto ascendente o discendente)

Nella fase ascendente l'accelerazione è di verso opposto alla velocità (segno -), nella fase discendente essa è concorde con la velocità (segno +).

Due casi notevoli:

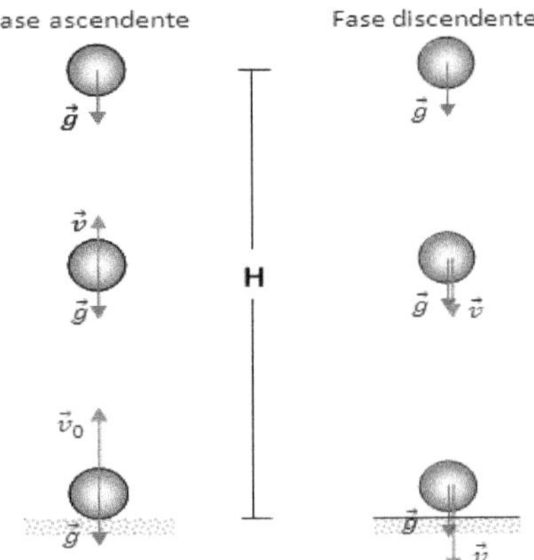

Figura 5

a) Fase ascendente.
Corpo lanciato verso l'alto con velocità iniziale *v;* determinare l'altezza massima *H* raggiunta e il tempo impiegato a raggiungere detto punto.

$$t = \frac{V_0}{g} \tag{18}$$

Sostituendo nella legge oraria (17) si ha:

$$H = S - S_0 = V_0 \cdot t - \frac{1}{2} \cdot gt^2 =$$

$$= V_0 \frac{V_0}{g} - \frac{1}{2} \cdot g\left(\frac{V_0}{g}\right)^2 = \frac{V_0^2}{g} - \frac{V_0^2}{2g} = \frac{V_0^2}{2g} \tag{19}$$

b) Fase discendente.
Il corpo arrivato alla massima altezza torna verso il basso. Determinare il tempo e la velocità raggiunta quanto tocca terra.
Visto che in questa fase la velocità e l'accelerazione hanno entrambe verso uguale (verso il basso) per semplicità le consideriamo positive; inoltre la velocità iniziale è nulla e l'altezza è nota. Applicando l'equazione (14) si ha:

$$V = 0 + g \cdot t \tag{20}$$

Manca il tempo, che può essere determinato applicando la (17):

$$H = S - S_0 = \frac{1}{2} \cdot gt^2 \qquad \Rightarrow t = \sqrt{\frac{2H}{g}} \tag{21}$$

Sostituendo la (21) nella (20) abbiamo:

$$V = g \cdot \sqrt{\frac{2H}{g}} = \sqrt{2gH}$$

1.3. Esercizi

Moti rettilinei

1. Una particella si muove nella direzione dell'asse x secondo l'equazione x(t)= $50t + 10t^2$, ove ***x*** è in metri e ***t*** in secondi. Calcolare:

a) La velocità vettoriale media della particella durante i primi *3.0 s*;
b) La velocità istantanea all'istante *t =3.0 s;*
c) L'accelerazione istantanea per *t = 3.0 s;*
d) Tracciare la curva ***x(t) v(t)*** indicando come si può ottenere graficamente la risposta al punto (**b**).

(si utilizzi il concetto del limite per $\Delta t \rightarrow 0$) (Halliday, Resnick, & Walker, 2001, p. 28)

Strategia-soluzione

Dall'equazione data di 2° grado si intuisce che la *x=f(t)* è una parabola, con concavità verso l'alto, passante per l'origine degli assi in quanto manca il termine noto. La prima domanda chiede la velocità media, pertanto utilizzando l'equazione data (legge oraria) si possono determinare le posizioni iniziale *x(0)* e finale *x(3),* quindi utilizziamo la relazione della velocità media nei primi 3 secondi. Nella **b)** e **c)** necessita definire le leggi *v=f(t)* e *a=f(t)* trattandosi di valori istantanei; il punto **d)** è una valutazione grafica del moto.

a) La velocità media è definita come:

$$v_m = \frac{\Delta x}{\Delta t} \tag{1}$$

Essendo *x(0)=0* lo spazio percorso è uguale alla posizione x*(3)* quindi:

$$v_m = \frac{\Delta x}{\Delta t} = \frac{50 \cdot 3 + 10 \cdot 3^2}{3 - 0} = 80\frac{m}{s}$$

b) Come già anticipato occorrerà determinare l'equazione *v=f(t)*, in quanto il quesito richiede il valore della velocità all'istante 3s; inoltre chiede di utilizzare il concetto di limite.

$$v(t) = \frac{dx(t)}{dt} = \lim_{\Delta t \to 0} \frac{\Delta x(t)}{\Delta t} \tag{2}$$

Determiniamo inizialmente : $\Delta x(t) = x(t + \Delta t) - x(t)$ (3)

$$x(t+\Delta t) = 50(t+\Delta t) + 10(t+\Delta t)^2 = 50t + 50\Delta t + 10t^2 + 10\Delta t^2 + 20t\Delta t$$

$$x(t) = 50t + 10t^2$$

$$\Delta x(t) = 50t + 50\Delta t + 10t^2 + 10\Delta t^2 + 20t\Delta t - 50t - 10t^2 = 50\Delta t + 10\Delta t^2 + 20t\Delta t \tag{4}$$

Sostituendo nella la terza della (4) nella (2)

$$v(t) = \lim_{\Delta t \to 0} \frac{\Delta x(t)}{\Delta t} = \lim_{\Delta t \to 0} \frac{50\Delta t + 10\Delta t^2 + 20t\Delta t}{\Delta t} \tag{5}$$

Dividendo numeratore e denominatore per Δt ed eseguendo il limite si ha:

$$v(t) = \lim_{\Delta t \to 0} \frac{\Delta x(t)}{\Delta t} = \lim_{\Delta t \to 0} \frac{50 + 10\Delta t + 20t}{1} = 50 + 20t \tag{6}$$

Nota l'equazione (6) la velocità all'istante 3s è:

$$v(3) = 50 + 20 \cdot 3 = 110\, m/s$$ [1]

c) Si procede analogamente a quanto definito nel punto **b**)

$$a(t) = \frac{dv(t)}{dt} = \lim_{\Delta t \to 0} \frac{\Delta v(t)}{\Delta t} = \lim_{\Delta t \to 0} \frac{v(t+\Delta t) - v(t)}{\Delta t} = \lim_{\Delta t \to 0} \frac{50 + 20(t+\Delta t) - 50 - 20t}{\Delta t} =$$

$$= \lim_{\Delta t \to 0} \frac{50 + 20t + 20\Delta t - 50 - 20t}{\Delta t} = \lim_{\Delta t \to 0} 20 = 20\, m/s^2 \tag{7}$$

a(t)=20 m/s^2 (costante) quindi a(3)= 20m/s^2

---

[1] L'equazione *v(t)* è del tutto analoga alla (6) del punto 1.2.2. pertanto si tratta di moto rettilineo uniformemente accelerato; esplicitando: $v(t) = v_0 + a \cdot t$ con $a = K$=20 m/s^2

d) Il punto richiede di graficizzare le equazioni interessate:

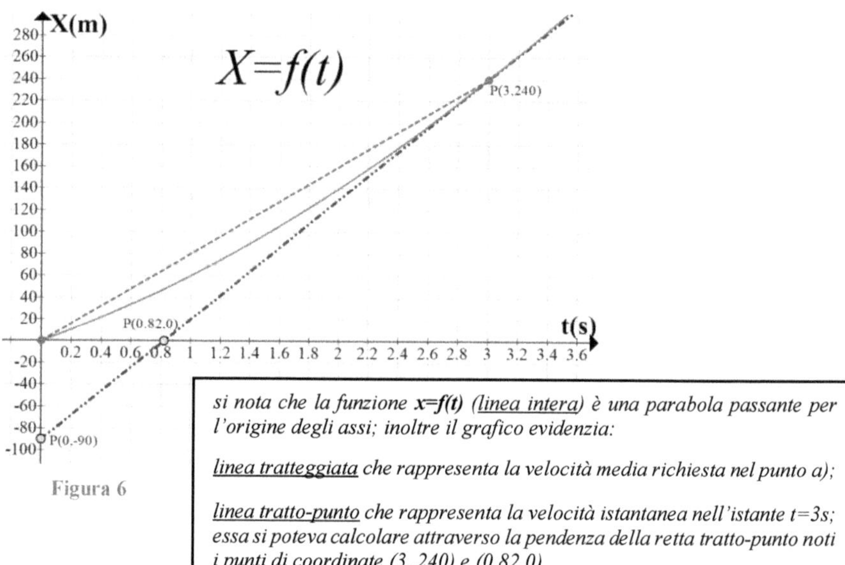

Figura 6

*si nota che la funzione **x=f(t)** (<u>linea intera</u>) è una parabola passante per l'origine degli assi; inoltre il grafico evidenzia:*

<u>linea tratteggiata</u> che rappresenta la velocità media richiesta nel punto a);

<u>linea tratto-punto</u> che rappresenta la velocità istantanea nell'istante t=3s; essa si poteva calcolare attraverso la pendenza della retta tratto-punto noti i punti di coordinate (3, 240) e (0.82,0)

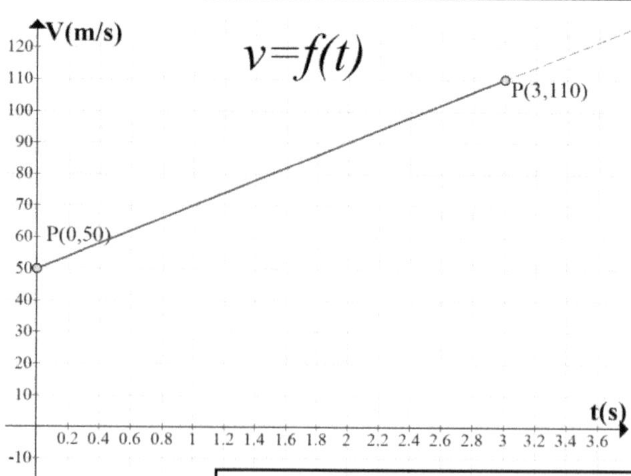

Figura 7

*Il grafico **v=f(t)** è una retta con pendenza uguale all'accelerazione calcolabile graficamente noti i punti (3, 110) e (0, 50) tramite l'equazione:*

$$a(t) = \frac{(110 - 50)m/s}{(3 - 0)s} = 20\ m/s^2$$

2. Un autobus di linea viaggia sulla statale 10 da Torino a Mantova; per metà del tempo a 56 *km/h* e per il tempo restante a 89 *km/h*. Al ritorno percorre metà della distanza a 56 *km/h* e il resto a 89 *km/h*. Qual è la sua velocità scalare media all'andata e al ritorno?

Strategia-soluzione

Essendo la velocità scalare media data dalla relazione fondamentale: $V_m = \frac{\Delta S}{\Delta t}$ occorre determinare lo spazio percorso e il tempo impiegato a percorrerlo.
Se indichiamo con ΔS_1 e ΔS_2, rispettivamente, le distanze percorse dal mezzo alle velocità V_1=56 *Km/h* e V_2=89 *Km/h*, tenuto conto che il tempo di andata e quello di ritorno sono uguali, nonché della relazione

$$\Delta S_1 + \Delta S_2 = \Delta S \text{ (distanza totale TO-MN)}, \quad (1)$$

possiamo esplicitare in funzione del tempo lo spazio. Per quanto riguarda l'andata, indicando con Δt_A il tempo totale dell'andata, e con Δt_R quello del ritorno, si ha:

$$\Delta S_1 = V_1 \cdot \Delta t_1 = V_1 \cdot \frac{1}{2}\Delta t_A = 28 \cdot \Delta t_A \quad (2)$$

$$\Delta S_2 = V_2 \cdot \Delta t_2 = V_2 \cdot \frac{1}{2}\Delta t_A = 44{,}5 \cdot \Delta t_A \quad (3)$$

$$\Delta S = \Delta S_1 + \Delta S_2 = 72{,}5 \cdot \Delta t_A \quad (4)$$

Fatto ciò, calcoliamo la velocità scalare media; come possiamo constatare il valore del tempo è indifferente ai fini dell'esercizio

$$V_m = \frac{\Delta S}{\Delta t_A} = \frac{72{,}5 \cdot \Delta t_A}{\Delta t_A} = 72{,}5\frac{Km}{h} \quad (5)$$

Stessa cosa per il ritorno; determiniamo gli spazi sempre in funzione del tempo, dopo aver determinato quest'ultimo:

$$\Delta t_3 = \frac{\Delta S_3}{V_3} = \frac{1}{2}\frac{\Delta S}{V_3} = \frac{1}{2} \cdot \frac{\Delta S}{56\ km/h} \quad (6)$$

$$\Delta S = 112 km/h \cdot \Delta t_3 \quad (7)$$

$$\Delta t_4 = \frac{\Delta S_4}{V_4} = \frac{1}{2}\frac{\Delta S}{V_4} = \frac{1}{2} \cdot \frac{\Delta S}{89\ km/h} \quad (8)$$

$$\Delta S = 178 km/h \cdot \Delta t_4 \quad (9)$$

Ora determiniamo uno degli intervalli di tempo in funzione dell'altro, in modo da poter operare con monomi simili:

$$\Delta S = 112 \cdot \Delta t_3 = 178 \cdot \Delta t_4 \tag{10}$$

$$\Delta t_3 = 1{,}59 \cdot \Delta t_4 \tag{11}$$

avendo i due intervalli in funzione di Δt_4 possiamo calcolare la velocità media del ritorno:

$$V_m = \frac{\Delta S}{\Delta t_3 + \Delta t_4} = \frac{178 \cdot \Delta t_4}{1{,}59 \cdot \Delta t_4 + \Delta t_4} = \frac{178 \cdot \Delta t_4}{2{,}59 \cdot \Delta t_4} = 69 \frac{Km}{h} \tag{12}$$

3. Due nuotatori partono dall'inizio di una vasca lunga $50m$ nello stesso istante e procedono con velocità uniformi v_1=1,3 *m/s* e v_2=1,2 *m/s*. Calcolare dopo quanto tempo e a quale distanza dal punto di partenza si incontrano dopo che il primo nuotatore ha raggiunto il fondo della vasca e ha già invertito il moto.

(Moriani, Nobel, Capone, & Masi, 2011)

Strategia-soluzione

Si tratta di moto rettilineo uniforme per entrambi i nuotatori; inoltre il testo ci suggerisce che i due si incontreranno in un punto per il quale il primo sta tornando indietro e il secondo ancora non ha completato la vasca, quindi la posizione sarà minore di $50m$. Utilizziamo la relazione del moto rettilineo uniforme.

$$\Delta S = vt$$

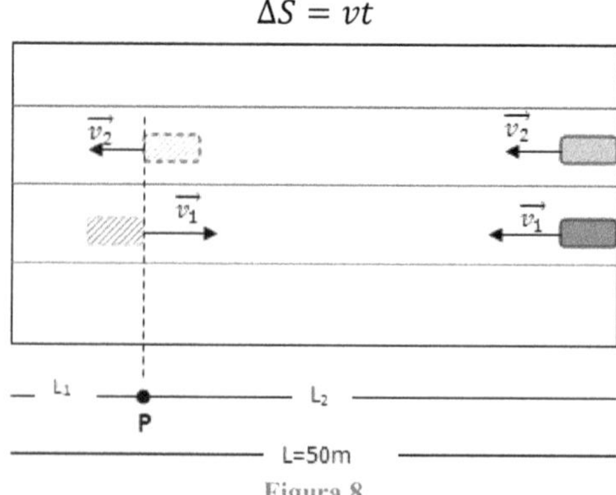

Figura 8

I due nuotatori si incontreranno dopo un tempo t in un punto P (Figura 8), tale che la posizione è situata a L_2 ed è esattamente lo spazio percorso nello stesso tempo t dal nuotatore 2, mentre nello stesso tempo il nuotatore 1 avrà percorso uno spazio pari a $L + L_1$. Pertanto potremmo considerare che la somma dello spazio di entrambi i nuotatori equivale a due vasche ($2\cdot 50m=100m$); possiamo allora scrivere:

$$2L = L_2 + (L + L_1) \tag{1}$$

Dal moto rettilineo uniforme sappiamo che:

$$L_2 = v_2 t \ ; \quad L + L_1 = v_1 t \tag{2}$$

sostituendo la (2) nella (1):

$$2L = v_2 t + v_1 t = (v_2 + v_1)t \tag{3}$$

da cui possiamo ricavare t:

$$t = \frac{2L}{(v_2+v_1)} = \frac{100m}{1{,}2\frac{m}{s}+1{,}3\frac{m}{s}} = 40s \tag{4}$$

La posizione sarà:

$$L_2 = v_2 t = 1{,}2\frac{m}{s}40s = 48m \tag{5}$$

Nota: Allo stesso risultato si poteva pervenire con il procedimento seguente:

spazio percorso dal 1° nuotatore: $\begin{cases} 50 + L_1 = v_1 t \\ 50 - L_1 = v_2 t \end{cases}$ sommando membro a membro si ha:

$$100 = v_2 t + v_1 t = (v_2 + v_1)t$$

da cui si ricavano il tempo e L_2 come prima.

4. Un oggetto viene fatto cadere in un pozzo profondo. Dopo 3.5s si sente il tonfo. Determinare la profondità del pozzo (velocità del suono 340 m/s). *(Moriani, Nobel, Capone, & Masi, 2011)*

Strategia-soluzione

L'oggetto cade con un moto rettilineo uniformemente accelerato (caduta dei gravi) con $a=g=9{,}8\ m/s^2$; il tonfo con l'acqua genera un suono che risale fino alla sommità, muovendosi di moto rettilineo uniforme; pertanto l'altezza del pozzo h viene percorsa due volte.

Tenuto conto dei moti sopra menzionati, possiamo scrivere:

per la caduta- dal moto rettilineo uniformemente accelerato

$$h = v_0 t_1 + \frac{1}{2} g {t_1}^2 \tag{1}$$

$essendo\ v_0 = 0$ la (1) diventa:

$$h = \frac{1}{2} g {t_1}^2 \quad (2)$$

per la risalita del suono:

$$h = v_s t_2 \quad (3)$$

possiamo eguagliare la (2) e la (3)

$$\frac{1}{2} g {t_1}^2 = v_s t_2 \quad (4)$$

ma la somma dei tempi 1-2 equivale al tempo 3,5 s in cui si sente il tonfo; pertanto: $t_1 + t_2 = t \Rightarrow t_2 = t - t_1$

sostituendo t_2 nella (4) si ha:

$$\frac{1}{2} g {t_1}^2 = v_s(t - t_1) = v_s t - v_s t_1 \quad (5)$$

$$\frac{1}{2} g {t_1}^2 + v_s t_1 - v_s t = 0 \quad (6)$$

La (6) è un'equazione di secondo grado nell'incognita t_1:

$$4{,}9 \frac{m}{s^2} {t_1}^2 + 340 \frac{m}{s} t_1 - 340 \frac{m}{s} 3{,}5s = 0 \quad (7)$$

il discriminante sarà:

$$\Delta = \mathrm{b}^2 - 4\mathrm{ac} = 340^2 - 4 \cdot 4{,}9 \cdot (-1190) = 138924 \quad (8)$$

La soluzione è del tipo:

$$t_1 = \frac{-b \pm \sqrt{\Delta}}{2a}$$

$$t_1 = \frac{-340 \pm \sqrt{138924}}{2 \cdot 4{,}9} \begin{cases} t1 = \dfrac{-340 - 372{,}7}{9{,}8} = -72{,}7 \ (impossibile) \\ t2 = \dfrac{-340 + 372{,}7}{9{,}8} = 3{,}34s \end{cases} \quad (9)$$

Noto il tempo di risalita del suono, possiamo determinare la profondità del pozzo utilizzando la (3)

$$h = 340 \frac{m}{s} (3{,}5 - 3{,}34)s \cong 54m \quad (10)$$

analogamente, utilizzando la (2) si ha:

$$h = \frac{1}{2} 9{,}8 \frac{m}{s^2} 3{,}34^2 \cong 54m \quad (11)$$

5. Un passeggero deve prendere il treno, ma nel momento in cui accede al binario e si trova a 30m dalla prima carrozza utile, il treno inizia a muoversi con accelerazione costante di 0,5 m/s^2; il passeggero inizia a correre a velocità costante in modo da riuscire ad arrivare alla prima carrozza utile. Determinare:

a) La minima velocità che il passeggero deve avere per riuscire a salire sul treno;

b) La posizione in cui riesce a salire.

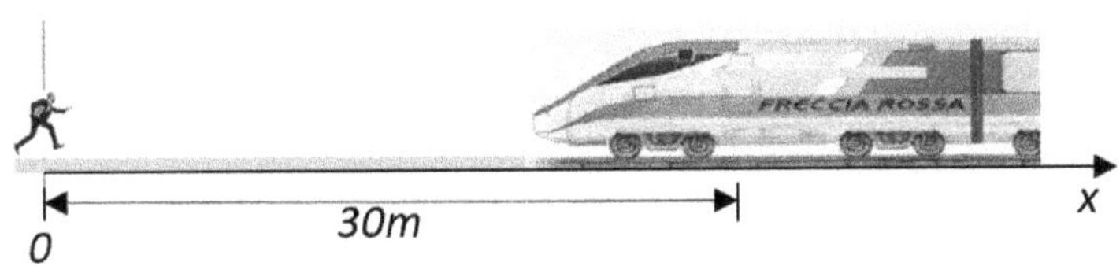

Figura 9

Strategia-soluzione

I moti del treno e del passeggero sono rispettivamente: moto rettilineo uniformemente accelerato e moto rettilineo uniforme. Nel grafico $x = f(t)$ sono rappresentati da una parabola ed una retta, per cui il passeggero riuscirà nel suo intento se la retta che rappresenta la sua posizione nel tempo e la cui pendenza è la velocità minima che deve avere, sarà tangente alla parabola; in altri termini, treno e passeggero assumono la stessa posizione al tempo t.

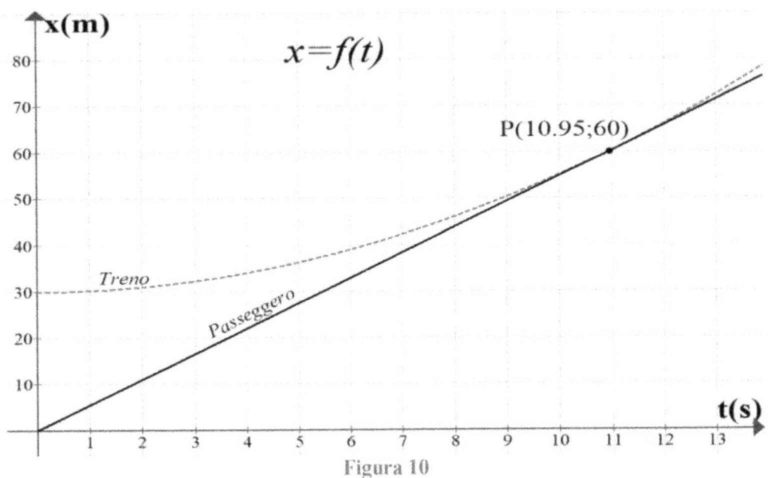

Figura 10

Il problema può essere affrontato in due modi: il primo dal punto di vista cinematico, il secondo dal punto di vista matematico.

Primo:

a) le posizioni del treno e del passeggero sono date dalle equazioni:

$$x_T = x_{T0} + v_{T0}t + \frac{1}{2}at^2 \quad (1)$$

$$x_P = x_{P0} + vt \quad (2)$$

affinché il passeggero riesca a prendere il treno dovrà risultare che:

$$x_T = x_P \quad (3)$$

inoltre $x_{T0} = 30m;$ $v_{T0} = 0$ e $a = \frac{1}{2}\frac{m}{s^2}$ pertanto la (3) sarà:

$$x_{T0} + \frac{1}{2}at^2 = vt \quad (4)$$

Anche le velocità del treno e del passeggero al tempo t dovranno essere uguali; pertanto risulterà:

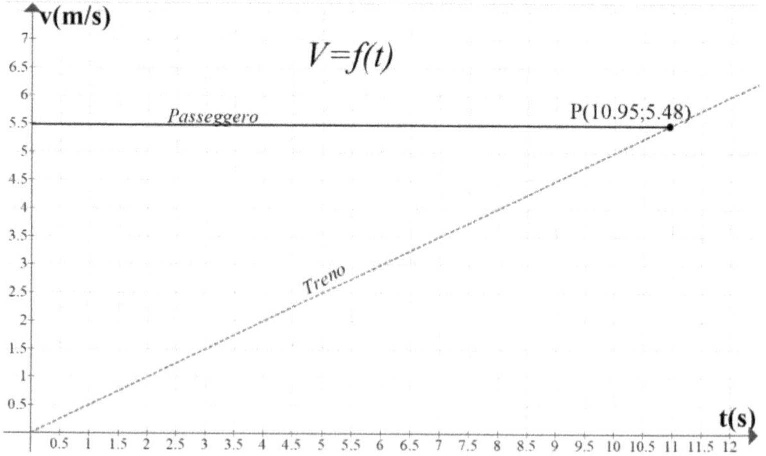

Figura 11

$$v = v_T = at \quad (5)$$

Sostituendo la (5) nella (4) si ha:

$$x_{T0} + \frac{1}{2}at^2 = at \cdot t \quad \Rightarrow \quad x_{T0} + \frac{1}{2}at^2 - at^2 = 0 \quad (6)$$

$$x_{T0} - \frac{1}{2}at^2 = 0 \quad \Rightarrow \quad t = \sqrt{\frac{2 \cdot x_{T0}}{a}} = \sqrt{\frac{2 \cdot 30m}{0{,}5\frac{m}{s^2}}} = 2\sqrt{30}s \tag{7}$$

da cui la velocità minima sarà data dalla (5):

$$v = 0{,}5\frac{m}{s^2}2\sqrt{\frac{3}{0}}s = \sqrt{30}\frac{m}{s} \tag{8}$$

b) La posizione richiesta è data indifferentemente dalla (1) o (2):

$$x_T = x_{T0} + \frac{1}{2}at^2 = 30m + \frac{1}{2} \cdot \frac{1}{2}\frac{m}{s^2}\left(2 \cdot \sqrt{30}\frac{m}{s}\right)^2 = 60m \tag{9}$$

$$x_P = vt = \sqrt{30}\frac{m}{s} \cdot 2\sqrt{30}s = 60m \tag{10}$$

Secondo:

dal punto di vista matematico si associano a sistema le due equazioni, ponendo che la retta passante per l'origine degli assi (x, t) risulti tangente alla parabola:

$$\begin{cases} x_T = x_{T0} + v_{T0}t + \frac{1}{2}at^2 \\ x_P = x_{P0} + vt \end{cases} \tag{11}$$

Affinché la retta sia tangente alla parabola deve risultare che esse abbiano un solo punto in comune.

Ponendo $x_T = x_P \;\Rightarrow\; x_{T0} + \frac{1}{2}at^2 = vt \;\Rightarrow\; \frac{1}{2}at^2 - vt + x_{T0} = 0$

La condizione di tangenza è data se il determinante dell'equazione di II grado è zero:

$$\Delta = b^2 - 4ac = 0 \quad \Rightarrow \quad \Delta = v^2 - 4 \cdot \left(\frac{1}{2}a\right) \cdot x_{T0} = 0$$

$$v^2 = 2a \cdot x_{T0} = 2 \cdot \frac{1}{2}\frac{m}{s^2} \cdot 30m = 30\frac{m^2}{s^2}$$

$$v = \sqrt{30}m/s$$

Per la posizione si procede sostituendo la velocità alla (1) o (2).

6. Una freccia viene lanciata verso l'alto. Dopo 2 secondi la freccia si trova ad un'altezza di 30,0 *m* rispetto al punto di lancio.

a) Qual era la velocità iniziale della freccia?

b) Dopo quanto tempo dal lancio la freccia si trova a un'altezza di 15,0 *m* dal punto di lancio?

c) Qual è il tempo di volo della freccia?

(Walker J. , 2016, p. 60)

Strategia-soluzione

La freccia si muoverà di un moto rettilineo uniformemente accelerato con accelerazione pari a quella di gravità ($-g$=-9,8 m/s^2). Le equazioni sono:

$$v = v_0 \pm gt \tag{1}$$

$$y = y_0 + v_0 \cdot t \pm \frac{1}{2} g t^2 \tag{2}$$

Per la **a**) si utilizzerà la (2) imponendo lo spazio percorso a 30*m* ed il tempo impiegato a t=2 *s*. La **b)** può essere affrontata in due modi differenti: 1^ nella fase di salita e 2^ in quella di discesa. Per la **c)** basta determinare il tempo di salita o di discesa e moltiplicarlo per due.

a) Utilizziamo la (2) con $a = -g$:

$$y - y_0 = v_0 \cdot t - \frac{1}{2} g t^2 \tag{3}$$

$$30\,m = v_0 \cdot 2\,s - \frac{1}{2} \cdot 9{,}8 \frac{m}{s^2} \cdot 4\,s^2 \quad \Rightarrow \quad v_0 = \frac{30m + 19{,}6m}{2} = 24{,}8\,m/s \tag{4}$$

b) **1^** <u>Utilizziamo la fase di salita</u> con l'equazione (3) imponendo h=15*m* e $v_0 = 24{,}8\,m/s$:

$$15\,m = 24{,}8 \frac{m}{s} \cdot t - \frac{1}{2} 9{,}8\,\frac{m}{s^2} \cdot t^2 \tag{5}$$

Si tratta di un'equazione di secondo grado in t:

$$4{,}9 \frac{m}{s^2} \cdot t^2 - 24{,}8 \frac{m}{s} \cdot t + 15\,m = 0$$

$$t_{1,2} = \frac{-b \pm \sqrt{\Delta}}{2a} \tag{6}$$

di cui: $\Delta = b^2 - 4ac = (24{,}8)^2 - 4 \cdot 4{,}9 \cdot 15 = 321{,}0$

$$t_{1,2} = \frac{24{,}8 \pm \sqrt{321}}{2 \cdot 4{,}9} = \frac{24{,}8 \pm 17{,}92}{9{,}8} \Rightarrow \qquad t_1 = 0{,}70\, s \quad e \quad t_2 = 4{,}36\, s \tag{7}$$

Quindi il tempo di salita a 15 *m* è di 0,70 *s* (*t_2 è il tempo impiegato a ritornare a 15 m dopo aver raggiunto la max. altezza*).

2^ Utilizziamo la fase di discesa: considerato che il tempo impiegato dalla freccia per portarsi da 15 *m* alla massima altezza è uguale al tempo che la stessa impiega nella fase discendente per ritornare a quota 15 *m*, possiamo determinare tale tempo e sottrarlo a quello necessario per arrivare alla massima altezza. Determiniamo prima l'altezza massima raggiunta e poi facendo la differenza tra essa e il punto a quota 15 *m* determiniamo lo spazio che dovrà percorrere per ritornare a quota 15*m*. Successivamente determiniamo quanto tempo impiega per percorrerlo in discesa; inoltre con tale procedimento rispondiamo anche alla domanda **c)**[2].

Utilizziamo la (1) ponendo v=0 e indicando con t_s il tempo di salita

$$v = 0 = v_0 \pm g t_s \quad \Rightarrow \quad t_s = \frac{-v_0}{g} = \frac{-24{,}8\, m/s}{-9{,}8\, m/s^2} = 2{,}53\, s \tag{8}$$

$$h_{max} = v_0 \cdot t - \frac{1}{2} g t^2 = 24{,}8 \frac{m}{s} \cdot 2{,}53\, s - 0{,}5 \cdot 9{,}8 \frac{m}{s^2} \cdot (2{,}53\, s)^2 = 31{,}38\, m \tag{9}$$

Indicando con Δy lo spazio da percorrere in discesa per portarsi a quota 15*m* da terra, esso sarà:

$$\Delta y = h_{max} - 15m = 31{,}38\, m - 15\, m = 16{,}38\, m \tag{10}$$

Considerando la condizione di partenza dalla massima altezza v_0=0 applicando la (2) semplificata si ha:

---

[2] Infatti il tempo di volo che la c) richiede è dato dal doppio del tempo di salita t_s.

$$\Delta y = \frac{1}{2} g t^2 \quad \Rightarrow t = \sqrt{\frac{2\Delta y}{g}} = \sqrt{\frac{2 \cdot 16{,}38 m}{9{,}8 \frac{m}{s^2}}} = 1{,}83\ s \tag{11}$$

quindi il tempo cercato sarà: $2{,}53 s - 1{,}83 = 0{,}70\ s$

o tenendo conto del tempo impiegato a ritornare a quota $15m$:

$$2{,}53 s + 1{,}83 = 4{,}36\ s$$

c) Il tempo di volo, come già citato, è dato dalla somma di quello di salita alla massima altezza più quello di discesa a terra, tempi che sono perfettamente uguali. Pertanto possiamo limitare il calcolo a uno dei due e poi raddoppiarlo, ricordando inoltre che la massima altezza viene raggiunta quando la velocità si annulla.

Utilizziamo la (1) ponendo v=0 e indicando con t_s il tempo di salita

$$0 = v_0 \pm g t_s \quad \Rightarrow \quad t_s = \frac{-v_0}{g} = \frac{-24{,}8\ m/s}{-9{,}8\ m/s^2} = 2{,}53\ s$$

Pertanto il tempo di volo sarà: $t_v = 2 \cdot t_s = 2 \cdot 2{,}53\ s = 5{,}06\ s$

CAPITOLO 2

MOTI IN DUE DIMENSIONI

- MOTO PIANO
- MOTO PARABOLICO
- MOTO CIRCOLARE
- MOTI RELATIVI
- MOTO ARMONICO SEMPLICE

2. MOTI NEL PIANO

2.1. Introduzione

Il capitolo presenta una serie di esercizi sui moti piani, in due dimensioni; in particolare analizza la ricerca delle grandezze cinematiche: posizione e spostamento, velocità, accelerazione nel caso in cui il moto del punto materiale avvenga su di un piano (x, y), tanto su traiettoria rettilinea quanto su traiettoria parabolica (del proiettile), o anche su traiettoria circolare.

2.2. Richiami e formule

Le grandezze vettoriali sono indicate in ***grassetto***

Vettore posizione del punto materiale $\mathbf{r}(t) = x\,\mathbf{i} + y\,\mathbf{j} + z\,\mathbf{k}$

Vettore spostamento del punto materiale $\Delta\mathbf{r} = \mathbf{r}(t_2) - \mathbf{r}(t_1) = \mathbf{r}_2 - \mathbf{r}_1$

Velocita' media $\mathbf{v}_m = \frac{\Delta \mathbf{r}}{\Delta t} = \frac{spazio \cdot percorso}{tempo \cdot impiegato}$

Velocita' istantanea $\mathbf{v} = \lim_{\Delta t \to 0} \frac{\Delta \mathbf{r}}{\Delta t} = \frac{d\mathbf{r}}{dt} = v_x\,\mathbf{i} + v_y\,\mathbf{j} + v_z\,\mathbf{k}$

Accelerazione media $\mathbf{a}_m = \frac{\mathbf{v}_2 - \mathbf{v}_1}{\Delta t} = \frac{\Delta \mathbf{v}}{\Delta t}$

Accelerazione istantanea $\mathbf{a} = \lim_{\Delta t \to 0} \frac{\Delta \mathbf{v}}{\Delta t} = \frac{d\mathbf{v}}{dt} = \frac{d^2\mathbf{r}}{dt^2} = a_x\,\mathbf{i} + a_y\,\mathbf{j} + a_z\mathbf{k}$

2.2.1. Moto di un proiettile

Si tratta di un moto la cui traiettoria è parabolica; esso può essere analizzato sul piano x, y orizzontale e verticale, come la somma di due moti simultanei: moto rettilineo uniforme secondo x e moto rettilineo uniformemente accelerato secondo y; pertanto con riferimento alla Figura 12 *si ha:*

$$\begin{cases} a_x = 0 \\ a_y = -g \end{cases} \Rightarrow \begin{cases} v_{0x} = v_0 cos\theta_0 \\ v_{0y} = v_0 sen\theta_0 \end{cases} \Rightarrow \begin{cases} v_x = cost \\ v_y = v_0 sen\theta_0 - gt \end{cases}$$

Equazioni del moto

$$\begin{cases} x(t) = x_0 + (v_0 cos\theta_0)t \\ y(t) = y_0 + (v_0 sen\theta_0)t - \frac{1}{2}gt^2 \end{cases}$$

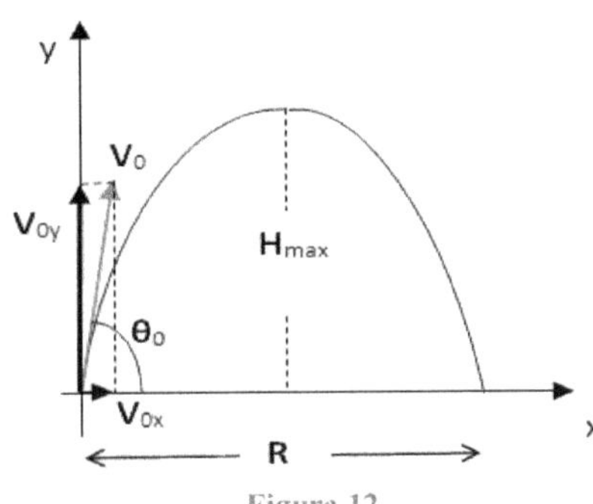

Figura 12

Traiettoria

$$y(x) = y_0 + (x - x_0)tg\theta_0 - \left(\frac{g}{2{v_0}^2cos^2\theta_0}\right)(x - x_0)^2$$

Assumendo come in figura $x_0 = y_0 = 0$ *si ha*:

$$y(x) = tg\theta_0(x) - \left(\frac{g}{2{v_0}^2cos^2\theta_0}\right)(x)^2$$

Gittata

$$R = \frac{{v_0}^2}{g}sen2\theta_0$$

Altezza massima

$$h_{max} = \frac{(v_0 sen\theta_0)^2}{2g}$$

2.2.2. Moto circolare uniforme

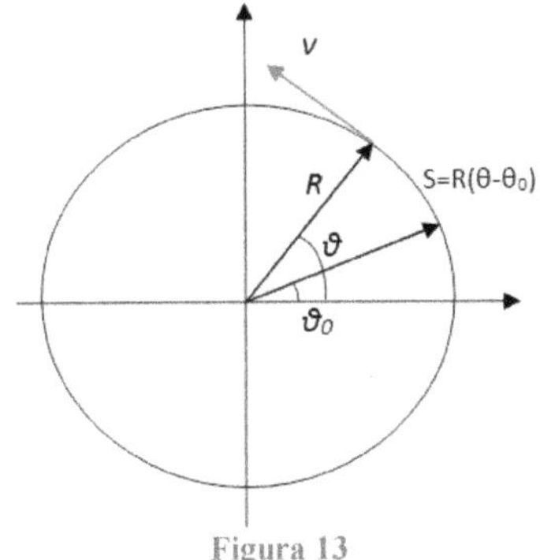

Figura 13

Si tratta di un moto la cui traiettoria è una circonferenza. Si analizzano inoltre le relazioni tra grandezze lineari e angolari con R=cost e v=cost.

Velocità angolare *(modulo)*

$$\omega = \frac{\Delta\theta}{\Delta t} \Rightarrow \theta(t) = \theta_0 + \omega t.$$

Velocità tangenziale *(modulo)*

$$v = \frac{\Delta s}{\Delta t} = \frac{R(\theta - \theta_0)}{\Delta t}$$

Periodo T = tempo impiegato a compiere un giro completo espresso in s.

Frequenza f = numero di giri al secondo espressa *in Hz.* Tra frequenza e periodo vi è la relazione: $f = \frac{1}{T}$

Se consideriamo $t_0 = 0$; $\theta_0 = 0$ e ci riferiamo ad un giro completo

$$\omega = \frac{2\pi}{T} = 2\pi f$$

Relazione tra parametro lineare e angolare: $v = \omega R = \frac{2\pi}{T} R = 2\pi f R$

Accelerazione centripeta

$$a_c = \frac{v^2}{R} = \omega^2 R$$

2.2.3. Moto circolare uniformemente accelerato

Si tratta di un moto la cui traiettoria è una circonferenza con R=cost e α =cost (accelerazione angolare)

$$\alpha = \frac{\Delta\omega}{\Delta t} = \frac{\omega(t) - \omega_0)}{t - t_0} = cost \;\; se \; t_0 = 0 \;\Rightarrow$$

$$\omega(t) = \omega_0 + \alpha t$$

$$\theta(t) = \theta_0 + \omega t + \frac{1}{2}\alpha t^2$$

2.2.4. Moti relativi

Unidimensionali

Dato un punto materiale P e le sue grandezze cinematiche: posizione, velocità e accelerazione, si possono studiare attraverso sistemi di riferimento diversi, in particolare un sistema fisso ***X, Y*** *e uno mobile* ***x', y'*** *come in* Figura 14 . *Ci occuperemo per il momento di sistemi inerziali, sistemi che si muovono uno rispetto all'altro a velocità costante. Definiamo assoluto il riferimento al sistema X, Y (assunto come fisso) e* V_t *la velocità del sistema mobile rispetto al fisso.*

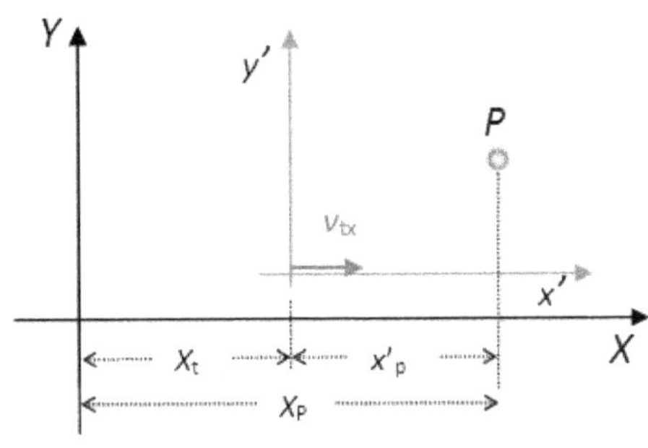

Figura 14

Posizione assoluta di P:

$$X_P = X_t + x'_P$$

Velocità assoluta:

$$\frac{d}{dt}(X_P) = \frac{d}{dt}(X_t) + \frac{d}{dt}(x'_P)$$

$$V_P = V_t + v'_P$$

Accelerazione:

$$a_P = \frac{d}{dt}(V_P) = \frac{d}{dt}(V_t) + \frac{d}{dt}(v'_P) = 0 + \frac{d}{dt}(v'_P) = a'_p$$

Bidimensionali

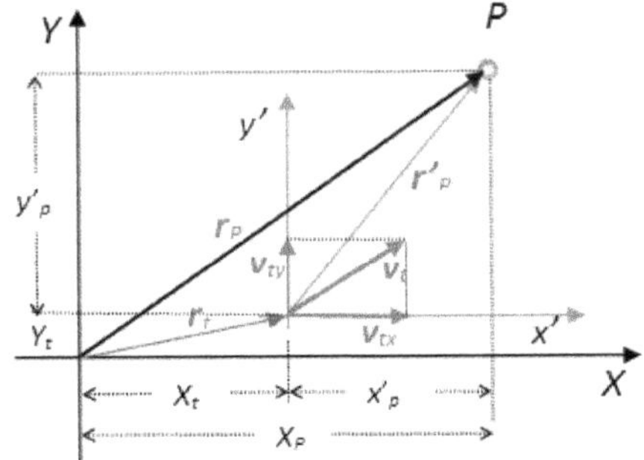

Figura 15

Posizione: $\boldsymbol{r}_P = \boldsymbol{r}_t + \boldsymbol{r}'_P$

Velocita assoluta:

$$\boldsymbol{V}_P = \boldsymbol{V}_t + \boldsymbol{v}'_P$$

$$\begin{cases} V_{Px} = V_{tx} + v'_{Px} \\ V_{Py} = V_{ty} + v'_{Py} \end{cases}$$

Accelerazione: $\boldsymbol{a}_P = \boldsymbol{a}'_p$

2.3. Esercizi

Moto piano

1. Il vettore posizione di una particella carica è inizialmente *r =5,0i - 6,0j,* e dopo 10 *s* diventa *r = -3,0i + 8,0 j.* Qual è la velocità media della carica nel tempo indicato? *(unità di misura in m.)*

Strategia-soluzione

Si tratta di un moto che avviene sul piano x e y di cui si conoscono le componenti delle posizioni assunte tra l'istante iniziale e finale considerato. Il problema richiede la velocità media, pertanto occorrerà in prima analisi determinare il vettore spostamento e successivamente rapportarlo al tempo Δt. Tuttavia si può operare analizzando il moto scalarmente secondo x e y, determinando le velocità medie nelle due direzioni e quindi calcolando il modulo e la direzione di quella richiesta.

Dalle equazioni del moto si ha:

$$\begin{cases} v_{mx}=\frac{\Delta x}{\Delta t} \\ v_{my}=\frac{\Delta y}{\Delta t} \end{cases} \begin{cases} v_{mx}=\frac{(-3{,}0m-5{,}0m)i}{10s}=0{,}8\ m/s \\ v_{my}=\frac{(8{,}0m-(-6{,}0m))j}{10s}=1{,}4\ m/s \end{cases} \quad (1)$$

$$v_m=\sqrt{{v_{mx}}^2+{v_{my}}^2}=\sqrt{\left(0{,}8\frac{m}{s}\right)^2+\left(1{,}4\frac{m}{s}\right)^2}=1{,}61m/s \quad (2)$$

Con direzione:

$$\theta=arctg\left(\frac{v_{my}}{v_{mx}}\right)=arctg\left(\frac{1{,}4m/s}{0{,}8m/s}\right)\cong 60° \quad (3)$$

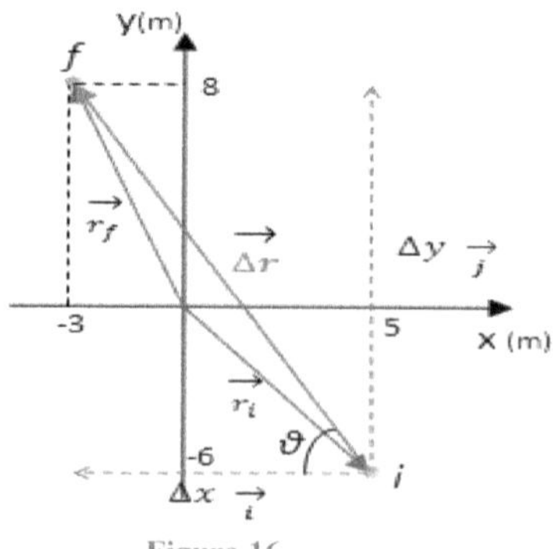

Figura 16

Analogamente

$$v_m=\frac{\Delta r}{\Delta t}=\sqrt{\frac{\Delta x^2+\Delta y^2}{\Delta t}}=$$

$$=\sqrt{\frac{(8m)^2+(14m)^2}{10s}}=1{,}61\ m/s$$

2. Un punto materiale si muove dall'origine 0,0 con velocità *v=3,0 i (m/s)*. Esso è soggetto ad un'accelerazione costante *a= -1,0 i – 0,5 j (m/s²)*. Si determini:

a) La sua posizione quando la coordinata *x* è massima;

b) La velocità nel punto **a)**.

(Halliday, Resnick, & Walker, 2001, p. 70)

Strategia-soluzione

Come si evince dal testo si tratta di un moto piano su *x, y* con velocità iniziale solo su *x*, ma in entrambe le direzioni il moto è uniformemente accelerato, pertanto, è a tale moto che si farà riferimento.
La prima domanda chiede la posizione del punto nel momento in cui si raggiunge la *x* massima, infatti essendo l'accelerazione secondo *x* negativa, il punto rallenta nella direzione *x* fino a fermarsi e successivamente tornerà indietro.

a) La posizione sarà determinata applicando le leggi orarie del moto *x(t) e y(t)*, con $x_0 = y_0 = 0$; $v_{0y} = 0$; $t_0 = 0$; si ha :

$$\begin{cases} x(t) = 0 + v_{0x}t + \frac{1}{2}a_x t^2 \\ y(t) = 0 + 0 \cdot t + \frac{1}{2}a_y t^2 \end{cases} \tag{1}$$

La coordinata *x* sarà massima quando la componente *x* della velocità sarà nulla. Occorre determinare il tempo *t* impiegato dalla particella per annullare la v_x; esso si può ricavare eguagliando a zero l'equazione della velocità istantanea:

$$v(t) = v_{0x} + a_x t = 0 \quad \Longrightarrow \quad t = \frac{v_{0x}}{a_x} \tag{2}$$

Sostituendo t nelle equazioni (1):

$$\begin{cases} x(t) = v_{0x}\frac{v_{0x}}{a_x} + \frac{1}{2}a_x\left(\frac{v_{0x}}{a_x}\right)^2 = \frac{1}{2}\frac{v_{0x}{}^2}{a_x} = \frac{(3{,}0m/s)^2}{2(-\frac{1{,}0m}{s^2})} = 4{,}5\,m \\ y(t) = \frac{1}{2}a_y\left(\frac{v_{0x}}{a_x}\right)^2 = \frac{1}{2}\left(-0{,}5\frac{m}{s^2}\right)\left(\frac{3{,}0m/s}{-\frac{1{,}0m}{s^2}}\right)^2 = -2{,}25\,m \end{cases} \tag{3}$$

$$r = (4{,}5\,i - 2{,}25\,j)m$$

b) Come anticipato nel punto **a)**, la velocità cercata ha solo componente y:

$$v_y = 0 + a_y t = a_y \frac{v_{0x}}{a_x} = \qquad (4)$$

$$= -0{,}5\frac{m}{s^2}\frac{3{,}0\frac{m}{s}}{1{,}0\frac{m}{s^2}} = -1{,}5\frac{m}{s} \quad \Rightarrow$$

$$v = -1{,}5\, j$$

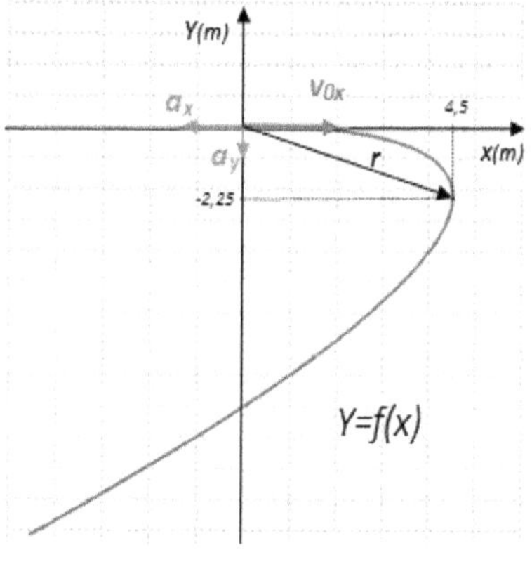

Figura 17

Moto parabolico

3. Sì spara una palla da terra in aria. All'altezza di 9,1 m si osserva una velocità $V = 7{,}6\boldsymbol{i} + 6{,}1\boldsymbol{j}$ in metri al secondo (i è orizzontale e j è verticale). Determinare:

a) Fino a che altezza massima si eleverà la palla;

b) Quale sarà la distanza orizzontale complessiva percorsa;

c) Il modulo e la direzione della velocità quando tocca terra.

(Halliday, Resnick, & Walker, 2001, p. 72)

$(\boldsymbol{dati}: V_{0x} = 7{,}6\frac{m}{s}; \quad V_{0y} = 6{,}1\frac{m}{s})$

Strategia-soluzione

Dalle coordinate cartesiane della velocità (entrambe positive) si intuisce che la palla è nella fase ascendente della parabola vedi Figura 18. Per rispondere al primo punto basta determinare la quota raggiunta dalla palla come se fosse partita dal punto a quota 9,1 m.

Per il punto **b)** si può calcolare il tempo della fase discendente $\boldsymbol{t}$ e quindi quello di volo $\boldsymbol{t_v}$ essendo questo il doppio del primo.

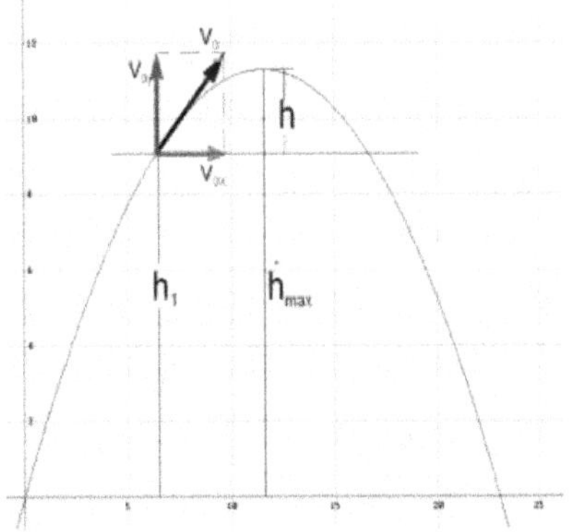

Figura 18

a) Considerando la quota 9,1 m come la Y_0, le equazioni del moto parabolico in Y saranno:

$$Y = Y_0 + V_{0y}t - \frac{1}{2}gt^2 \tag{1}$$

$$V_y = V_{0y} - gt \tag{2}$$

dalla (2) posto $V_y=0$ si determinerà il tempo di salita ad h_{max}

$$0 = V_{0y} - gt \quad \Rightarrow t = \frac{V_{0y}}{g} = \frac{6{,}1\frac{m}{s}}{9{,}8\frac{m}{s^2}} \cong 0{,}62s \tag{3}$$

sostituendo nella (1) si ha:

$$Y = 9{,}1m + 6{,}1\frac{m}{s} \cdot 0{,}62s - \frac{1}{2}9{,}8\frac{m}{s^2} \cdot (0{,}62s)^2 \cong 11{,}0m \tag{4}$$

b) Il punto richiede la gittata R della palla. Seguendo l'impostazione è possibile determinare R dall'equazione oraria in X:

$$X = R = V_{0x} t_v \qquad t_v = 2\,t \tag{5}$$

t_v =*tempo di volo* $\qquad$ t = *tempo di discesa*

determiniamo il tempo di discesa dalla (1) con le considerazioni seguenti:

$$Y - Y_0 = h_{max}; \qquad V_{0Y} = 0$$

$$Y - Y_0 = V_{0Y} \cdot t + \frac{1}{2} g \cdot t^2$$

$$h_{max} = 0 \cdot t + \frac{1}{2} g \cdot t^2 \quad \Longrightarrow \quad t = \sqrt{\frac{2 \cdot h_{max}}{g}} = \sqrt{\frac{2 \cdot 11{,}0m}{9{,}8\frac{m}{s^2}}} \cong 1{,}50s \tag{6}$$

$$t_V = 2 \cdot t = 2 \cdot 1{,}50s = 3{,}0s \tag{7}$$

Inserita la (7) nella (5) si ha:

$$R = V_{0x} t_v = 7{,}6\frac{m}{s} \cdot 3{,}0\ s \cong 23m$$

c) Per determinare la velocità della palla quando arriva a terra occorre determinare le componenti x e y della velocità.

La Vx è già nota per definizione, la Vy è data da:

$$V_y = V_{0y} - gt \tag{8}$$

in cui $V_{0y}= 0$ se si considera il solo moto di discesa; inoltre il tempo è t=1,50s. Sostituendo t nella 2) otteniamo:

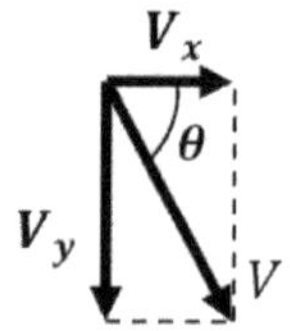

$$V_y = 0 - gt = -9{,}8\frac{m}{s^2} 1{,}5s = -14{,}7m/s$$

$$\vec{V} = Vx \cdot \vec{i} + Vy \cdot \vec{j} = 7{,}6\vec{i} - 14{,}7\vec{j}$$

$$V = \sqrt{7{,}6^2 + 14{,}7^2} \cong 16{,}5m/s$$

Esso forma un angolo con l'asse x pari a:

$$\theta = arctg\frac{V_y}{V_x} = arctg\frac{-14{,}7m/s}{7{,}6m/s} \cong -63° \tag{9}$$

4. [3]Un cannone posto su di una collina deve colpire un bersaglio posto in B ai piedi di essa, distante $d= 9400\ m$ da A sulla proiezione orizzontale e $h=3300m$ su quella verticale.

a) A quale velocità iniziale dovrebbe essere sparata una bomba dal cannone ad un'elevazione di 35° rispetto all'asse x per colpire il bersaglio in B? Trascuriamo, per il momento, gli effetti dell'aria sul moto della bomba.

b) Qual è il tempo di volo?

c) Tenendo conto della resistenza dell'aria il valore trovato per **a)** aumenterebbe o diminuirebbe?

Strategia-soluzione

Il moto del proiettile è di tipo parabolico e può essere affrontato, ponendo l'origine degli assi di riferimento come in Figura 19, in modo che le coordinate iniziali siano $y_0 = h$ e $x_0=0$. Per determinare il punto **a)** si utilizzerà l'equazione della parabola $y=f(x)$, in cui l'unica incognita è la velocità iniziale. Si utilizzeranno le leggi orarie dei moti in x e y per rispondere ai quesiti **b)** e **c)**.

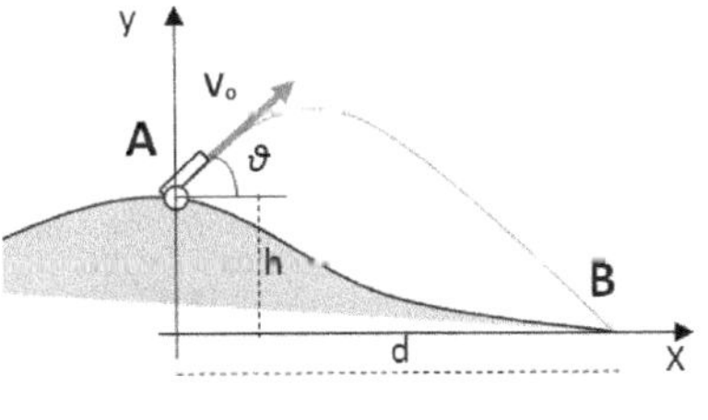

Figura 19

a) Ricerchiamo l'equazione della traiettoria[4] dalle leggi orarie del moto:

$$\begin{cases} x(t) = x_0 + (v_0 cos\theta)t = (v_0 cos\theta)t \\ y(t) = y_0 + (v_0 sen\theta)t - \frac{1}{2}gt^2 \end{cases} \tag{1}$$

Indicando con t il tempo necessario a raggiungere il punto B in cui $y(t)=0$ ed eliminando t dalle due equazioni otteniamo:

$$t = \frac{x}{v_0 cos\theta} \tag{2}$$

$$y(t) = y_0 + (v_0 sen\theta)\frac{x}{v_0 cos\theta} - \frac{1}{2}g\left(\frac{x}{v_0 cos\theta}\right)^2 \tag{3}$$

---

[3] Esercizio ispirato al n. 40P di Fondamenti di fisica (Halliday et al. p.72)

[4] Avremmo potuto applicare direttamente la relazione $y(x) = y_0 + x \cdot tg\theta - \left(\frac{g}{2{v_0}^2 cos^2\theta}\right)x^2$ ma ritengo sia più utile, in accordo con quanto ci si prefigge con questa pubblicazione, ottenerla con ragionamento logico, anche ai fini di un ripasso dell'argomento.

$$y(x) = y_0 + x \cdot tg\theta_0 - \left(\frac{g}{2{v_0}^2 cos^2\theta_0}\right) x^2 \tag{4}$$

La (4) è l'equazione cercata (equazione di una parabola).
Con i dati a nostra disposizione si ha che *x(t)=d e y(x)=0.* Facendo le opportune sostituzioni le due leggi orarie diventano:

$$y(x_B) = h + d \cdot tg\theta_0 - \left(\frac{g}{2{v_0}^2 cos^2\theta_0}\right) d^2 = 0 \tag{5}$$

$$h + d \cdot tg\theta_0 = \frac{g}{2{v_0}^2 cos^2\theta_0} d^2 \tag{6}$$

dalla quale possiamo ricavare v_0

$$v_0 = \sqrt{\frac{g}{2}\frac{d^2}{cos^2 35°(h + tg\ 35° \cdot d)}} =$$

$$= \sqrt{\frac{9{,}8\frac{m}{s^2} \cdot (9{,}4 \cdot 10^3 m)^2}{2\ cos^2 35°(h + tg\ 35° \cdot 9{,}4 \cdot 10^3 m)}} \cong 2{,}56 \cdot \frac{10^2 m}{s} \tag{7}$$

b) Il tempo di volo *t* della bomba sarà dato dalla (2) ponendo *x=d=9400m*:

$$t = \frac{x}{v_0 sen\theta_0} = \frac{9{,}400\ \cdot 10^3 m}{2{,}56\ \cdot 10^2 \frac{m}{s} \cos(35°)} \cong 45s \tag{8}$$

c) Se si tiene conto della resistenza dell'aria la velocità iniziale dovrebbe essere maggiore per arrivare al punto B.

Moto circolare

5. La Terra compie un giro ogni 24 ore attorno al proprio asse. Sapendo che il suo raggio all'equatore è 6400 *Km* determinare:

a) La velocità tangenziale di un punto posto all'equatore;

b) Per il medesimo punto l'accelerazione centripeta.

Strategia-soluzione

Considerato che un punto sull'equatore si muove di moto circolare uniforme e percorre in 24*h* (periodo *T*) la circonferenza di raggio *R*=6400*Km*, con centro al centro della Terra, possiamo affrontare il problema con le equazioni del m.c.u.

a) La velocità tangenziale *V* del punto alla distanza *R* dal centro di rotazione è

$$V = \frac{2\pi R_T}{T} \quad (1)$$

$$T = 24h \cdot 3600\frac{s}{h} = 8{,}64 \cdot 10^4 s \quad (2)$$

$$V = \frac{2\pi R_T}{T} = \frac{2\pi \cdot 6{,}4 \cdot 10^6 m}{8{,}64 \cdot 10^4 s} \cong 465 m/s \quad (3)$$

b) Con l'accelerazione centripeta data da

$$a_c = \frac{V^2}{R} \quad (4)$$

$$a_c = \frac{465^2 \frac{m^2}{s^2}}{6{,}4 \cdot 10^6 m} = 0{,}0338 m/s^2 \quad (5)$$

6. Due corpi si muovono su un'anello circolare di raggio R=2 *m* in senso opposto di rotazione con velocità tangenziale in modulo costante, rispettivamente $V_A = 2\ m/s$ e $V_B = 1\ m/s$. Se all'istante t=0 i due corpi sono posti su posizioni A e B sfalsate di π/2 determinare:

a) Dopo quanto tempo i due corpi si incontreranno;

b) La distanza percorsa da ognuno quando si incontrano.

Strategia-soluzione

Essendo le velocità costanti in modulo, i corpi si muoveranno di moto circolare uniforme, pertanto con velocità tangenziali e angolari di modulo diverso inoltre disegneranno archi diversi nello stesso tempo incontrandosi nel punto C come in Figura 20. Il problema si potrà affrontare utilizzando le relazioni del m.c.u.

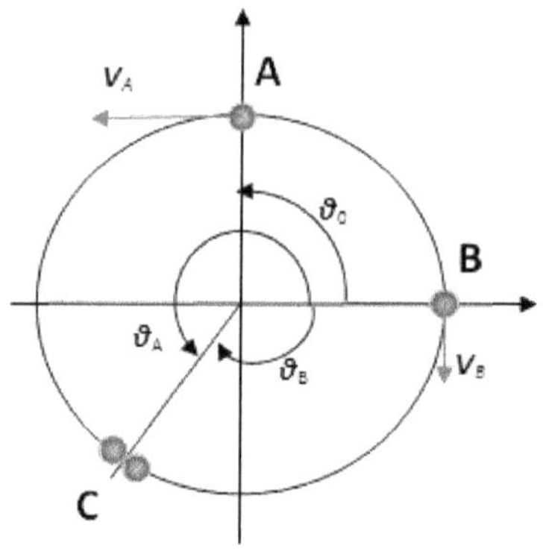

Figura 20

a) Si richiede il tempo in cui i due corpi si incontrano facendo riferimento alla figura in cui si suppone B posto con angolo iniziale nullo e A sfalsato di π/2. Inoltre indicando con t questo tempo si ha:

$$\begin{cases} \theta_A = \theta_0 + \omega_A t \\ \theta_B = 0 + \omega_B t \end{cases} \tag{1}$$

$$in\ cui \begin{cases} \omega_A = \frac{V_A}{R} \\ \omega_B = \frac{V_B}{R} \end{cases} \tag{2}$$

Inoltre
$$\theta_A + \theta_B = 2\pi \tag{3}$$

Sostituendo nelle (1) le (2) e il tutto nella (3) otteniamo

$$\begin{cases} \theta_A = \theta_0 + \frac{V_A}{R} t \\ \theta_B = \frac{V_B}{R} t \end{cases} \tag{4}$$

$$\theta_A + \theta_B = \left(\theta_0 + \frac{V_A}{R} t\right) + \left(\frac{V_B}{R} t\right) = 2\pi \tag{5}$$

$$t = \frac{(2\pi - \theta_0)R}{V_A + V_B} = \frac{\left(2\pi - \frac{\pi}{2}\right)2m}{2\frac{m}{s} + 1\frac{m}{s}} = \pi s \tag{6}$$

b) La distanza percorsa dai singoli corpi è uguale all'arco di circonferenza disegnata da ciascuno di essi nel tempo *t*.

$$S_A = AC = R(\theta_A - \theta_0) = R\omega_A t = V_A t = \frac{2m}{s} \cdot \pi s = 2\pi(m) \tag{7}$$

$$S_B = R\omega_B t = V_B t = \frac{1m}{s} \cdot \pi s = \pi(m) \tag{8}$$

Moto relativo in due dimensioni

7. La neve sta cadendo verticalmente a una velocità costante di 8.0 *m/s*. A quale angolo rispetto alla verticale sembrano cadere i fiocchi di neve per il guidatore di un'auto che viaggia a 50*km/h*?

(Halliday, Resnick, & Walker, 2001, p. 75)

Strategia-soluzione

Si tratta di un moto relativo bidimensionale per cui l'equazione vettoriale della velocità risulta:

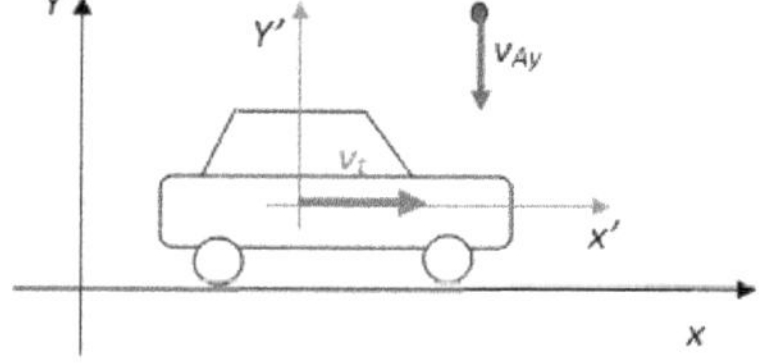

Figura 21

$$\vec{V}_A = \vec{V}_t + \vec{V}_R \qquad (1)$$

Con:

***V_A** velocità assoluta della neve rispetto al sistema fisso X, Y;*
***V_t** velocità di trascinamento del sistema mobile macchina X',Y' rispetto a quello fisso;*
***V_R** componente relativa della neve rispetto al sistema mobile macchina.*

Considerati gli assi fissi X, Y e mobili X', Y' le equazioni scalari sono:

$$V_{AX} = V_{tX} + V_{RX} \qquad (2)$$

$$V_{AY} = V_{tY} + V_{RY} \qquad (3)$$

Nel caso specifico si hanno:

V_{AX}= 0
V_{AY}= -8 m/s
V_{tY} = 0
V_{tX} = 13,9 m/s (50 km/h)

Dalla (2) si ha: $$V_{RX} = V_{AX} - V_{tX} = 0 - 13{,}9\frac{m}{s} = -13{,}9 m/s \qquad (4)$$

$$V_{RY} = V_{AY} - V_{tY} = -8\frac{m}{s} - 0 = -8 m/s \qquad (5)$$

$$V_R = \sqrt{{V_{RX}}^2 + {V_{RY}}^2} = \sqrt{(-13{,}9)^2 \frac{m^2}{s^2} + (-8)^2 \frac{m^2}{s^2}} \cong 16 m/s \qquad (6)$$

L'angolo rispetto alla verticale è dato da:

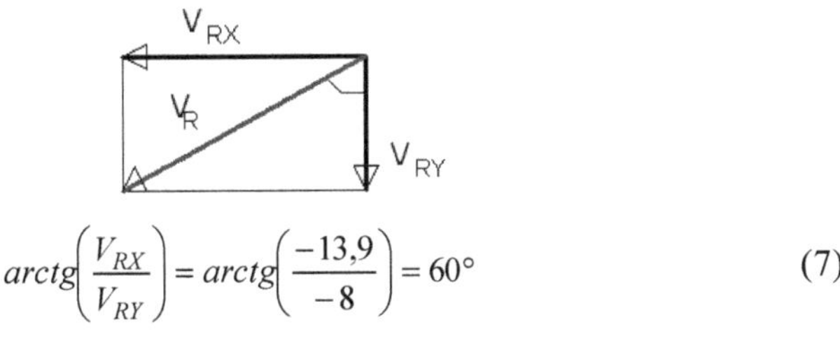

$$\vartheta = arctg\left(\frac{V_{RX}}{V_{RY}}\right) = arctg\left(\frac{-13{,}9}{-8}\right) = 60° \qquad (7)$$

8. Un vagone sta viaggiando con velocità v_{0x}; ad un certo istante è soggetto ad un'accelerazione $-a$ ed una palla viene lanciata in verticale con velocità iniziale v_{0y}. Determinare qual è la sua posizione quando ritorna sul pavimento.

Strategia-soluzione

Scegliendo un sistema di riferimento non inerziale solidale con il vagone la palla si muoverà sia in x che in y di moto rettilineo uniformemente accelerato con accelerazione rispettivamente a e $-g$, dove in particolare a è dovuta alla forza fittizia di segno opposto a quella che rallenta il vagone. Nel momento in cui la palla torna sul pavimento, rispetto al sistema mobile, avrà percorso la distanza x' cercata.

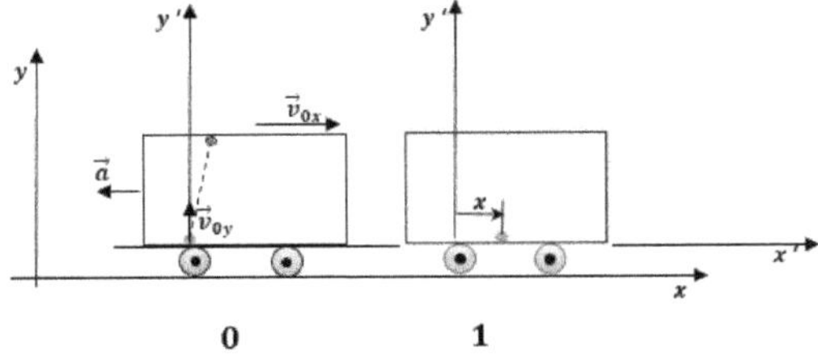

Figura 22

Facendo riferimento alla Figura 22 nelle posizioni 0 e 1, che il vagone occupa nei due istanti iniziale e finale, le equazioni del moto della palla saranno:

$$\begin{cases} x' = \frac{1}{2}at^2 \\ y' = v_{0y}t - \frac{1}{2}gt^2 \end{cases} \qquad (1)$$

Il tempo di ricaduta a terra della palla sarà dato dalla seconda delle (1) imponendo che l'ordinata sia zero:

$$0 = v_{0y}t - \frac{1}{2}gt^2 \qquad \Rightarrow t = \frac{2v_{0y}}{g} \qquad (2)$$

Sostituendo la (2) nella prima delle (1) si ha:

$$x' = \frac{1}{2}a\left(\frac{2v_{0y}}{g}\right)^2 = 2\frac{a \cdot v_{0y}{}^2}{g^2} \qquad (3)$$

9. La polizia usa talvolta aeroplani per far rispettare i limiti di velocità sulle autostrade. Supponiamo che uno di questi aerei abbia una velocità rispetto all'aria di 220 *Km/h*. Sta volando verso nord, tenendosi costantemente sopra un'autostrada diretta nord/sud. Un'assistente da terra informa il pilota che si è levato un vento di 114 *Km/h*, dimenticando però di indicarne la direzione. Il pilota osserva che, nonostante il vento, l'aereo può ancora volare lungo l'autostrada a 220 *Km/h*. In altre parole, riesce a tenere, rispetto al terreno, la sua velocità normale in aria calma.

a) Qual è la direzione del vento?

b) Qual è (in valore asssoluto) la prora dell'aereo, ossia l'angolo fra il suo asse longitudinale e l'autostrada?

(Halliday, Resnick, & Walker, 2001, p. 76)

Strategia-soluzione

L'aereo si muove ad un'altezza da terra costante quindi prendiamo in riferimento un sistema di assi cartesiani x e y (est e nord) relativi al terreno e un piano di trascinamento x' e y' relativo al vento.

a) Dai dati fornitici dal problema si deduce che la velocità dell'aereo in presenza di vento è costante e, relativamente al terreno, la si può esprimere come:

$$\overrightarrow{v_a} = v_{ax}\vec{i} + v_{ay}\vec{j} = \qquad (1)$$

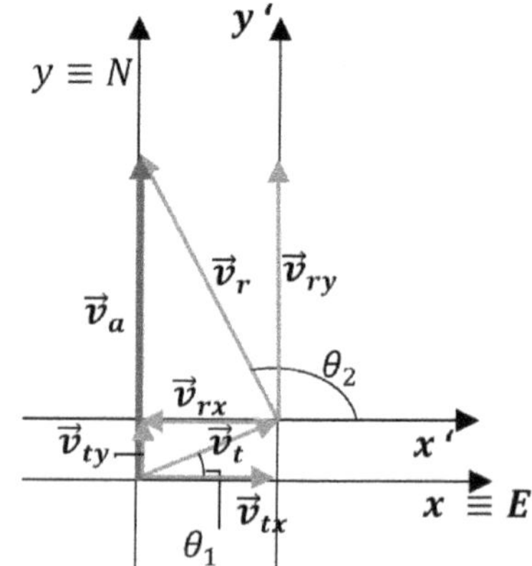

Figura 23

ma l'aereo si muove verso nord quindi:

$$\vec{v}_{ax} = 0 \qquad \overrightarrow{v_a} = \vec{v}_{ay} \qquad (2)$$

Considerando la velocità di trascinamento (v_t= velocità del vento) e quella dell'aereo relativa al vento si ha che:

$$\vec{v}_{ax} = \vec{v}_{tx} + \vec{v}_{rx} \qquad \vec{v}_{ay} = \vec{v}_{ty} + \vec{v}_{ry} \qquad (3)$$

Si consideri θ_1 l'angolo formato dalla velocità di trascinamento con il semiasse positivo delle x e θ_2 l'angolo formato dalla velocità relativa dell'aereo con il semiasse positivo delle x. Secondo il concetto di seno e coseno si possono pensare le velocità come:

$$\begin{cases} v_{rx} = v_r \cos\theta_2 \\ v_{ry} = v_r \operatorname{sen}\theta_2 \end{cases} \tag{4}$$

$$\begin{cases} v_{tx} = v_t \cos\theta_1 \\ v_{ry} = v_t \operatorname{sen}\theta_1 \end{cases} \tag{5}$$

Sostituendo le (4) e le (5) alle (3) si ottiene:

$$\begin{cases} v_{ax} = v_t \cos\theta_1 + v_r \, cos\,\theta_2 \\ v_{ay} = v_t \operatorname{sen}\theta_1 + v_r \, sen\,\theta_2 \end{cases} \tag{6}$$

Dalle (6) si possono ricavare:

$$\begin{cases} cos\,\theta_2 = \dfrac{v_{ax} - v_t \cos\theta_1}{v_r} & (7) \\[2ex] sen\,\theta_2 = \dfrac{v_{ay} - v_t \operatorname{sen}\theta_1}{v_r} & (8) \end{cases}$$

dalla trigonometria $$cos^2\theta + sen^2\theta = 1. \tag{9}$$

sostituendo la (7) e la (8) alla (9) si ottiene:

$$\left(\frac{v_{ax} - v_t \cos\theta_1}{v_r}\right)^2 + \left(\frac{v_{ay} - v_t \operatorname{sen}\theta_1}{v_r}\right)^2 = 1 \tag{10}$$

ponendo $v_{a_x} = 0$ e, in modulo, $v_{a_y} = v_r$ nella (10) si ha:

$$\frac{{v_t}^2 \cos^2\theta_1 + {v_t}^2 \sin^2\theta_1 + {v_r}^2 - 2v_r v_t \sin\theta_1}{{v_r}^2} = 1 \tag{11}$$

Semplificando

$${v_t}^2 \cos^2\theta_1 + {v_t}^2 \sin^2\theta_1 - 2v_r v_t \sin\theta_1 = 0 \tag{12}$$

e dividendo per ${v_t}^2$ otteniamo

$$\cos^2\theta_1 + \sin^2\theta_1 - 2\frac{v_r}{v_t}\sin\theta_1 = 0 \tag{13}$$

La somma dei primi due termini per la (9) è uguale a 1 pertanto la (13) diventa:

$$1 - 2\frac{v_r}{v_t} sin\theta_1 = 0 \qquad \Rightarrow \qquad sin\theta_1 = \frac{v_t}{2v_r} \tag{14}$$

$$\theta_1 = arcsen\left(\frac{v_t}{2v_r}\right) = arcsen\left(\frac{114\ km/h}{2 \cdot 220\ km/h}\right) = 15° \tag{15}$$

Pertanto la direzione del vento è di 75° a ovest verso sud.

b) Tenuto conto della prima delle (2) ricaviamo θ_2 dalla (7):

$$\theta_2 = arccos\left(\frac{-v_t \text{sen}\,\theta_1}{v_r}\right) = \text{arccos}\left[\frac{-114\ km/h \cdot \text{cos}(15°)}{220\ km/h}\right] = 120° \tag{16}$$

La direzione è di 30° ovest verso nord.

Ovviamente seno e coseno hanno due valori accettabili e quindi è giusta anche la coppia di angoli:

$$\theta_1 = 165° \qquad\qquad \theta_2 = 60°$$

DINAMICA

CAPITOLO 3

LEGGI DI NEWTON E SUE APPLICAZIONI

- FORZA E MOTO
- FORZA D'ATTRITO

3. FORZA E MOTO

3.1. Introduzione

Il capitolo si pone come obiettivo l'analisi di alcuni problemi notevoli in cui si evidenzia l'effetto e la causa del moto attraverso una serie di esercizi sulle leggi della dinamica Newtoniana. Esso è articolato in due parti; nella prima parte ci si occupa del punto materiale proponendo problemi con o senza presenza d'attrito; nella seconda parte ci si occupa di corpi estesi rigidi, analizzando problemi sulla rotazione, sull'energia cinetica e sulla II legge di Newton nella rotazione.

3.2. Richiami e formule

3.2.1. Leggi di Newton

I legge di Newton: un corpo di massa *m* persiste nel suo stato di quiete o di moto rettilineo uniforme, fino a che una forza esterna non venga a perturbare questo stato di quiete o di moto rettilineo uniforme. In altri termini il corpo resta in quiete o in moto rettilineo a velocità costante se non è soggetto ad una somma di forze con risultante diversa da zero.

II legge di Newton: un corpo di massa *m* soggetto ad una forza netta diversa da zero accelera con un'accelerazione direttamente proporzionale alla forza ed inversamente proporzionale alla sua massa.

$$\sum \vec{F} = m\vec{a}$$

Nota: il modo in cui Newton trova la II legge è il seguente:

$$\sum \vec{F} = \frac{d\vec{P}}{dt}$$

La sommatoria delle forze esterne è uguale alla variazione temporale della quantità di moto **P** in termini istantanei (derivata prima). In termini di valori medi:

$$\sum \vec{F} = \frac{\Delta\vec{P}}{\Delta t}$$

Concetto di massa inerziale: si definisce massa inerziale il grado di opposizione che il corpo fa quando ad esso si applica una forza esterna netta diversa da zero.

3.2.2. Forza di attrito

– **Radente:** forza passiva dovuta alla scabrosità del contatto con il piano d'appoggio. La direzione è quella del piano di appoggio; il verso è opposto al moto.

$$f = \mu N$$

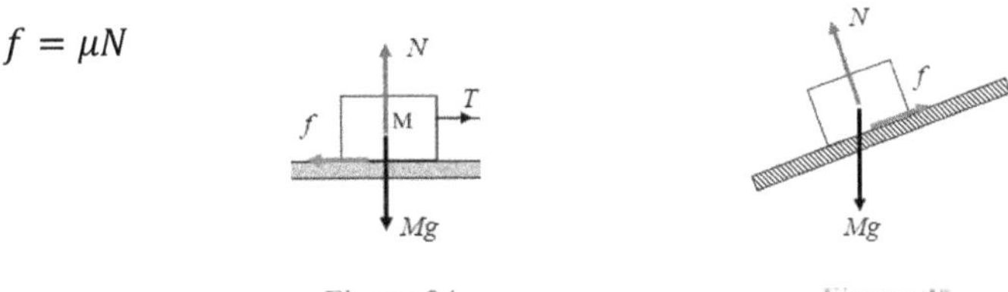

Figura 24 Figura 25

$\mu = coefficiente\ di\ attrito\ (statico\ \mu_s; dinamico\ \mu_d)$

Alcuni valori del coefficiente di attrito radente					
Superfici	μ_s	μ_d	Superfici	μ_s	μ_d
Legno - legno	0,50	0,30	Acciaio - aria	0,001	0,001
Acciaio - acciaio	0,78	0,42	Rame - acciaio	1,05	0,29
Acciaio - acciaio lubrificato	0,11	0,05	Rame - vetro	0,68	0,53
Acciaio - alluminio	0,61	0,47	Gomma - asfalto (asciutto)	1,0	0,8
Acciaio - ottone	0,51	0,44	Gomma - asfalto (bagnato)	0,7	0,6
Acciaio - teflon	0,04	0,04	Vetro - vetro	0,9 - 1,0	0,4
Acciaio - ghiaccio	0,027	0,014	Legno sciolinato - neve	0,10	0,05

Tabella 1

$N = forza\ normale\ al\ piano\ d'appoggio$

– **Volvente:** l'attrito volvente è l'attrito che si manifesta nel moto di un corpo che si muove su di un altro corpo senza strisciare (rotolando), cambiando quindi continuamente superficie di contatto.

Alcuni esempi possono essere: l'attrito delle ruote di un'automobile mentre si muove sull'asfalto; l'attrito delle ruote di un treno su rotaia; l'attrito delle sferette dei cuscinetti a sfera; ecc.
Riprenderemo questo concetto nel capitolo dedicato al rotolamento.

3.2.3. Resistenza del mezzo

$$F_f = \frac{1}{2} C \rho_f S v^2$$

Effetto della resistenza dell'aria sul moto dei gravi.

È noto che in assenza d'aria tutti i corpi sono soggetti alla stessa accelerazione g in un dato luogo. Tale moto è particolarmente semplice e quindi ampiamente utilizzato in esempi ed esercizi; resta il problema di sapere quando è lecito trascurare la resistenza dell'aria e quanto buone sono certe approssimazioni. Per cominciare discuteremo la semplice caduta di una sfera inizialmente in quiete.

Una sfera di velocità v immersa in un fluido è soggetta ad una forza di resistenza del mezzo che per oggetti macroscopici e/o velocità abbastanza grandi si può scrivere

$$F_f = \frac{1}{2} C \rho_f S v^2$$

dove la densità del fluido è ρ_f (per l'aria considereremo $\rho_f = \rho a$=1.23kg), S è la sezione frontale (per una sfera di raggio r S=πr^2) e C è il coefficiente di penetrazione (per le automobili è chiamato comunemente CX) che in generale dipende dalla velocità C=$C(v)$, ma che si può di norma approssimare con una costante C=0.5. Tale forza è opposta al moto, ovvero ha la stessa direzione della velocità e verso opposto.

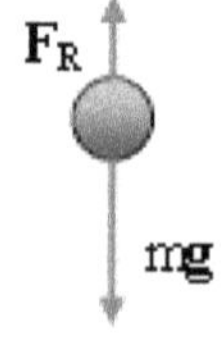

Figura 26

Per una sfera che sta cadendo come in Figura 26, assunto come positivo il verso in giù, l'equazione del moto è:

$$mg - \frac{1}{2} C \rho_f S v^2 = ma \qquad (1)$$

Prima ancora di risolvere questa equazione è possibile trarre importanti conclusioni dall'equazione (1).

Condizioni per cui si potrebbe trascurare la resistenza dell'aria.

Sarebbe lecito trascurare la resistenza dell'aria se questa è piccola rispetto alla forza peso; in altre parole se $F_f = \frac{1}{2} C\rho_f S v^2 << mg$, ovvero, se la velocità della sfera soddisfa la relazione:

$$v << \sqrt{\frac{2mg}{C\rho_f S}} = v_L \tag{2}$$

Per capire se è lecito trascurare la resistenza dell'aria, senza risolvere l'equazione (1), si può calcolare la velocità massima che sarebbe raggiunta in assenza d'aria e verificare se questa velocità soddisfa la (2). Se ciò avviene è lecito trascurare la presenza d'aria, altrimenti bisogna aspettarsi correzioni più o meno grandi a seconda di quanto è violata la (2): deviazioni sensibili se $v_{max} \cong v_L$, mentre se risultasse $v_{\max} >> v_L$ trascurare la resistenza dell'aria conduce a risultati assolutamente non realistici.

Andamento qualitativo della velocità in funzione del tempo.

Inizialmente per $v=0$ l'accelerazione è pari a g. All'aumentare della velocità aumenta la resistenza dell'aria e ciò fa diminuire l'accelerazione; continuando di questo passo l'accelerazione si riduce fino ad annullarsi. Da questo punto in poi la velocità rimane costante. L'accelerazione si annulla quando il primo membro della (1) è zero, cioè per $v = v_L$, ed è questo il valore limite della velocità, detta velocità limite. È facile convincersi che $v \rightarrow v_L$ indipendentemente dalla velocità iniziale, perciò ogni corpo, libero di muoversi in aria, raggiunge una velocità limite se ne ha il tempo, ovvero se cade da un'altezza sufficiente. La velocità limite dipende dalla geometria e dalla massa del corpo: per una sfera di raggio r e densità ρ, ricordando che

$$m = V \cdot \rho = \frac{4}{3\pi r^3} \quad e \quad S = \pi r^2$$

si ha:

$$v_L = \sqrt{\frac{8\rho \cdot r \cdot g}{3C\rho_f}} \tag{2'}$$

Fissati C, ρ_A e g, v_L aumenta all'aumentare del raggio (r) e della densità (ρ); i corpi più grandi e/o più pesanti sono più veloci.

Soluzione dell'equazione differenziale. Dalla definizione di velocità limite la resistenza dell'aria si può scrivere $\frac{1}{2}C\rho_f S v^2 = mg\frac{v^2}{{v_L}^2}$, quindi l'equazione (1) può essere riscritta nella forma

$$\frac{dv}{dt} = g\left(1 - \frac{v^2}{{v_L}^2}\right) \tag{3}$$

Separando le variabili, definendo $y = \frac{v}{v_L}$ e il differenziale $dv = v_L \cdot dy$, si ottiene:

$$\frac{dy}{1 - y^2} = \frac{g}{v_L} dt \tag{4}$$

integrando si ha:

$$\operatorname{arctanh}(y) - \operatorname{arctanh}(y_0) = \frac{g}{v_L} t \tag{5}$$

dove $y(0) = y_0 = \frac{v_0}{v_L}$ e v_0 è la velocità iniziale, purchè verso il basso.

Risulta pertanto:

$$v(t) = \frac{v_0 + v_L \tanh\left(\frac{gt}{v_L}\right)}{1 + \frac{v_0}{v_L}\tanh\left(\frac{gt}{v_L}\right)} \tag{6}$$

Nel caso più semplice con $v_0 = 0$ e $x(0) = 0$ si trova:

$$v(t) = v_L \tanh\left(\frac{gt}{v_L}\right) \quad \text{e} \quad x(t) = \frac{{v_L}^2}{g}\ln\left(\cosh\frac{gt}{v_L}\right) \tag{7}$$

Per chiarire quanto detto sopra, consideriamo il caso di due sfere, una di legno e una di acciaio di raggio $r = 1\,cm$. Le densità sono, rispettivamente, $\rho = 500\ kg/m^3$ (legno), $\rho = 8000\ kg/m^3$ (acciaio) e si assume $\rho a = 1.23\ kg/m^3$ e $C \approx 0.5$.

Per la **sfera di legno** la velocità limite vale 14.6 *m/s* che si raggiunge, nel vuoto, con una caduta da un'altezza di 10.8*m*.

Per la **sfera di acciaio** la velocità limite vale 58.3 *m/s* che si raggiunge, nel vuoto, con una caduta da un'altezza di 173*m*.

Nelle figure seguenti si rappresenta la legge oraria $x(t)$ e la velocità $v(t)$ per le due sfere che cadono da un'altezza di $10m$.

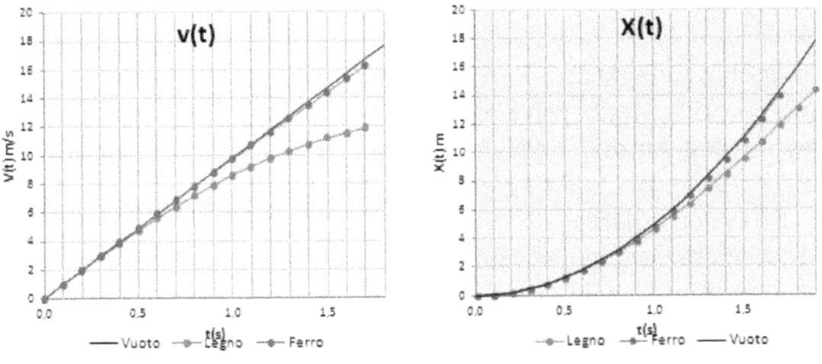

Figura 27

Figura 27. *Velocità in funzione del tempo v=f(t) e posizione in funzione del tempo x=f(t), per una sfera di 2cm di diametro che cade in aria da circa 10m. Punti blu acciai. Punti ciclamino legno. La linea rappresenta la caduta nel vuoto.*

La Figura 27 evidenzia che, per quanto riguarda la sfera di acciaio, le differenze rispetto al vuoto sono quasi impercettibili in una caduta da $10m$, mentre con una sferetta di legno le deviazioni sono decisamente osservabili. Se si considera una caduta da un'altezza di $100m$ come in Figura 28 si osservano deviazioni dal caso del vuoto anche per la sfera di acciaio, mentre per la sfera di legno non esiste neppure un accordo qualitativo.

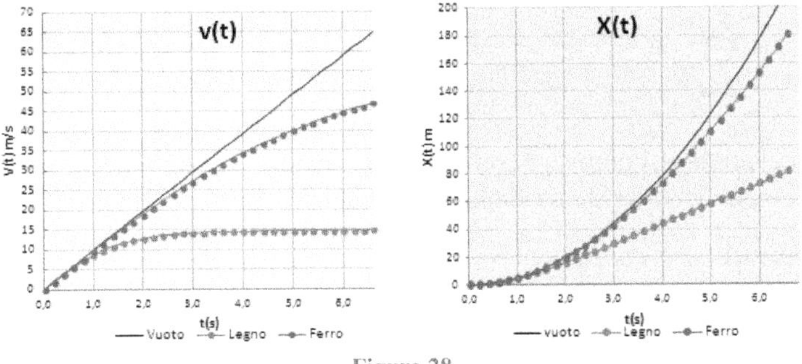

Figura 28

Figura 28-*Come la fig.27 ma ora la caduta è da 100 m.*

3.3. Esercizi

Forza e moto

1. Tre blocchi, collegati fra loro come nella figura, sono spinti verso destra su un piano orizzontale privo di attrito da una forza $F = 65\ N$. Se $m_1 = 12\ kg$, $m_2 = 24\ kg$ ed $m_3 = 31\ kg$, calcolare:

a) L'accelerazione del sistema;

b) Le tensioni T_1 e T_2.

(Halliday, Resnick, & Walker, 2001, p. 98)

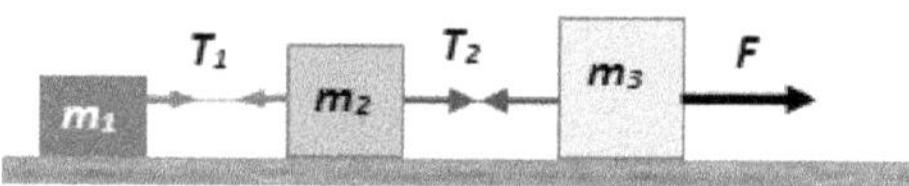

Figura 29

Strategia-soluzione

Il problema può essere affrontato applicando la legge di Newton ai fini del calcolo dell'accelerazione del sistema e, successivamente, analizzando sempre con la legge di Newton i singoli elementi considerando tutte le azioni che gli altri elementi fanno su di essi.

a) Applicando Newton

$$\sum \vec{F} = m \cdot \vec{a} \tag{1}$$

si può ricavare l'accelerazione dell'intero sistema considerando la forza esterna $\boldsymbol{F}$ applicata alla somma delle tre masse

$$a = \frac{\sum F}{\sum m} = \frac{F}{m_1 + m_2 + m_3} = \frac{65N}{12kg + 24kg + 31kg} = 0{,}97 m/s^2 \tag{2}$$

b) Ogni elemento si muoverà con l'accelerazione a, pertanto per le tensioni T_1 e T_2 scomponiamo il sistema applicando ad ogni elemento la legge di Newton (1).

Per la massa 1:

$$T_1 = m_1 \cdot a = 12kg \cdot 0{,}97 \frac{m}{s^2} = 11{,}64N \tag{3}$$

Per la massa 2:

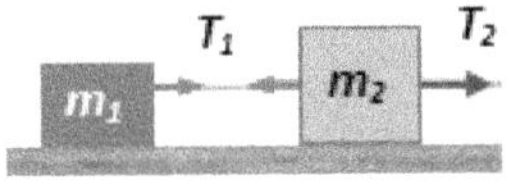

Figura 30

$$\sum F = T_2 - T_1 = m_2 \cdot a \tag{4}$$

$$T_2 = m_2 \cdot a + T_1 = 24kg \cdot 0{,}97\frac{m}{s^2} + 11{,}64N = 34{,}92N \text{ [5]} \tag{5}$$

[5] Il valore di T_2 si poteva calcolare anche dalla relazione:

$$T_2 = (m_1 + m_2) \cdot a = (12kg + 24kg) \cdot 0{,}97\frac{m}{s^2} = 34{,}92N$$

essendo T_2 la forza da applicare alle masse $\mathbf{m_1}$ ed $\mathbf{m_2}$ per imprimere l'accelerazione **a**.

2. Dato il sistema di Figura 31 che mostra due blocchi $m = 4\ kg$ ed $M = 5\ kg$, collegati da una fune che passa attorno a una carrucola priva di massa e di attrito, si determini:

a) L'intensità dell'accelerazione del sistema dei due blocchi;

b) La tensione della fune.

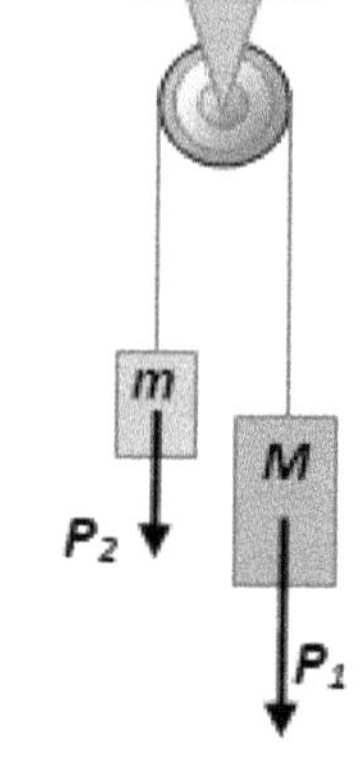

Figura 31

Strategia-soluzione

a) Il quesito si affronta applicando la II legge di Newton al sistema delle due masse, tenuto conto delle forze ad esse applicate (*i loro pesi*) come se le stesse fossero allineate vedi Figura 32:

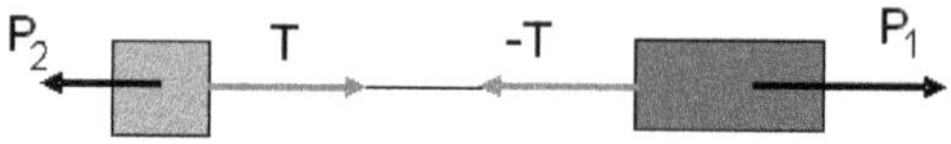

Figura 32

$$\sum \vec{F} = m \cdot \vec{a} \tag{1}$$

$$a = \frac{\sum F}{\sum m} = \frac{P_1 - P_2}{M + m} = \frac{Mg - mg}{M + m} = \frac{g(M - m)}{M + m} = 9{,}8\frac{m}{s^2} \cdot \frac{5kg - 4kg}{5kg + 4kg} \cong 1{,}1 m/s^2 \tag{2}$$

b) Per la tensione della fune si applica di nuovo la legge di Newton componendo il sistema di masse e riportando su ogni elemento le forze applicate, tenuto conto che l'accelerazione è identica per tutti gli elementi del sistema. Ad esempio per la massa *M*

$$\sum F = P_1 - T = m \cdot a \tag{3}$$

Risolvendo rispetto a T si ha:

$$T = P_1 - M \cdot a = M \cdot g - M \cdot a = M(g - a) = \tag{4}$$

$$= 5kg(9{,}8 - 1{,}1)\frac{m}{s^2} \cong 43{,}5N$$

3. [6]Dato un corpo di massa M_1 poggiato su di un piano privo d'attrito inclinato di un angolo θ=30° rispetto all'orizzontale e collegato con una fune ad un secondo corpo di massa M_2 appeso tramite una puleggia priva di massa e di attrito, determinare:

a) L'accelerazione del sistema;

b) La tensione del filo.

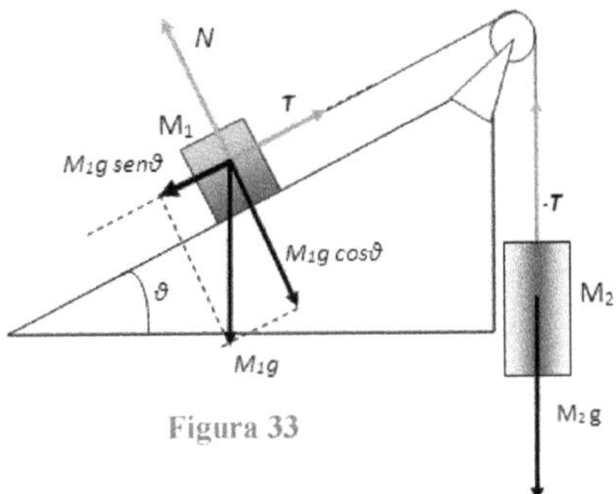

Figura 33

Strategia-soluzione

Ai fini del calcolo dell'accelerazione del sistema il problema può essere affrontato come per gli esercizi precedenti, applicando la II legge di Newton e, successivamente, si potrà determinare la tensione, analizzando singolarmente i corpi che compongono il sistema e analizzando tutte le forze esterne ed interne che vi agiscono.

a) Accelerazione del sistema. Applichiamo la II legge di Newton tenendo conto che le forze esterne al sistema sono la forza peso della massa 2 e la componente della forza peso nella direzione parallela al piano della massa 1 (consideriamo positivo il verso a salire del piano e quello verso il basso della massa 2).

$$\sum \vec{F} = m \cdot \vec{a} \tag{1}$$

$$a = \frac{\sum F}{\sum m} = \frac{M_2 g - M_1 g sen\theta}{M_2 + M_1} = \frac{g(M_2 - M_1 sen\theta)}{M_2 + M_1} = \tag{2}$$

$$= 9,8\frac{m}{s^2} \cdot \frac{5kg - 3kg \cdot sen(30°)}{5kg + 3kg} \cong 4,29 m/s^2$$

b) La tensione del filo sarà data analizzando il corpo 2 o 1 indifferentemente dallo schema; la II di Newton nella forma scalare si può scrivere per il corpo 2:

$$\sum F = M_2 g - T = M_2 a \tag{3}$$

$$T = M_2(g - a) = 5kg(9,8 - 4,29)\frac{m}{s^2} \tag{4}$$

---

[6] Esercizio ispirato al n. 52P di Fondamenti di fisica (Halliday et al. p.99)

Pendolo conico

4. La figura mostra il moto di una pallina di massa *m*= 20*g* trattenuta da un filo di lunghezza *L=1,20m* assimilabile ad un pendolo conico. Esso si muove, descrivendo una circonferenza orizzontale, con una velocità tangenziale costante pari a *V=1,50 m/s*.

a) Determinare l'angolo θ che il filo forma con la verticale;

b) Determinare la tensione del filo.

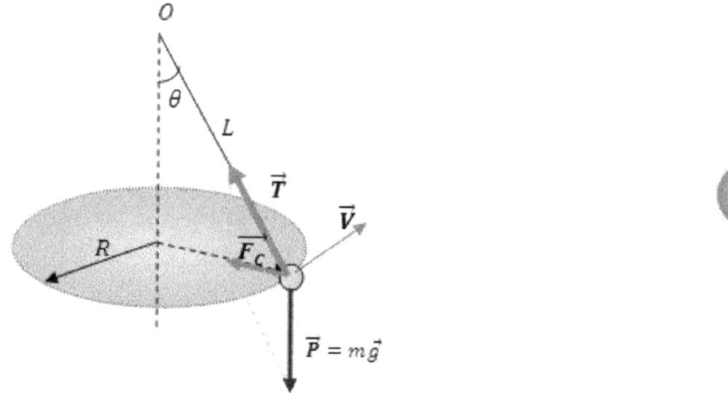

Figura 34

Strategia-soluzione

a) La soluzione del problema può essere affrontata tramite la II legge della dinamica di Newton

$$\sum \vec{F} = m\vec{a}$$

La risultante delle forze applicate *P* e *T* è la forza *Fc.*

Nella forma scalare in *x, y*

$$\sum F_x = ma_x \quad (1)$$

$$\sum F_y = ma_y \quad (2)$$

La (1) sarà: $$T_x = ma_c = m\frac{v^2}{R} \quad (3)$$

La (2) sarà: $$T_y - mg = ma_y = 0 \; essendo \; a_y = 0 \quad (4)$$

Inoltre $$T_x = Tsen\theta \quad e \quad T_y = Tcos\theta \quad (5)$$

$$T_y = Tcos\theta = mg \Rightarrow T = \frac{mg}{cos\theta} \quad (6)$$

Sostituendo nella prima delle (5) si ha:

$$T_x = \frac{mg}{cos\theta} sen\theta = mg \cdot tg\theta = m\frac{v^2}{R} \quad (7)$$

$$tg\theta = m\frac{v^2}{Rg} \qquad inoltre \quad R = L \cdot sen\theta \quad (8)$$

la (8) si può riscrivere come:

$$sen\theta tg\theta = \frac{v^2}{gL} \quad (9)$$

La (9) è opportuno scriverla nella forma:

$$\frac{sen^2\theta}{cos\theta} = \frac{v^2}{gL} \Rightarrow 1 - cos^2\theta = \frac{v^2}{gL} cos\theta \quad (10)$$

Si ha un'equazione di 2° grado in *cosθ*, ponendo

$$K = V^2/(gL) = \frac{(1{,}5m/s)^2}{9{,}8\ m/s^2 1{,}2m} = 0{,}191 \quad (11)$$

$$cos^2\theta + K\ cos\theta - 1 = 0 \quad (12)$$

$$x^2 + K\ x - 1 = 0 \quad (13)$$

In cui $\Delta = K^2 - 4ac = 4{,}036$

Le soluzioni sono:

$$x_1 = \frac{-0{,}191 - 2{,}009}{2} \cong -1{,}099; \ x_2 = \frac{-0191 + 2{,}009}{2} \cong 0{,}909 \quad (14)$$

Solo la seconda è accettabile, per cui si ha:

$$cos\theta = 0{,}909 \Rightarrow \theta \cong 24{,}63° \quad (15)$$

b) Dalla (6) si ha:

$$T = \frac{mg}{cos\theta} = \frac{20 \cdot 10^{-3}Kg \cdot 9{,}8\frac{m}{s^2}}{0{,}909} \cong 0{,}22N$$

La forza d'attrito

5. Una lastra di $M=40\ kg$ è appoggiata su un piano privo di attrito. Su di essa è collocato un blocco di $m=10\ kg$ come in Figura 35. Fra il blocco e la lastra c'è attrito con coefficiente μ_s =0.60 e μ_d = 0.40. Il blocco da 10 kg è tirato da una forza orizzontale di intensità 100N. Quali sono le intensità delle accelerazioni risultanti
(Halliday, Resnick, & Walker, 2001, p. 121)

a) per il blocco?

b) per la lastra?

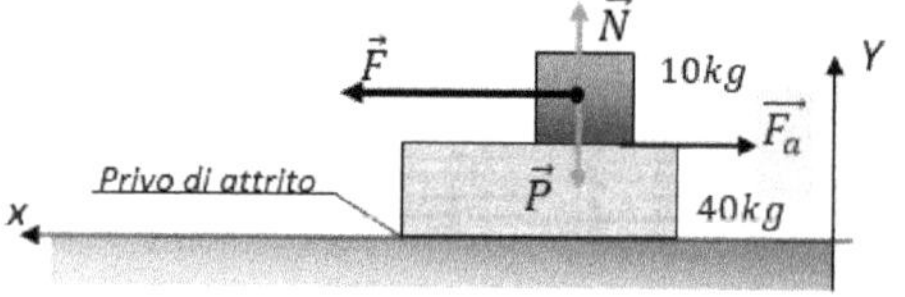

Figura 35

Strategia-soluzione

Ci sono diversi modi per risolvere questo esercizio; uno di questi è basandoci direttamente sulle accelerazioni, analizzando separatamente gli elementi del sistema (lastra-blocco).
Analizziamo tutte le forze, riportate sul disegno, agenti sul blocco. Assunti come assi x e y, possiamo utilizzare le equazioni scalari della legge di Newton per il blocco:

$$\sum F_y = 0 \quad \Longrightarrow \quad N - P = 0 \tag{1}$$

$$\sum F_x = m \cdot a_x \quad \Longrightarrow \quad F - F_a = ma_{1x} \tag{2}$$

Dalla (1) si ha:

$$N = P = mg \tag{3}$$

a) Dalla (2) possiamo ricavare l'accelerazione del blocco

$$a_{1x} = \frac{F - F_a}{m} \tag{4}$$

Conoscendo come determinare la forza di attrito, usando il coefficiente d'attrito dinamico(μ_d) e sostituendo inoltre N determinato dalla (3) si ha:

$$F_a = \mu_d \cdot N = \mu_d \cdot m \cdot g \tag{5}$$

sostituendo nella (4):

$$a_{1x} = \frac{F - \mu_d \cdot m \cdot g}{m} = \frac{100N - 0{,}40 \cdot 10kg \cdot 9{,}8\frac{m}{s^2}}{10kg} = 6{,}1\ \frac{m}{s^2} \tag{6}$$

b) Per rispondere al secondo quesito analizziamo le forze agenti sulla sola lastra. In riferimento alla Figura 36 si osserva che la lastra è sospinta dalla sola forza d'attrito F_a che le trasmette il blocco. Applicando la seconda legge di Newton in direzione x si ha:

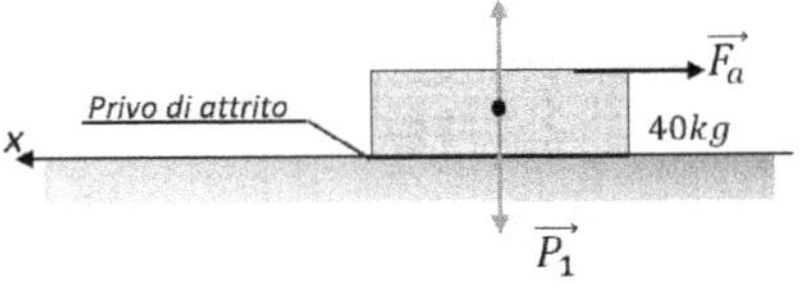

Figura 36

$$\sum F_x = M \cdot a_{2x} \quad \Longrightarrow \quad F_a = M \cdot a_{2x} \tag{7}$$

dalla (7) possiamo ricavare l'accelerazione utilizzando la (5) in sostituzione di F_a[7]

$$a_{x2} = \frac{F_a}{M} = \frac{\mu_d N}{M} = \frac{\mu_d \cdot m \cdot g}{M} = \frac{0{,}40 \cdot 10kg \cdot \frac{9{,}8m}{s^2}}{40kg} = 0{,}98\frac{m}{s^2}$$

[7] Non viene riportata ***m*** (massa del blocco) perché la lastra si trova su un piano in assenza d'attrito, quindi è ininfluente per il moto in X.

6. Una vettura percorre una curva di raggio *R= 120 m* con velocità *v= 50 km/h.*

a) Determinare il coefficiente d'attrito minimo tra gomme e strada affinché la vettura non scivoli;

b) Rianalizzare il problema nel caso in cui la curva sia bilanciata con un angolo α.

Strategia-soluzione

Il problema considera una vettura (punto materiale) in moto circolare uniforme, per cui soggetta ad un'accelerazione centripeta e quindi ad una forza centripeta radiale determinata dall'attrito tra gomme e strada. Affinché la vettura effettui la curva la forza centripeta deve essere uguale a quella di attrito statico $\boldsymbol{F_a}$.

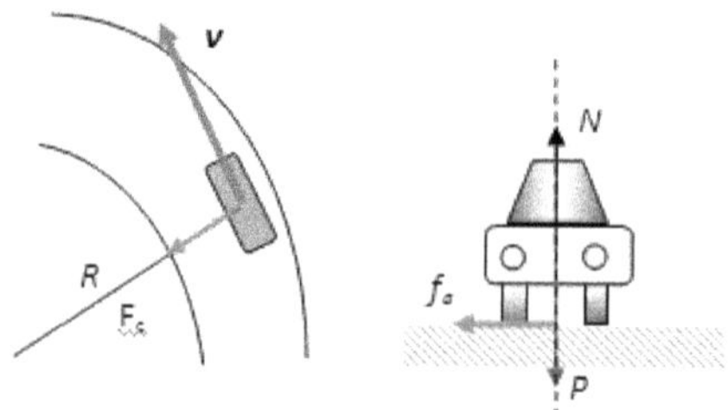

Figura 37

La seconda parte è analoga alla prima, ma con la componente tangenziale della forza peso che contribuisce alla stabilità.

a) Affinché la vettura non scivoli deve essere soddisfatta l'equazione:

$$\Sigma F_R = Fc \tag{1}$$

$$fa = Fc \tag{2}$$

Essendo l'accelerazione in direzione *N* nulla la seconda legge di Newton risulta:

$$\Sigma F_N = 0 \tag{3}$$

$$N - P = 0 \Rightarrow N = P = mg \tag{4}$$

$$fa = \mu_s N = \mu_s mg \tag{5}$$

Sostituendo la(5) nella (2) e tenuto conto della forza centripeta si ha:

$$\mu_s mg = m\frac{v^2}{R} \tag{6}$$

Risolvendo rispetto a μ_s si ha:

$$\mu_s = \frac{v^2}{Rg} = \frac{\frac{13{,}9^2 m^2}{s^2}}{120m\frac{9{,}8m}{s^2}} = 0{,}16 \tag{7}$$

b) In questo caso contribuiscono alla stabilità della vettura oltre all'attrito (come nella curva sbilanciata), anche la pendenza della curva. Si affronterà il problema ancora utilizzando la legge di Newton nelle direzioni *z e x* considerando che la risultante in *x* deve essere uguale alla forza centripeta che permette ad essa di eseguire la curva.

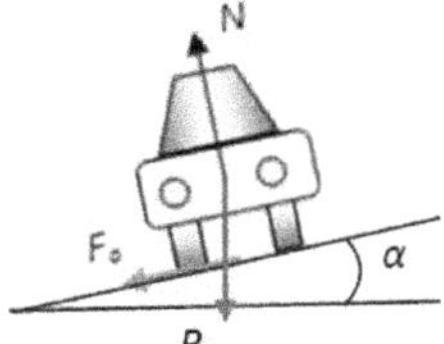

Figura 38

Facendo riferimento allo schema delle forze di figura e applicando la II di Newton nella forma scalare, si ha:

$$\sum F_z = ma_z = 0 \qquad (1)$$

$$\sum F_x = ma_x = -F_C = -m\frac{v^2}{R} \qquad (2)$$

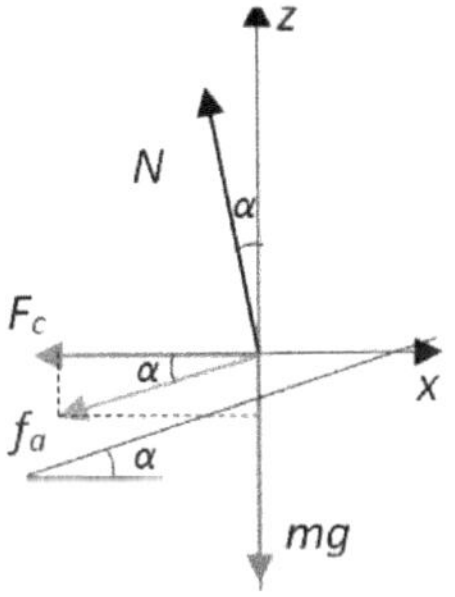

Figura 39

Esplicitando la (1) e la (2) abbiamo:

$$-mg + N\cos\alpha - f_{az} = 0 \qquad (3)$$

$$-N\,sen\,\alpha - f_{ax} = -m\frac{v^2}{R} \qquad (4)$$

ed essendo inoltre

$$f_a = \mu_s N \quad \Rightarrow \quad f_{az} = \mu_s N\,sen\,\alpha\,; \qquad (5)$$

$$f_{ax} = \mu_s N\cos\alpha \qquad (6)$$

sostituiamo la (5) e la (6) nelle (3) e (4) che risultano

$$N\cos\alpha - \mu_s N\,sen\,\alpha = mg \qquad (7)$$

$$-N\,sen\,\alpha - \mu_s N\cos\alpha = -m\frac{v^2}{R}. \qquad (8)$$

Cambiando di segno e mettendo in evidenza *N* si ha:

$$N\,(sen\,\alpha + \mu_s\cos\alpha) = m\frac{v^2}{R} \qquad (9)$$

Dalla (7) risolviamo in funzione di *N*

$$N = \frac{mg}{\cos\alpha - \mu_s\,sen\,\alpha} \qquad (10)$$

che sostituita nella (9) risulta:

$$\frac{mg}{\cos\alpha - \mu_s\,sen\,\alpha}(sen\,\alpha + \mu_s\cos\alpha) = m\frac{v^2}{R} \qquad (11)$$

Dividiamo ora la (11) per mg

$$sen\,\alpha + \mu_s\cos\alpha = \frac{v^2}{gR}\,(\cos\alpha - \mu_s\,sen\,\alpha) =$$

$$= \frac{v^2}{gR}\cos\alpha - \frac{v^2}{gR}\mu_s\, sen\ \alpha \tag{12}$$

$$\mu_s\,(\cos\alpha + \frac{v^2}{gR}\, sen\ \alpha) = \frac{v^2}{gR}\cos\alpha - sen\ \alpha \tag{13}$$

dividendo tutto per $\cos\alpha$:

$$\mu_s\,(1 + \frac{v^2}{gR}\, tg\ \alpha) = \frac{v^2}{gR} - tg\ \alpha \tag{14}$$

$$\mu_s = \frac{\frac{v^2}{gR} - tg\ \alpha}{1 + \frac{v^2}{gR}\, tg\ \alpha}\,(^8) \tag{15}$$

[8] Per valori di α piccoli (come nelle strade normali) il termine $\left(\frac{v^2}{R}\ tg\ \alpha\right)$ è trscurabile quindi si potrebbe utilizzare la relazione: $\mu_s = \frac{v^2}{gR} - tg\ \alpha$ (es. v=20*m/s*; *R*= 100 *m*; α=6° la relazione rigorosa darebbe: $\mu_s = 0{,}29$ quella approssimata: $\mu_s = 0{,}30$).

CAPITOLO 4

LAVORO ED ENERGIA

- LAVORO – ENERGIA
- POTENZA
- CONSERVAZIONE DELL'ENERGIA

4. LAVORO ED ENERGIA

4.1. Introduzione

Il capitolo si pone come obiettivo l'analisi di alcuni problemi notevoli riguardanti i concetti di lavoro e di energia. Non è possibile parlare di energia senza parlare di lavoro o viceversa. L'energia la si può definire come la capacità di un corpo o di un sistema di compiere lavoro, così come si può dire che il lavoro fatto su di un corpo o su un sistema varia l'energia del corpo o del sistema, quindi la sua capacità di fare lavoro. Il lavoro fatto può essere immagazzinato dal corpo o sistema attraverso varie forme di energia: quella di movimento o cinetica; quella di posizione gravitazionale detta potenziale gravitazionale e quella elastica altresì definita potenziale elastica. Si analizzeranno in modo dettagliato le relazioni:

$$L = \Delta E$$

$$\Delta E = L$$

4.2. Richiami e formule

4.2.1. Lavoro

Il lavoro, grandezza scalare, è dato dal prodotto scalare tra il vettore forza applicata ***F*** e il vettore spostamento del suo punto di applicazione ***r***:

$$L = \vec{F} \cdot \vec{r} = F \cdot r \cdot \cos\theta$$

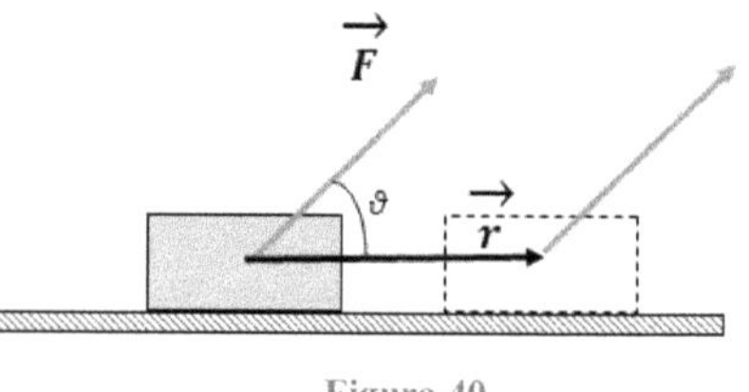

Figura 40

(unità di misura su S.I. $joule = N \cdot m$).

Si definisce $1joule = 1N \cdot 1m$ il lavoro che la forza di *1 N* esegue per spostare il suo punto di applicazione di *1 m*.

Dal punto di vista geometrico esso rappresenta l'area individuata dal grafico *F-r* (vedi Figura 41).

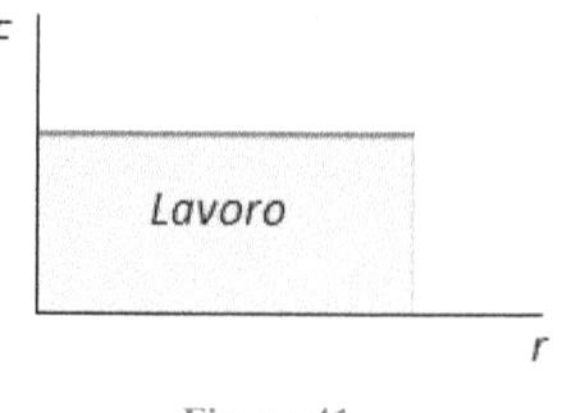

Figura 41

Lavoro di una forza variabile

Nel caso di forze variabili occorre ricorrere alla matematica integrale, tuttavia potremmo analizzare il calcolo dell'area sottesa dalla funzione *F(r)*. Analizziamo il caso unidimensionale facilmente estendibile al tridimensionale.

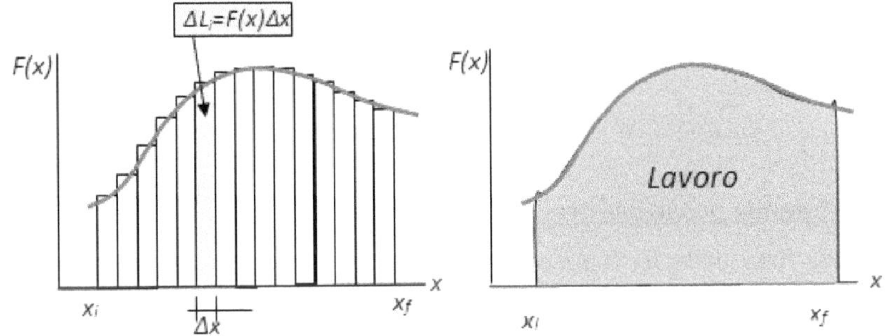

Figura 42

$$L = \sum_{i=1}^{n} F(x)_i \, \Delta x$$

Facendo tendere a zero Δx si ha:

$$L = \int_{x_i}^{x_f} F(x)dx$$

Nel caso tridimensionale lo spostamento $dr = dx + dy + dz$ ed $F(r) = Fx + Fy + Fz$

E l'integrale diventa: $L = \int_{x_i}^{x_f} F(x)dx + \int_{y_i}^{y_f} F(y)dy + \int_{x_i}^{z_f} F(z)dz$

4.2.2. Energia cinetica

Il lavoro in virtù del prodotto scalare sarà dato dalla sola componente orizzontale di ***F***, che in virtù della II di Newton, accelererà il corpo di massa *m*, producendo una variazione di velocità; il moto sarà di tipo uniformemente accelerato e il lavoro produrrà una variazione di energia cinetica data da:

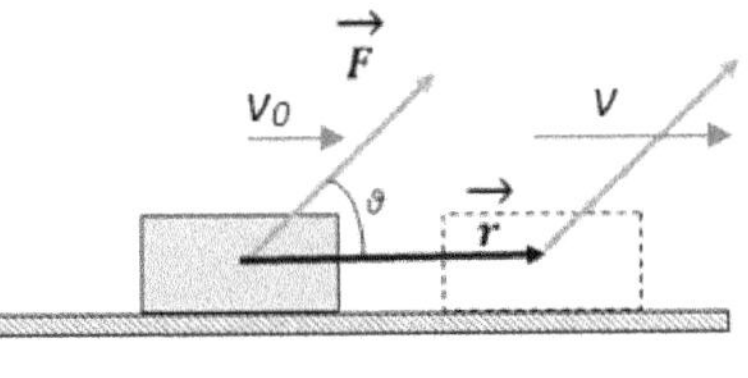

Figura 43

$$L = F_r \cdot r = \Delta E$$

$$F_r = ma; \quad r = v_0 t + \frac{1}{2}at^2; \quad a = \frac{v - v_0}{t}$$

$$L = ma\left(v_0 t + \frac{1}{2}at^2\right) = mav_0 t + \frac{1}{2}m(at)^2 = m(v - v_0)v_0 + \frac{1}{2}m(v - v_0)^2 =$$
$$= \frac{1}{2}mv^2 - \frac{1}{2}m{v_0}^2 = E_c - E_{c_0} = \Delta E$$

$$\text{se} \quad v_0 = 0 \qquad L = E_c = \frac{1}{2}mv^2$$

4.2.3. Energia potenziale gravitazionale

Il lavoro fatto dalla forza peso di un corpo produce variazione di energia di posizione (potenziale gravitazionale)

$$L_g = \Delta E$$

Si consideri un corpo di massa *m* che viene lanciato verso l'alto con velocità iniziale v_0, durante la salita rallenta fino a fermarsi; la sua variazione di energia è dovuta al lavoro fatto dalla forza peso del corpo:

$$L_g = F_g h \cos\theta = mgh\cos(180°) = -mgh$$

Il segno negativo è giustificato dalla variazione in diminuzione dell'energia cinetica a favore di quella potenziale. Si può definire energia potenziale gravitazionale *Ep*:

Figura 44

$$E_p = mgh$$

dove *h* è l'altezza da terra.

4.2.4. Energia potenziale elastica

Altra forma di energia di posizione è quella potenziale elastica, ad esempio posseduta da una molla tramite un lavoro di una forza esterna. In questo caso si tratta di una forza variabile in funzione della posizione, infatti la forza elastica, come è ben noto, è data dalla relazione:

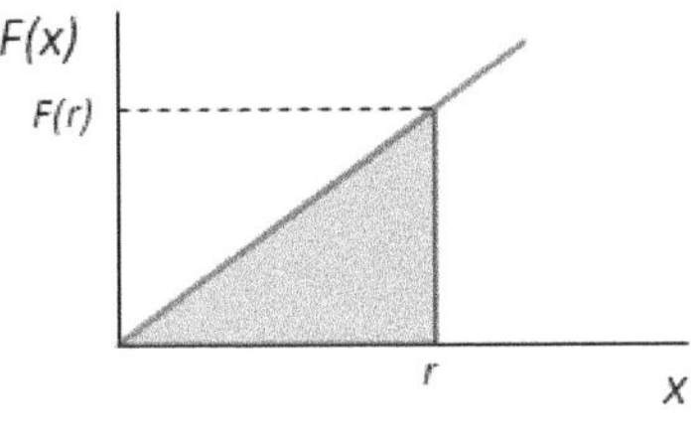

Figura 45

$$F(x) = -k \cdot x$$

dove k è la costante elastica della molla e r la sua deformazione (allungamento/accorciamento). Dal grafico *F(x)* si ha:

$$L = F(r) \cdot r = \Delta E$$

Il lavoro, come precedentemente sottolineato, è dato dall'area della figura sottesa dalla funzione *F(r)* (nella Figura 45 area del triangolo)[9]

$$L = -\frac{1}{2}k \cdot r^2$$

4.2.5. Potenza

Il concetto di potenza è espresso dal lavoro eseguito nell'unità di tempo. In altri termini identifica la rapidità con cui un dato lavoro viene svolto. Noi possiamo eseguire un lavoro che sposti un corpo da una posizione ad un'altra impiegando un certo tempo t; se lo stesso lavoro viene eseguito in $t/2$ noi avremmo impiegato una potenza doppia rispetto alla prima.

$$P = \frac{\Delta L}{\Delta t} \quad potenza\ media$$

$$P = \frac{dL}{dt} \quad potenza\ istantanea$$

Unità di misura nel S.I. *Watt*

---

[9] Dall'analisi si può risolvere l'integrale: $L = \int_{x_i}^{x_f} f(x)dx = \int_{x_i}^{x_f} -kxdx = -\frac{1}{2}k[x^2]_{x_i}^{x_f} = \frac{1}{2}k \cdot x_i{}^2 - \frac{1}{2}k \cdot x_f{}^2 = \Delta E$

Si definisce 1*watt* il lavoro di 1 *joule* eseguito in 1 *secondo*, o meglio la potenza necessaria ad eseguire il lavoro di 1 *j* in 1*s*:

$$1\,watt = \frac{1j}{1s}$$

$$P = \frac{dL}{dt} = \frac{F\cos\theta\,dx}{dt} = Fv\cos\theta = \boldsymbol{F}\cdot\boldsymbol{v}$$

La formula rappresenta il prodotto scalare tra i vettori ***F*** e ***v***.
Quindi la potenza è direttamente proporzionale sia alla forza che alla velocità, ossia si può sviluppare la stessa potenza utilizzando una forza minore ed una maggiore velocità; analogamente una forza maggiore ed una minore velocità.

4.2.6. Energia meccanica – principio di conservazione

Si definisce energia meccanica E_M la somma tra energia potenziale e cinetica possedute da un corpo/punto materiale di massa *m*:

$$E_M = E_p + E_c = mgh + \frac{1}{2}mv^2$$

In presenza di forze conservative il principio di conservazione dell'energia meccanica recita che essa sia costante nel tempo.

$$E_M : E_M = E_{M_0} = costante$$

$$E_p + E_c = U_0 + E_{c_0} \Rightarrow \Delta E_p = \Delta E_c$$

4.2.7. Principio di conservazione dell'energia totale

In presenza di forze non conservative la diminuzione di energia cinetica implica aumento dell'energia interna.

[Esempio: la forza d'attrito trasforma energia cinetica in energia termica].

Generalizzazione del teorema lavoro-energia cinetica:

indichiamo con L_f il lavoro della forza d'attrito con E_i l'energia interna del corpo e otteniamo

$$L_f = -f_d\Delta x = -\Delta E_i$$

Riscrivendo la relazione tra lavoro ed energia si ha:

$$L_{tot} = L_{cons} + L_{Non\,cons} = \Delta E_c = -\Delta E_p + L_{Non\,cons} = \Delta E_c$$

$$L_{Non\,cons} = \Delta E_c + \Delta E_p = \Delta E_M$$

$$L_f = -\Delta E_i = \Delta E_c + \Delta E_p \Rightarrow \Delta E_c + \Delta E_p + \Delta E_i = 0$$

$$E_c + E_p + E_i = E_M + E_i = costante$$

4.3. Esercizi

Lavoro - energia

1. Un blocco di ghiaccio galleggiante è spinto lungo un molo diritto per uno spostamento in metri d=15i -12j da una corrente di mare che esercita sul blocco una forza F=(210 N)i – (150 N)j. Determinare quanto lavoro sviluppa l'acqua sul blocco nel corso dello spostamento.

Strategia-soluzione

Il lavoro è dato dal prodotto scalare tra la forza e lo spostamento:

$$L = \vec{F} \cdot \vec{d} \tag{1}$$

$$L = F_x\, d_x\, \vec{\imath} \cdot \vec{\imath} + F_y\, d_y\, \vec{\jmath} \cdot \vec{\jmath} = 210\, N \cdot 15\, m + 150\, N \cdot 12\, m = 4950\, J \tag{2}$$

2. Un protone, partendo da fermo, è accelerato in un ciclotrone a una velocità finale di $3{,}0 \cdot 10^6 m/s$ (circa 1% della velocità della luce). Quanto lavoro espresso in eV è sviluppato sul protone dalla forza elettrica? (Massa del protone = $1{,}68 \cdot 10^{-27} kg$).
(Halliday, Resnick, & Walker, 2001, p. 143)

Strategia-soluzione

Il lavoro richiesto è pari alla variazione dell'energia cinetica del protone; considerato che parte da fermo, l'energia cinetica iniziale è zero, pertanto:

$$L = \Delta E_c = \frac{1}{2} m v^2 = \frac{1}{2} 1{,}68 \cdot 10^{-27} kg \cdot (3 \cdot 10^6 m/s)^2 = 47250 J \tag{3}$$

Essendo $1 eV = 1{,}6 \cdot 10^{-19} j$ si ha

$$L = \frac{47250 J}{1{,}6 \cdot 10^{-19} \frac{eV}{j}} \cong 47\ KeV \tag{4}$$

3. Una ragazza di massa *48kg* su uno skateboard di massa *2kg* è trainata da una corda legata ad una bicicletta. La velocità iniziale della ragazza è v=(4,0m/s)i e la forza esercitata su di lei dalla corda è F= (17 N)i +(12 N)j. Determinare il lavoro compiuto dalla corda sulla ragazza in 25 s;
(Walker, 2010, p. 213)

Strategia-soluzione

Il lavoro viene svolto dalla sola componente in x della forza, che sposta il suo punto di applicazione di una quantità s. Il problema può essere affrontato in duplice modo:

1) Dal prodotto della forza F_x per x spazio percorso in 25 s;
2) Considerando la variazione dell'energia cinetica.

Affronteremo per completezza entrambi i procedimenti.

1) Primo modo

Il lavoro è dato dal prodotto $\boldsymbol{F}$ scalare $\boldsymbol{x}$:

$$L = \vec{\boldsymbol{F}} \cdot \vec{\boldsymbol{x}} = F\ x \cos\theta = F_x \cdot x \qquad (1)$$

Con x si intende lo spazio percorso in 25 s che è dato dalla seguente relazione del moto rettilineo uniformemente accelerato

$$x = v_i t + \frac{1}{2} a_x t^2 \qquad (2)$$

Considerato che a_x è l'accelerazione impressa dalla forza in direzione x e ricordando la II legge di Newton si ha:

$$a_x = \frac{F_x}{m}$$

La (1) diventa:

$$L = F_x\left(v_i t + \frac{1}{2}\frac{F_x}{m}t^2\right) = F_x v_i t + \frac{1}{2}\frac{{F_x}^2}{m}t^2 =$$

$$= 17N \cdot \frac{4m}{s} \cdot 25s + \frac{(17N)^2}{2 \cdot 50kg} 25^2 s^2 \cong 3500j \qquad (3)$$

2) Secondo modo

Il lavoro è uguale alla variazione dell'energia cinetica:

$$L = \Delta E_c = \frac{1}{2}mv^2 - \frac{1}{2}mv_i^2 \qquad (4)$$

Occorre determinare la velocità finale dopo $25s$; essa sarà data da:

$$v = v_i + a_x t = \frac{4m}{s} + \frac{17N}{50kg}25s = 12{,}5m/s \qquad (5)$$

Sostituendo nella (4)

$$L = \frac{1}{2}50kg \cdot (12{,}5m/s)^2 - \frac{1}{2}50kg \cdot (4m/s)^2 \cong 3500j \qquad (6)$$

4. Per comprimere una molla di $0{,}15m$ risulta necessario un lavoro di $180j$. Determinare:

a) La costante elastica della molla;

b) Il lavoro necessario per comprimere la molla di ulteriori $0{,}15m$.

(Walker J. , 2016, p. 215)

Strategia-soluzione

Si tratta di un lavoro fatto da una forza variabile, nel caso una forza elastica. Si fa ricorso alla variazione di energia potenziale elastica accumulata dalla molla quando su di essa si esegue un lavoro. Anche nel caso **b)** possiamo calcolare L dalla variazione di energia.

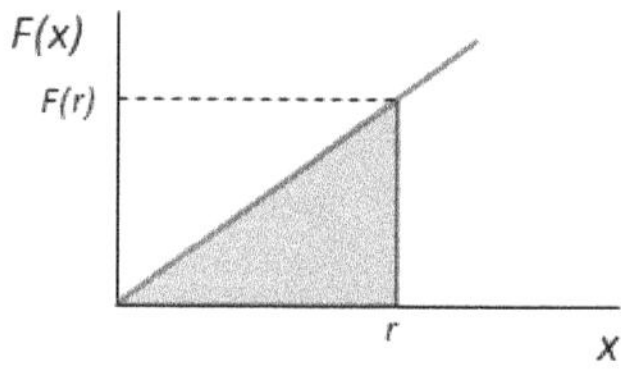

Figura 46

a) La costante elastica richiesta la determiniamo dalla relazione:

$$L = \frac{1}{2}Kx^2 \qquad (1)$$

da cui

$$K = \frac{2L}{x^2} = \frac{2 \cdot 180j}{(0{,}15m)^2} = 16000\,\frac{N}{m} = 16\;KN/m \qquad (2)$$

b) Nota l'energia immagazzinata come valore iniziale, nella posizione x_i, utilizzando la (1), il lavoro richiesto sarà dato da:

$$L = \frac{1}{2}Kx^2 - \frac{1}{2}Kx_i^2 = \frac{1}{2}K(x^2 - x_i^2) =$$

(3)

$$= \frac{1}{2}16 \cdot 10^3\,\frac{N}{m}(0{,}3^2m^2 - 0{,}15^2m^2) = 540j$$

Potenza

5. Un'automobile accelera da ferma fino a raggiungere la velocità v in un tempo T secondi. Se la potenza sviluppata dall'auto rimane costante, determinare:

a) Il tempo impiegato dall'auto per variare la velocità da v a $2v$;

b) La velocità dell'auto dopo $2T$ dalla partenza.

(Walker, 2010, p. 215)

Strategia-soluzione

Il problema può essere affrontato con il concetto di potenza, come lavoro eseguito diviso il tempo impiegato a compierlo. Nel caso in questione, considerati i dati del problema, possiamo utilizzare il concetto $L=\Delta E_c$, in quanto essendo la potenza costante sono variabili sia la forza sia la velocità.

a) Determiniamo la potenza media necessaria per portare la velocità dell'auto da $0m/s$ a v:

$$P = \frac{L}{t} = \frac{\Delta E_C}{T} = \frac{1}{2}\frac{mv^2}{T} \quad (1)$$

Dallo stesso principio, tenuto conto che la potenza è costante, possiamo determinare il tempo richiesto:

$$t = \frac{L}{P} = \frac{\Delta E_C}{P} \quad (2)$$

$$t = \frac{\frac{1}{2}m(2v)^2 - \frac{1}{2}mv^2}{\frac{1}{2}\frac{mv^2}{T}} = \frac{\frac{1}{2}mv^2(4-1)}{\frac{1}{2}\frac{mv^2}{T}} = 3T \quad (3)$$

b) Per il calcolo della velocità dopo $2T$ dalla partenza si ricorre di nuovo alla (1):

$$P = \frac{\Delta E_C}{2T} \quad \Rightarrow \quad \Delta E_c = P2T = \frac{1}{2}\frac{mv^2}{T}2T = mv^2 \quad (4)$$

$$\Delta E_c = \frac{1}{2}m{v_1}^2 - 0 = mv^2 \quad \Rightarrow \quad {v_1}^2 = 2v^2 \quad (5)$$

$$v_1 = v\sqrt{2} \quad (6)$$

6. La cabina di un ascensore di un edificio alto 100 *m* la cui massa è m_a=*2500 kg* con capacità di carico massimo trasportabile di m_c=*1800 kg*, sale all'ultimo piano a pieno carico, impiegando 25 *s*. Determinare la potenza necessaria per salire a velocità costante.

Strategia-soluzione

Possiamo rispondere al quesito in duplice modo: considerando che la potenza è direttamente proporzionale sia alla forza che alla velocità o considerando il lavoro eseguito e il tempo impiegato a farlo. Quindi determiniamo la forza necessaria da applicare all'ascensore per mantenere la velocità costante nonché la velocità dalla legge del moto rettilineo uniforme.

Dalla relazione che lega la potenza alla forza ed alla velocità:

$$P = F \cdot v \tag{1}$$

Considerate le forze applicate, dalla seconda legge di Newton si ha:

$$\sum \vec{F} = m\vec{a} = 0 \quad \Longrightarrow \quad F - (m_a + m_c)g = 0 \tag{2}$$

$$F = (m_a + m_c)g = (2500 + 1800)9{,}8\frac{m}{s^2} = 42140\,N \tag{3}$$

La velocità sarà data da:

$$v = \frac{h}{t} = \frac{100m}{25s} = 4\,m/s \tag{4}$$

Sostituendo la (3) e (4) nella (1) si ha:

$$P = 42140\,N \cdot 4\frac{m}{s} \cong 1{,}69 \cdot 10^5 w \tag{5}$$

Allo stesso risultato si arriva utilizzando il secondo modo:

$$P = (m_a + m_c)g \cdot \frac{h}{t} = \frac{L}{t} = \frac{4{,}21 \cdot 10^6 j}{25\,s} \cong 1{,}69 \cdot 10^5 w$$

7. Qual è la potenza minima di una pompa che riempie in un'ora una piscina contenente $(9{,}0{\cdot}20{,}0{\cdot}2{,}0)m^3$ d'acqua prelevandola da un serbatoio che è ad una quota inferiore di 10,2 *m* rispetto alla quota del centro della piscina?

Strategia-soluzione

Ancora il concetto di potenza che è data dal lavoro diviso il tempo espresso in secondi. Nel caso in questione occorre determinare il lavoro necessario per riempire la piscina calcolando la massa in *kg* e l'altezza della piscina che va da $9{,}2m$ (fondo) a $11{,}2m$ (bordo superiore). Ai fini della richiesta possiamo considerare come altezza da superare Δh=$10{,}2m$ pari a metà riempimento e altezza media (centro) della piscina. La massa dell'acqua sarà:

$$m = V \cdot \rho_a = (9{,}0 \cdot 20{,}0 \cdot 2{,}0)m^3 \cdot 1000\frac{kg}{m^3} = 360000m^3$$

La potenza è data da:

$$P = \frac{L}{t} = \frac{mg\Delta h}{t} = \frac{3{,}60 \cdot 10^5 m^3 \cdot 9{,}8\frac{m}{s^2} \cdot 10{,}2m}{3{,}600 \cdot 10^3 s} \cong 10000w$$

Principio di conservazione energia meccanica

8. Un'auto di massa M=1000 kg durante il moto risente di una forza resistente (risultante dell'attrito con l'asfalto e della resistenza dell'aria) f=350N e k=1.9Ns^2/m^2. Sapendo che l'auto, partendo da ferma e mantenendo un'accelerazione costante, è in grado di raggiungere la velocità di 100 km/h in 10 s, determinare l'energia che deve essere spesa (ovvero prodotta dal motore) per poter imprimere tale accelerazione nei casi seguenti:

a) Soggetta alla sola forza di attrito dell'asfalto $F_R = f$.

b) Soggetta anche alla resistenza dell'aria $F_R = f + kv^2$, (v è la velocità scalare dell'auto).

Strategia-soluzione

Il moto della vettura è uniformemente accelerato, inoltre l'energia, ovvero il lavoro, prodotta dal motore dovrà garantire il raggiungimento dell'energia cinetica finale dell'auto in presenza del lavoro fatto dalla forza resistente. Questo vale sia per **a)** che per **b)**. Pertanto si determinerà l'accelerazione e successivamente L.

$$v = 100\frac{km}{h} = 27{,}8\frac{m}{s}$$

a) Dal moto rettilineo uniformemente accelerato l'accelerazione sarà:

$$v = v_0 + at \quad \Longrightarrow \quad a = \frac{\Delta v}{\Delta t} = \frac{27{,}8\frac{m}{s} - 0}{10s} = 2{,}78\frac{m}{s^2} \tag{1}$$

Il lavoro prodotto dal motore dovrà essere uguale alla somma dell'energia cinetica finale dell'auto e l'energia persa pari al lavoro fatto dalla forza resistente.

$$L_{Mot} = Ec + L_R \tag{2}$$

$$L_R = f \cdot s \quad (s\ spazio\ percorso\ in\ t)$$

$$L_R = f\frac{1}{2}\,at^2 = 350N\frac{1}{2}2{,}78\frac{m}{s^2}10^2s^2 = 4{,}87 \cdot 10^4 j \tag{3}$$

$$L_{Mot} = \frac{1}{2}Mv^2 + L_R = \frac{1}{2}1000kg \cdot 27{,}8^2\left(\frac{m}{s}\right)^2 + 4{,}87 \cdot 10^4 j = 4{,}35 \cdot 10^5 j \tag{4}$$

b) Il calcolo è analogo ad **a)** ma conteggiando anche il vento; pertanto si determinerà il lavoro resistente del vento L_v. Esso è variabile con la velocità quindi si determinerà tramite integrazione della funzione $L_v(t)$:

$$dL_v = kv^2ds = kv^2vdt = k(at)^3dt \tag{5}$$

$$L_v = \int_0^t ka^3\,t^3dt = ka^3\frac{t^4}{4} = 1{,}9\frac{Ns^2}{m^2}\left(2{,}78\frac{m}{s^2}\right)^3\frac{10^4s^4}{4} = 1{,}32\cdot 10^4 j \tag{6}$$

$$L_{Mot} = \frac{1}{2}Mv^2 + (L_R + L_v) = \tag{7}$$

$$= \frac{1}{2}1000kg\cdot 27{,}8^2\left(\frac{m}{s}\right)^2 + (4{,}87\cdot 10^4 + 1{,}32\cdot 10^4)j = 4{,}48\cdot 10^5 j$$

9. Un punto materiale è posto sulla sommità di una calotta semisferica scabra. In seguito ad un impulso orizzontale il punto materiale inizia a scivolare sulla superficie della calotta fino a distaccarsene in un punto P individuato dall'angolo θ formato dal vettore posizione con l'asse verticale (vedi Figura 47). Sapendo che l'energia dissipata è un quarto dell'energia meccanica inizialmente posseduta dal punto materiale, calcolare il valore di θ. (Si consideri trascurabile l'energia cinetica iniziale e si assuma U_O=0 in corrispondenza del punto O).

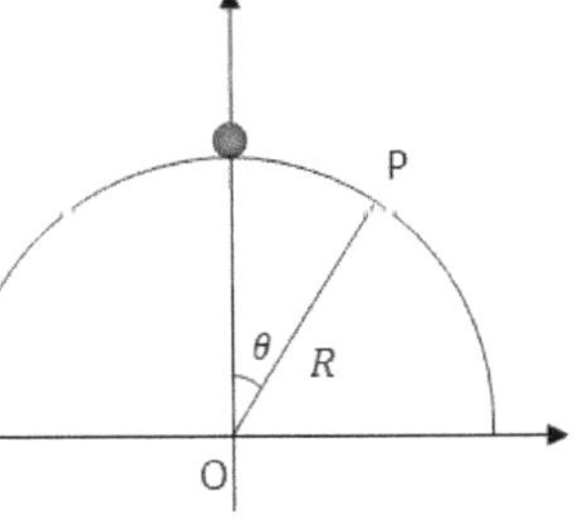

Figura 47

Strategia-soluzione

La variazione di energia meccanica equivale al lavoro fatto dalle forze non conservative, pertanto:

$$-\Delta E_M = -\frac{1}{4}mgR \tag{1}$$

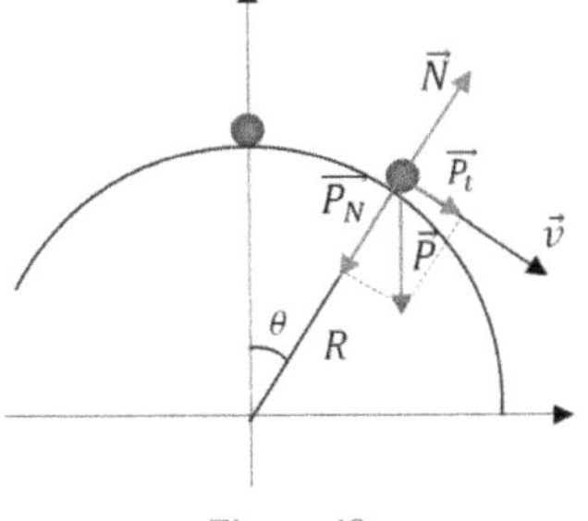

Figura 48

Per il principio di conservazione dell'energia meccanica tra il punto iniziale e P (punto di distacco) si ha che la diminuzione dell'energia potenziale iniziale è uguale alla variazione dell'energia cinetica e di quella potenziale in P. Tuttavia possiamo scrivere:

$$E_{M0} = E_{cp} + E_{pp} + \Delta E_M \qquad (2)$$

$$mgR = \frac{1}{2}mv^2 + mgRcos\theta + \frac{1}{4}mgR \qquad (3)$$

Nel punto P di distacco si ha inoltre che la reazione *N* sarà uguale a zero, pertanto applicando la seconda legge della dinamica:

$$N = mgcos\theta - m\frac{v^2}{R} = 0 \qquad (4)$$

da cui $v^2 = Rgcos\theta$

Sostituendo nella (2)

$$mgR = \frac{1}{2}mRgcos\theta + mgRcos\theta + \frac{1}{4}mgR \qquad (5)$$

Dividendo per *mRg* semplificando e risolvendo rispetto a $cos\theta$ si ha:

$$1 - \frac{1}{4} = \frac{1}{2}cos\theta + cos\theta = \frac{3}{2}cos\theta \qquad (6)$$

$$\frac{3}{4} = \frac{3}{2}cos\theta \qquad \Longrightarrow \; cos\theta = \frac{1}{2}$$

Da cui $\theta = arccos\left(\frac{1}{2}\right) = 60°$

10. [10]Un corpo di massa *m* scivola partendo da fermo, su una guida senza attrito, dal punto O posizionato ad un'altezza *h* dalla base del cerchio. Determinare:

a) La forza netta agente sul corpo nella posizione Q;

b) L'angolo formato con l'orizzontale;

c) Qual è l'altezza *h* minima affinché il corpo nella posizione S non si stacchi dalla guida.

(Halliday, Resnick, & Walker, 2001, p. 167-8P)

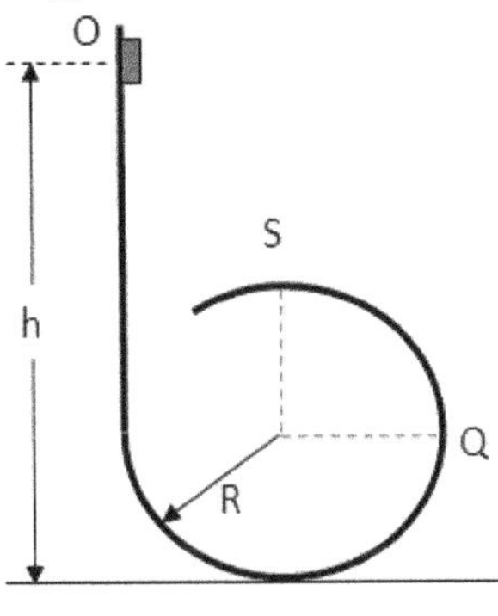

Figura 49

Strategia-soluzione

Il problema nel punto **a)** richiede la risultante delle forze applicate al corpo, quindi necessita determinare la forza centripeta che insieme alla forza peso agisce sul corpo. Nel punto **b)** richiede l'altezza minima da cui deve partire il corpo affinché non si stacchi; anche in questo caso occorre determinare le forze agenti, quindi la velocità in S la quale potrà essere determinata applicando il principio di conservazione dell'energia meccanica.

a) Dallo schema Figura 50 la risultante sarà data dalla somma vettoriale tra *P* e *Fc*:

$$F = \sqrt{P^2 + F_c^{\,2}} \qquad (1)$$

$$F_c = m\frac{v_Q^{\,2}}{R} \qquad (2)$$

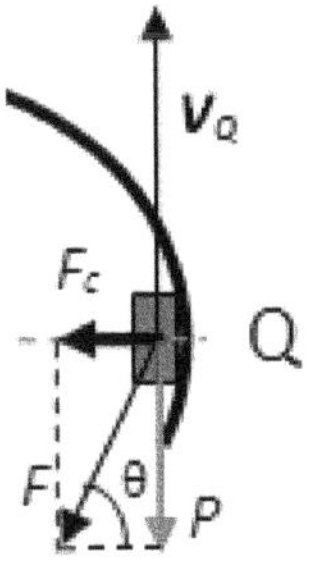

La velocità nel punto Q la ricaviamo applicando il principio di conservazione dell'energia meccanica tra i punti O e Q:

$$E_{M_O} = E_{M_Q} \qquad (3)$$

$$U_O + E_{c_O} = U_Q + E_{c_Q} \quad \Rightarrow \quad \Delta U = \Delta E_c \qquad (4)$$

$$mgh - mgR = \frac{1}{2} m v_Q^{\,2} \qquad (5)$$

Figura 50

Da cui

$$v_Q^{\,2} = 2g(h - R) \qquad (6)$$

Sostituendo la (6) nella (2) otteniamo

[10] Esercizio ispirato al n. 8P di Fondamenti di fisica (Halliday, Resnick, & Walker, 2001, p. 166-167)

$$F_c = m\frac{{v_Q}^2}{R} = m\frac{2g(h-R)}{R} \tag{7}$$

Dalla (1) si ha:

$$F = \sqrt{(mg)^2 + 4(mg)^2\frac{(h-R)^2}{R^2}} = mg\sqrt{1+4\frac{(h-R)^2}{R^2}} \tag{8}$$

b) L'angolo che la F forma con la linea orizzontale è dato dalla relazione trigonometrica:

$$tg\vartheta = \frac{mg}{F_c} = \frac{mg}{m\frac{2g(h-R)}{R}} = \frac{R}{2(h-R)} \tag{9}$$

Appare evidente come l'angolo θ a parità di raggio dipende dall'altezza di partenza; ad esempio si potrebbe calcolare il valore che assume con la risposta al punto **c)**.

c) In riferimento alla Figura 51 consideriamo la condizione limite per cui il corpo perde il contatto con la guida; analizzando le forze agenti nel punto S e applicando la II legge di Newton si ha:

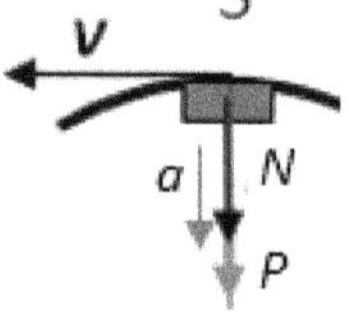

Figura 51

$$\sum F = ma \;\Rightarrow\; -N - mg = -ma_c \tag{10}$$

nel caso considerato la reazione N della guida sarà zero

$$N = 0 \;\Rightarrow\; -mg = -m\frac{v^2}{R} \tag{11}$$

In cui v è la velocità minima che il corpo deve possedere nel punto S.

$$v = \sqrt{gR} \tag{12}$$

Applicando il principio di conservazione dell'energia meccanica tra i punti P ed S e tenuto conto della velocità minima v si potrà determinare l'altezza minima richiesta.

$$\Delta U = \Delta E_c \tag{13}$$

$$mg(h-2R) = \frac{1}{2}m\,gR \tag{14}$$

Semplificando e risolvendo rispetto ad h otteniamo:

$$h = \frac{1}{2}R + 2R = \frac{5}{2}R \tag{15}$$

Questo rappresenta il valore di h per cui si avrebbe il distacco. Di conseguenza esso dovrà avere un valore maggiore di $\frac{5}{2}R$.

Riprendendo il punto **b)** e considerando il valore limite determinato per h si potrebbe calcolare la forza netta in Q e l'angolo θ

$$F = mg\sqrt{1 + 4\frac{\left(\frac{5}{2}R - R\right)^2}{R^2}} = mg\sqrt{10} \tag{16}$$

$$\theta = arctg\frac{R}{2(h-R)} = arctg\left(\frac{1}{3}\right) \cong 18{,}4° \tag{17}$$

Principio di conservazione energia totale

11. Una palla di massa m viene lanciata orizzontalmente con velocità V_0 da una altezza H_0. Tocca terra nel punto A, rimbalza e ritocca nel punto B distante R da A (come Figura 52). Nel rimbalzo la palla perde energia. Determinare il valore dell'energia perduta in A.

(**dati**: m = 100 gr, H_0= 1 m, H = 0,9m, V_0 = 4 m/s, $AB = R$ = 3 m)

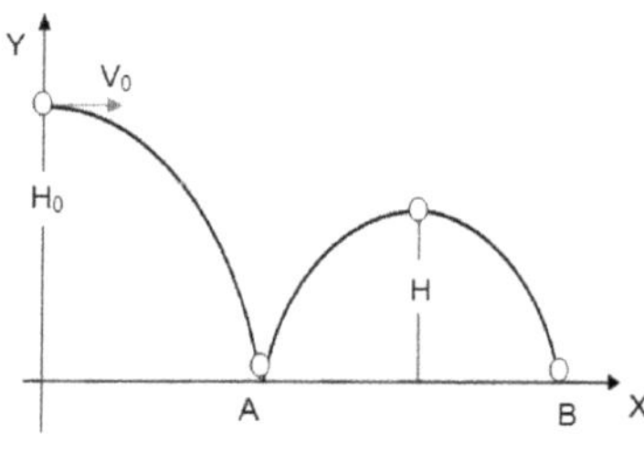

Figura 52

Strategia-soluzione

Il problema richiede l'energia persa nel rimbalzo sul punto A; pertanto indicando con E'_A l'energia appena dopo il rimbalzo, si potrebbe considerare la differenza di energia E_0 e E'_A tra i punti 0 e A appena dopo il rimbalzo (urto).

$$E_{persa} = E_0 - E'_A \tag{1}$$

Tuttavia per calcolare quest'ultima è necessario conoscere le componenti della velocità in x e y dopo l'urto[11]: v'_x e v'_{yA}.

Il problema può essere affrontato analizzando il tratto AB di Figura 53(dopo l'urto in A e prima di B) attraverso il principio di conservazione dell'energia meccanica ed il moto parabolico della palla considerando E'_A (energia posseduta dopo l'urto in A) e E_D (energia nel punto D).

Con riferimento alla Figura 53 possiamo scrivere:

$$E_D = E'_A = E_B \tag{1'}$$

Inoltre

$$V_{YB} = V'_{YA} \tag{2}$$

Dalla (1') e (2) si ha:

$$E_D = E_B$$

[11] Le componenti della velocità prima dell'urto sono: V_0 in X e applicando il principio di conservazione dell'energia meccanica si può determinare la $V_y = \sqrt{2gH_0}$.

$$mgH + \frac{1}{2}mV'_X{}^2 = \frac{1}{2}mV'_X{}^2 + \frac{1}{2}mV'_{YA}{}^2 \quad (3)$$

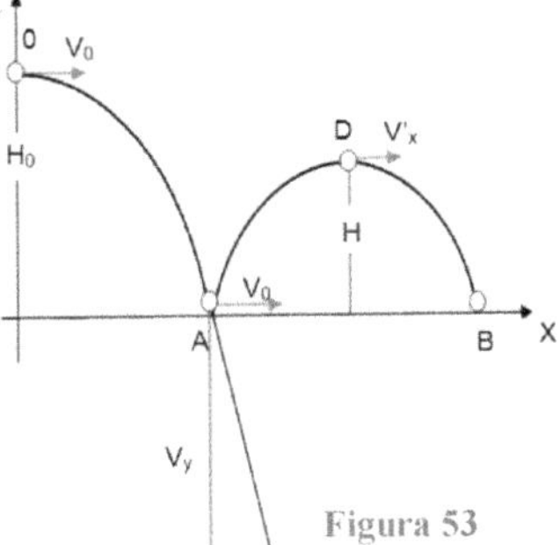

Figura 53

Semplificando e risolvendo si ha:

$$V'_{yA} = \sqrt{2gH} = \sqrt{2 \cdot 9{,}8\frac{m}{s^2} \cdot 0{,}9m} = 4{,}2\frac{m}{s} \quad (4)$$

Per determinare la V'_x utilizziamo la relazione del moto rettilineo uniforme in X:

$$AB = R = V'_X \cdot t_v \quad (5)$$

Dove con t_v indichiamo il tempo di volo tra A e B.

Dalle equazioni del moto parabolico[12]

$$t_v = 2\frac{V'_{YA}}{g} \Longrightarrow V'_X = \frac{R}{2\frac{V'_{YA}}{g}} = \frac{3m \cdot 9{,}8\frac{m}{s^2}}{2 \cdot 4{,}2\frac{m}{s}} = 3{,}5\frac{m}{s} \quad (6)$$

Dalla (1)

$$E_{persa} = E_0 - E'_A = E_0 - E_D \quad (7)$$

$$E_{persa} = \left(mgH_0 + \frac{1}{2}mV_0{}^2\right) - \left(mgH + \frac{1}{2}mV'_X{}^2\right) =$$

$$= \frac{1}{2}m\left(V_0{}^2 - V'_X{}^2\right) + mg(H_0 - H) =$$

$$= \frac{1}{2}0{,}1kg\left(4^2\frac{m^2}{s^2} - 3{,}5^2\frac{m^2}{s^2}\right) + 0{,}1kg \cdot 9{,}8\frac{m}{s^2}(1{,}0m - 0{,}9m) = \sim 0{,}29J \quad (8)$$

Allo stesso risultato si poteva arrivare sommando le variazioni dell'energia cinetica e potenziale in A prima e dopo l'urto (rimbalzo)

$$E_{persa} = \Delta E_A = E_A - E'_A \quad (9)$$

---

[12] La $V_y = V_{y0} - gt$ si annulla dopo un tempo $t = \frac{V'_{YA}}{g}$ tempo di salita in D.

$$E_{persa} = \left(\frac{1}{2}mV_0{}^2 + \frac{1}{2}mV_y{}^2\right) - \left(\frac{1}{2}mV'_X{}^2 + \frac{1}{2}mV'_{yA}{}^2\right) =$$

$$= \frac{1}{2}m\left(V_0{}^2 + V_y{}^2\right) - \frac{1}{2}m\left(V'_X{}^2 + V'_{yA}{}^2\right) =$$

$$= \frac{1}{2}0{,}1kg\left(4{,}0^2\frac{m^2}{s^2} + 4{,}43^2\frac{m^2}{s^2}\right) - \frac{1}{2}0{,}1kg\left(3{,}5^2\frac{m^2}{s^2} + 4{,}2^2\frac{m^2}{s^2}\right) \cong 0{,}29J$$

12. Una palla di massa *m* viene lanciata lungo un piano inclinato con angolo θ=30° e velocità iniziale V_0. La palla si stacca in B e ricade in C. Si determini la velocità iniziale V_0 nelle ipotesi che: il coefficiente di attrito dinamico sia $\mu_d=0,4$ e che i segmenti AB e BC siano uguali.

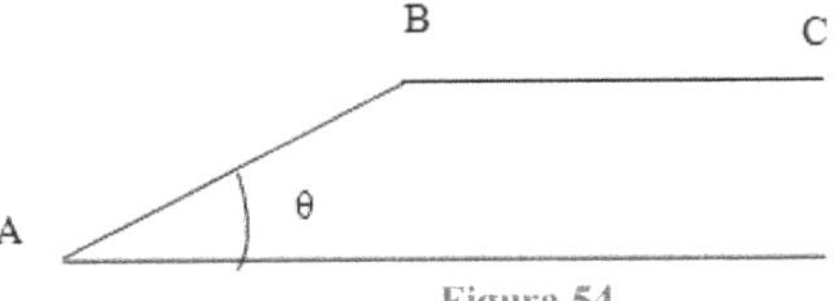

Figura 54

Strategia-soluzione

La palla quando si stacca da B e atterra in C avrà una traiettoria parabolica. Dalla gittata del moto parabolico si può risalire alla velocità nel punto B di stacco e utilizzando l'equazione dell'energia si può determinare la velocità cercata V_0.

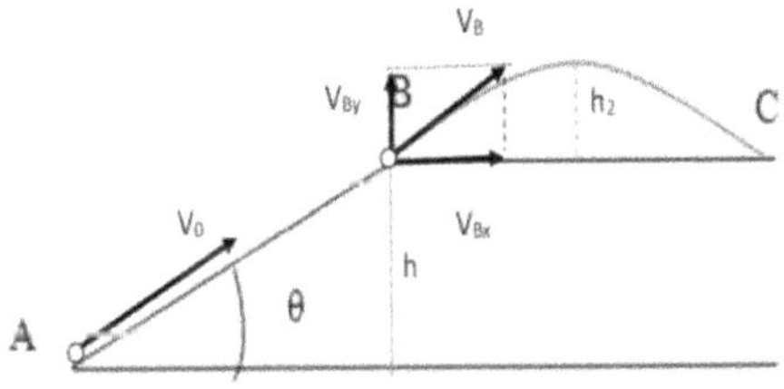

Figura 55

Ponendo l = AB = BC = 1,75 *m*

t_v = tempo di volo

t_s = tempo di salita in h_2

si ha:

$$l = V_{Bx} \cdot t_v \quad (1)$$

Il tempo per raggiungere h_2 è dato da:

$$t_s = \frac{V_{By}}{g} \quad (2)$$

([13])

$$da\ cui\ t_v = 2t_s \quad (3)$$

Essendo inoltre:

$$\begin{cases} V_{Bx} = V_B cos\theta \\ V_{By} = V_B sen\theta \end{cases}$$

Dalla (1) si ha:

---

[13] Il tempo di salita è ottenuto dall'equazione della velocità verticale nel momento in cui si annulla: $V_y = V_{By} - gt_s = 0$

$$V_{Bx} = \frac{l}{t_v} = \frac{l}{2 \cdot t_s} = \frac{l \cdot g}{2 \cdot V_{By}} = \frac{l \cdot g}{2V_B sen\theta} = V_B cos\theta$$

Risolvendo rispetto a $V_B{}^2$:

$$V_B{}^2 = \frac{l \cdot g}{sen2\theta} \quad (4)$$

Considerando i valori delle energie nei punti A e B si ha:

in A solo energia cinetica: $Ec = \frac{1}{2}mV_0{}^2$

in B energia cinetica e energia potenziale. Essa è:

$E_B = \frac{1}{2}mV_B{}^2 + mgh = \frac{1}{2}mV_B{}^2 + mglsen(\theta)$ (5)

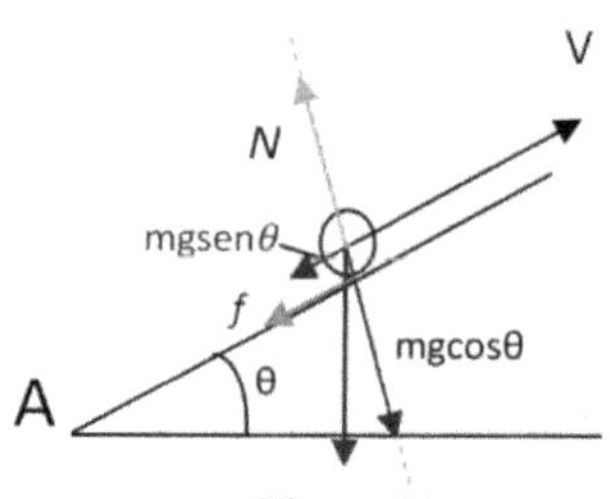

Figura 56

ma è anche uguale all'energia di A meno quella persa per attrito E_p

$$E_p = f \cdot l = \mu_d N \cdot l = \mu_d mgcos(\theta) \cdot l \quad (6)$$

$$E_B = E_A - E_p = \frac{1}{2}mV_0{}^2 - \mu_d mgcos(\theta) \cdot l \rightarrow E_A = E_B + E_p \quad (7)$$

$$E_A = \frac{1}{2}mV_0{}^2 = \frac{1}{2}mV_B{}^2 + mglsen(\theta) + \mu_d mgcos(\theta) \cdot l \quad (8)$$

semplificando e risolvendo rispetto a $V_0{}^2$

$$V_0{}^2 = V_B{}^2 + 2glsen(\theta) + 2\mu_d gcos(\theta) \cdot l \quad (9)$$

$$V_0{}^2 = \frac{l \cdot g}{sen(2\theta)} + 2glsen(\theta) + 2\mu_d gcos(\theta) \cdot l$$
$$= g \cdot l\left(\frac{1}{sen(2\theta)} + 2sen(\theta) + 2\mu_d cos(\theta)\right)$$

$$V_0 = \sqrt{g \cdot l\left(\frac{1}{sen(2\theta)} + 2sen(\theta) + 2\mu_d cos(\theta)\right)} =$$
$$\sqrt{9{,}8\frac{m}{s^2}1{,}75m\left(\frac{1}{sen(60)} + 2sen(30) + 2 \cdot 0{,}4\,cos(30)\right)} \cong 7m/s \quad (10)$$

13. Un blocco di 1,9 *kg* scivola verso il basso da una rampa, come in Figura 57. La cima della rampa è ad un'altezza di 1,5 *m* dal terreno, la base della rampa a 0,25 *m* dal terreno. Il blocco lascia la rampa muovendosi orizzontalmente e atterra a una distanza *d* dalla rampa. Si determini la distanza *d* nei seguenti casi in cui:

a) La rampa è priva di attrito;

b) La rampa con attrito in cui lo stesso compie lavoro di -9,7*J*.

(Walker, 2010, p. 251)

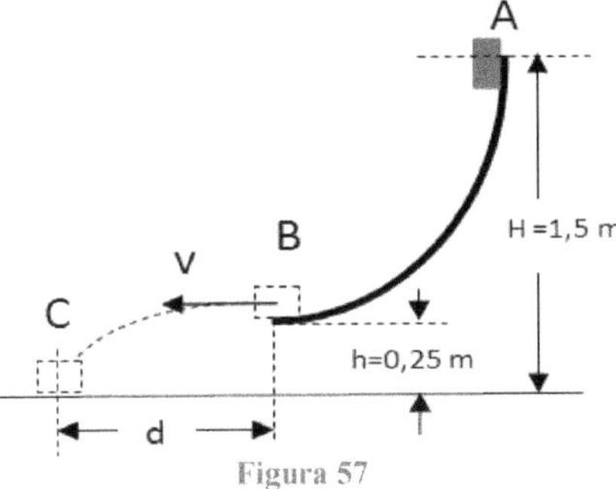

Figura 57

Strategia-soluzione

Per determinare *d* occorre conoscere la velocità *V* con cui il blocco lascia lo scivolo; infatti il moto tra B e C è parabolico, quindi si farà ricorso alle equazioni del moto.

a) Caso senza attrito sulla rampa

La velocità può essere dedotta applicando il principio di conservazione dell'energia meccanica tra A e B. La variazione dell'energia potenziale nel tratto AB è uguale alla variazione di quella cinetica nello stesso tratto.

$$\Delta E_{pAB} = \Delta E_{cAB} \quad (1)$$

$$mg(H-h) = \frac{1}{2}mV^2 \quad (2)$$

$$V = \sqrt{2g(H-h)} = \sqrt{2 \cdot 9{,}8\frac{m}{s^2}(1{,}5m - 0{,}25m)} \cong 4{,}95m/s \quad (3)$$

Essendo *d* la distanza orizzontale percorsa dal blocco, tra B e C, potrà essere calcolata non appena sarà determinato il tempo di volo *t* (*tempo necessario a raggiungere* C). Dall'equazione oraria del moto parabolico tra B e C, essendo la velocità in B a sola componente orizzontale, possiamo scrivere che:

$$h = \frac{1}{2}gt^2 \quad \Rightarrow \quad t = \sqrt{\frac{2h}{g}} = \sqrt{\frac{2 \cdot 0{,}25m}{9{,}8\frac{m}{s^2}}} \cong 0{,}22\ s \quad (4)$$

Ricaviamo *d* dall'equazione del moto orizzontale

$$d = V \cdot t = \sqrt{2g(H-h) \cdot \frac{2h}{g}} = 2\sqrt{(H-h)h} =$$

$$= 2\sqrt{(1{,}5m - 0{,}25m)0{,}25m} \cong 1{,}12m \quad (5)$$

b) Caso con attrito sulla rampa

Nel caso in cui si considera il lavoro fatto dall'attrito (L_a=-9,7*J*) la (1) diventa:

$$\Delta E_{pAB} - L_a = \Delta E_{cAB} \quad (6)$$

$$mg(H-h) - 9{,}7j = \frac{1}{2}mV_1{}^2 \quad (7)$$

Dove V_1 rappresenta la velocità del blocco quando lascia la rampa.

$$V_1 = \sqrt{2g(H-h) - 2\frac{9{,}7j}{m}} \quad (8)$$

$$V_1 = \sqrt{2 \cdot 9{,}8\frac{m}{s^2}(1{,}5m - 0{,}25m) - 2\frac{9{,}7j}{1{,}9kg}} \cong 3{,}78m/s \quad (9)$$

Considerato inoltre che l'altezza h è la stessa, il tempo di caduta BC è uguale, pertanto:

$$d = V_1 \cdot t = 3{,}78\frac{m}{s} \cdot 0{,}22s = 0{,}83m \quad (10)$$

14. Una massa M=*5 kg* è in quiete su un piano scabro con coefficiente di attrito statico μ_s=0,4. Essa è collegata ad una massa m=*1 kg* mediante una fune ideale (inestensibile, perfettamente flessibile, di massa trascurabile) tramite una carrucola priva di attrito e massa trascurabile. La lunghezza della fune oltre la

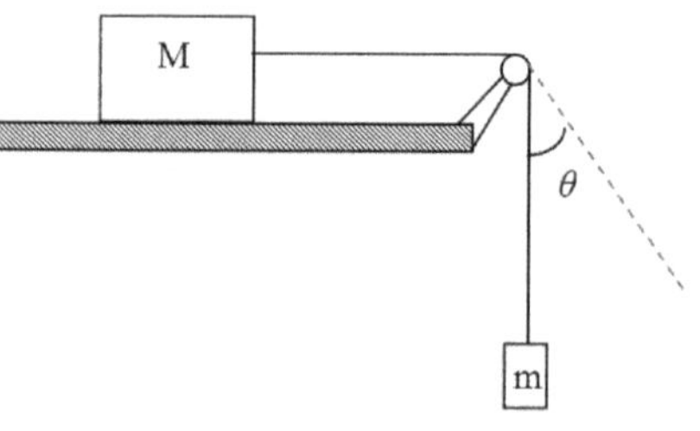

Figura 58

puleggia è $L= 5\ cm$. Se la massa sospesa m viene posta in oscillazione sollevandola fino a θ e lasciandola quindi cadere, si chiede:

a) Il valore massimo dell'angolo θ fino al quale la massa M continua a rimanere in quiete;

b) La velocità di m quando passa per la verticale nel caso **a)**;

c) Il valore della tensione della fune quando m passa per la verticale sempre nel caso **a)**.

Strategia-soluzione

Per risolvere il punto **a)** si può ricorrere alla II legge della dinamica e al principio di conservazione dell'energia meccanica tra i punti **A** e **B**.

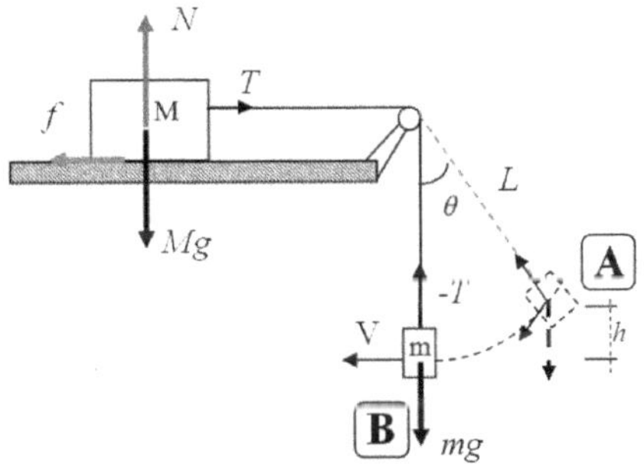

Figura 59

a) Essendo la richiesta il valore dell'angolo θmax in modo chc M sia ancora fermo, dalla II legge della dinamica si ha:

$$\sum F = ma$$

Applicata ad m si avrà:

$$mg - T = ma_c = -m\frac{V^2}{L} \tag{1}$$

Applicata ad M, che è ancora ferma, si ha:

$$T - f = 0 \ \rightarrow T = f = \mu Mg \tag{2}$$

Secondo il principio della conservazione dell'energia meccanica tra A e B, considerando A come punto di partenza della massa m, in esso la E_A sarà sola energia potenziale e ponendo il punto B ad h=0, in esso ci sarà sola energia cinetica, per cui la variazione dell'energia potenziale sarà uguale alla variazione di quella cinetica in B.

$$E_A = E_B \ \rightarrow \ mgh = \frac{1}{2}mV^2 \tag{3}$$

$$V^2 = 2gh = 2gL(1 - \cos\theta) \tag{4}$$

Sostituendo la (4) nella (1) otteniamo:

$$mg - \mu Mg = -m\frac{2gL(1-\cos(\theta))}{L} \tag{5}$$

$$mg - \mu Mg + m\frac{2gL(1-\cos\theta)}{L} = 0$$

dividendo tutto per mg (6)

$$1 - \frac{\mu M}{m} + 2(1-\cos\theta) = 0$$

$$1 - \mu\frac{M}{m} + 2 - 2cos\theta = 0$$

Da cui:

$$cos\theta = \frac{1}{2} - \mu\frac{M}{2m} + \frac{2}{2} = 0{,}5 - 0{,}4\frac{5kg}{2\cdot 1kg} + 1 = 0{,}5$$

$$\theta = \arccos(0{,}5) = 60°$$

b) La velocità cercata la si deduce dalla (4):

$$V = \sqrt{2gL(1-\cos\theta)} = \sqrt{2\cdot 9{,}8\frac{m}{s^2}5\cdot 10^{-2}m(1-\cos 60°)} =$$

$$= \sqrt{2\cdot 9{,}8\frac{m}{s^2}5\cdot 10^{-2}m\left(1-\frac{1}{2}\right)} = \sqrt{9{,}8\frac{m}{s^2}5\cdot 10^{-2}m} = 0{,}7\ m/s$$

(7)

c) Quando *m* passa per la verticale, considerato che *M* è ferma, la tensione sarà data dalla (2)

$$T = \mu Mg = 0{,}4\cdot 5kg\cdot 9{,}8\frac{m}{s^2} = 19{,}6N \quad (8)$$

15. Calcolare la lunghezza che percorre la biglia di massa m = 50 g sul piano inclinato e la sua velocità prima di toccare la molla di costante elastica k=500 N/m, sapendo che la pallina parte da ferma dalla sommità del piano inclinato di pendenza $\theta=30°$ e che la molla viene compressa al massimo di 5 cm, nei seguenti casi:

a) Su piano liscio senza attrito;

b) Su piano scabro coeff. d'attrito dinamico μ_d=0,4.

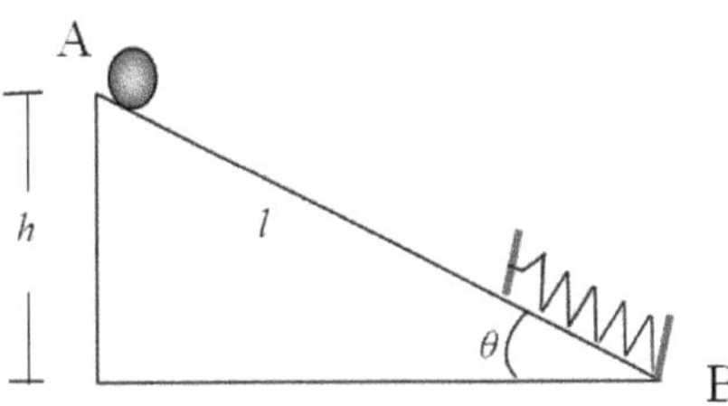

Figura 60

Strategia-soluzione

a) Si può utilizzare il principio di conservazione dell'energia meccanica tra A e B, dove B è il punto di compressione massima della molla. L'energia solo potenziale di A si trasforma in energia elastica in B:

$$E_A = E_B \rightarrow \ mgh = \frac{1}{2}kX^2 \tag{1}$$

$$mg(l \cdot sen\theta) = \frac{1}{2}kX^2 \tag{2}$$

Risolvendo rispetto a l si ha:

$$l = \frac{1}{2}\frac{kX^2}{mg \cdot sen\theta} = \frac{500\frac{N}{m}(5 \cdot 10^{-2}m)^2}{2 \cdot 50 \cdot 10^{-3}kg \cdot 9{,}8\frac{m}{s^2}sen(30)} \cong 2{,}55m \tag{3}$$

La velocità della biglia prima di toccare la molla sarà desunta eguagliando la variazione di energia potenziale in energia cinetica:

$$mgh = \frac{1}{2}mV^2 \tag{4}$$

$$V = \sqrt{2gh} = \sqrt{2g(l \cdot sen\theta)} = \sqrt{2 \cdot 9{,}8\frac{m}{s^2}2{,}55m \cdot sen(30)} \cong 5\frac{m}{s}$$

b) Con il piano scabro bisogna considerare l'energia dissipata per attrito cioè il lavoro della forza f per cui la (1) la si può riscrivere inserendo L_f

$$E_A = E_B + L_f \ \ \Rightarrow \ mgh = \frac{1}{2}kX^2 + fl \tag{5}$$

$$mglsen\theta = \frac{1}{2}kX^2 + \mu \cdot mg \cdot cos\theta \cdot l \quad (6)$$

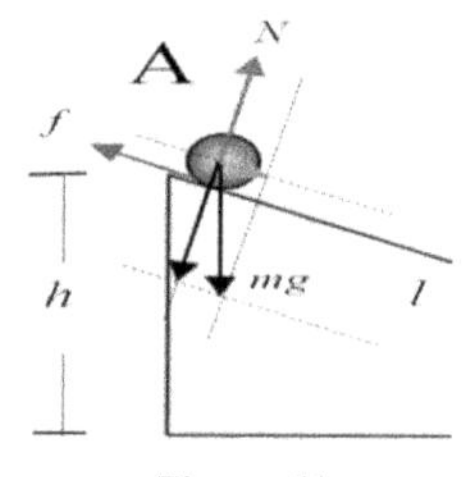

Figura 61

Semplificando e raccogliendo *l* si ha:

$$l(sen\theta - \mu \cdot cos\theta) = \frac{1}{2}\frac{kX^2}{mg} \quad (7)$$

$$l = \frac{1}{2}\frac{kX^2}{mg(sen\theta - \mu \cdot cos\theta)} = \quad (8)$$

$$= \frac{500\frac{N}{m}(5 \cdot 10^{-2}m)^2}{2 \cdot 50 \cdot 10^{-3}kg \cdot 9{,}8\frac{m}{s^2}[sen(30) - 0{,}4 \cdot \cos(30)]} \cong 8{,}30\,m$$

La velocità della biglia prima di toccare la molla sarà desunta eguagliando la variazione di energia potenziale in energia cinetica, sommato il lavoro L_f[14]:

$$mgh = \frac{1}{2}mV^2 + \mu \cdot mg \cdot cos\theta \cdot l \quad (9)$$

Risolvendo rispetto a *V* si ha:

$$V = \sqrt{2glsen\theta - 2\mu gcos\theta \cdot l} = \sqrt{2gl(sen\theta - \mu cos\theta)} = \quad (10)$$

$$= \sqrt{2 \cdot 9{,}8\frac{m}{s^2} \cdot 8{,}30m \cdot (sen(30) - 0{,}4 \cdot \cos(30))} \cong 5{,}0\frac{m}{s}$$

Nota:la velocità non poteva che essere la stessa del caso **a)** in quanto la molla è la stessa e si comprime della stessa quantità.

[14] Analogamente la si poteva determinare eguagliando l'energia cinetica della biglia quando colpisce la molla a quella elastica assorbita dalla molla: $\frac{1}{2}mV^2 = \frac{1}{2}kX^2$

CAPITOLO 5

SISTEMI DI PUNTI MATERIALI

- SISTEMI DI PUNTI MATERIALI
- QUANTITÀ DI MOTO
- URTI

5. DINAMICA DEI SISTEMI DI PUNTI MATERIALI

5.1. Introduzione

Il capitolo si pone come obiettivo l'analisi di alcuni problemi notevoli sui sistemi di punti materiali e sulla definizione del centro di massa. Inoltre si analizzeranno esercizi sugli urti elastici e non, sulle forze impulsive, sulla quantità di moto e sui principi di conservazione della quantità di moto. Si analizzeranno in particolare le istantanee prima, durante e dopo l'evento (urto, sparo, evento, ecc.). Tuttavia non è possibile analizzare gli urti senza introdurre i concetti di punto, sistemi di punti materiali e la definizione di centro di massa.

5.2. Richiami e formule

Il punto materiale è una esemplificazione alla quale solo pochi casi si possono assimilare, infatti esso è un corpo puntiforme avente massa. La maggior parte dei corpi reali è costituita da un insieme di punti materiali tali da definire forme geometriche continue. La esemplificazione in punto materiale ci consente, almeno nei moti di traslazione, di pensare al corpo come puntiforme con la massa concentrata nel suo centro di massa. Il caso reale si analizzerà nel capitolo sulla dinamica dei corpi estesi.

Si definisce sistema di punti materiali un insieme di punti materiali. Dato un sistema di n punti materiali si determina il suo centro di massa (c.d.m.) considerando che lo stesso sistema può essere pensato come un'unica massa concentrata proprio nel centro di massa. Ad esso possiamo spesso riferirci per definire il moto del sistema. Un esempio potrebbe essere il sistema solare, in cui si pensa il sole e ogni pianeta come un punto materiale soggetto a forze.

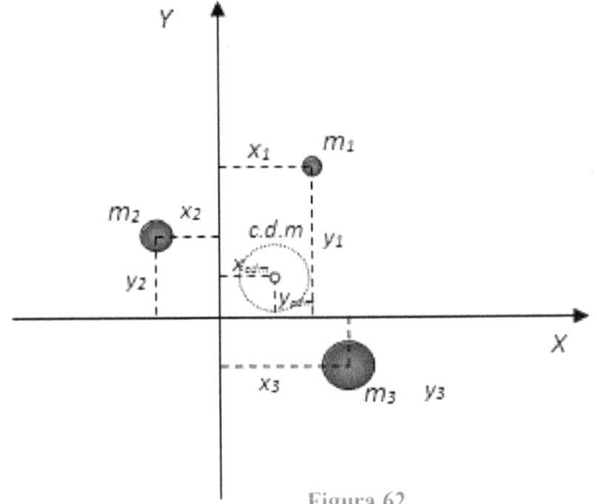

Figura 62

Riferendoci ad un sistema di assi cartesiani *x, y* come in Figura 62, deve risultare:

$$x_{cdm} \sum_{i=1}^{n} m_i = \sum_{i=1}^{n} m_i x_i$$

$$y_{cdm} \sum_{i=1}^{n} m_i = \sum_{i=1}^{n} m_i y_i$$

$$x_{cdm} = \frac{\sum_{i=1}^{n} m_i x_i}{\sum_{i-1}^{n} m_i} = \frac{\sum_{i=1}^{n} m_i x_i}{M} =$$

$$y_{cdm} = \frac{\sum_{i=1}^{n} m_i y_i}{\sum_{i=1}^{n} m_i} = \frac{\sum_{i=1}^{n} m_i y_i}{M}$$

5.2.1. II legge di Newton per un sistema di particelle

$$\sum \vec{F}_{ext} = M\,\vec{a}_{cdm}$$

5.2.2. Quantità di moto

Si definisce quantità di moto di una particella il prodotto della sua massa per la sua velocità; essa è una grandezza vettoriale[15]:

$$\vec{p} = m\vec{v}$$

(Unità di misura della quantità di moto è: *kg m/s*)

---

[15] La quantità di moto è un vettore essendo il prodotto tra lo scalare massa e il vettore velocità.

La seconda legge di Newton venne espressa attraverso la quantità di moto:

$$\sum \vec{F} = \frac{d\vec{p}}{dt}$$

Per cui se la somma delle forze agenti su di un corpo o un sistema è nulla, la quantità di moto si conserva, infatti non c'è accelerazione e quindi variazione di velocità per cui $d\vec{p} = 0$

La quantità di moto per un sistema di particelle sarà definita attraverso la relazione che coinvolge il centro di massa:

$$\vec{P} = m\vec{v}_{cdm}$$

5.2.3. <u>Urti</u>

Si definisce urto un'interazione tra due (o più) corpi che avviene in un intervallo di tempo piccolo, in cui l'azione delle forze interne provoca una variazione della quantità di moto dei singoli corpi. Durante l'urto si sviluppano forze interne di <u>durata Δt molto breve,</u> ma che possono assumere <u>intensità molto elevate</u>; queste sono dette <u>forze impulsive.</u>

Tipi di urto:

a) <u>*Elastico*</u> -si conserva la quantità di moto e l'energia cinetica. Possiamo avere i seguenti tipi:

1. *Monodimensionale*
2. *Bidimensionale*

b) <u>*Anelastico*</u> -si conserva solo la quantità di moto.

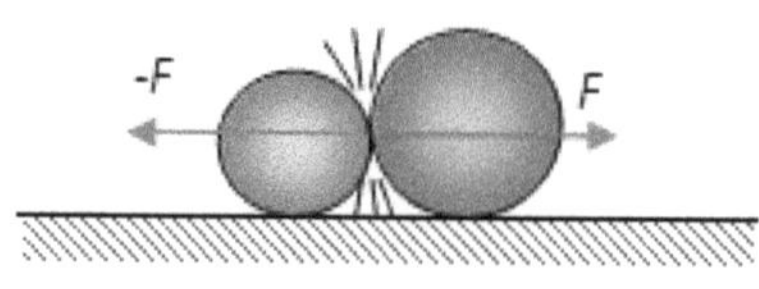

Figura 63

Se un corpo di massa *m* urta un altro corpo di massa m_1 tra di loro si manifesta una forza impulsiva di uguale modulo, ma di segno opposto, tale che le quantità di moto di entrambi i corpi variano secondo il teorema dell'impulso:

$$J = \int_{p_i}^{p_f} dp = \int_{t_i}^{t_f} F(t)dt$$

La forza impulsiva agente nel tempo Δt non è costante, ma varia come in Figura 64; tuttavia nel calcolo si può assumere una forza media, tale che nel diagramma *forza-tempo* l'area rappresentata dal valor medio sia uguale a quella reale.

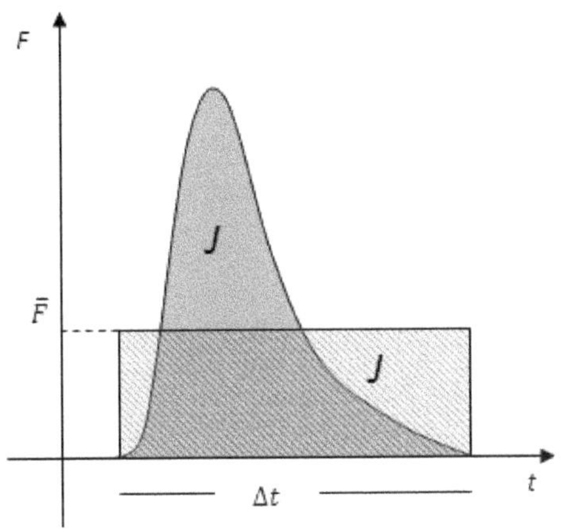

Figura 64

$$\Delta\vec{P} = \bar{F} \cdot \Delta t = J$$

Unità di misura nel S.I. è:

$$N \cdot s = kg \cdot \frac{m}{s^{2}} \cdot s = kg \cdot \frac{m}{s}$$

5.3. Esercizi

Centro di massa

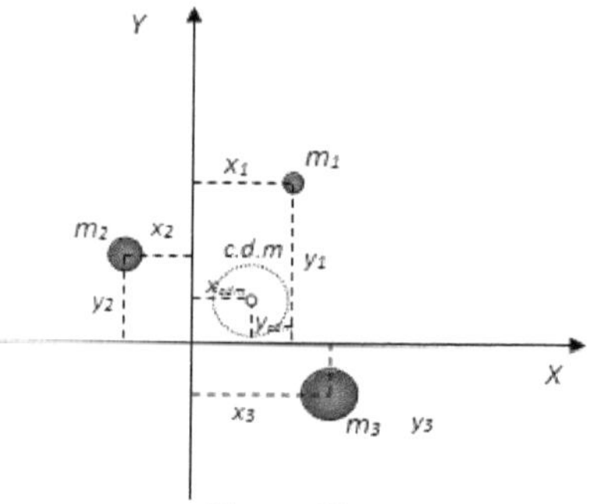

Figura 65

1. Dato il sistema di masse puntiformi rappresentato in Figura 65 determinare il centro di massa.
(**dati**: $m_1=2kg$; $m_2=4kg$; $m_3=6kg$
$x_1=1,5m$; $x_2=-1,0m$; $x_3=2m$
$y_1=2,2m$; $y_2=1,3m$; $y_3=-0,5m$)

Strategia- sviluppo

Si utilizzeranno le relazioni:

$$x_{cdm} = \frac{\sum_{i=1}^{n} m_i x_i}{\sum_{i=1}^{n} m_i} = \frac{\sum_{i=1}^{n} m_i x_i}{M} \quad (1)$$

$$y_{cdm} = \frac{\sum_{i=1}^{n} m_i y_i}{\sum_{i=1}^{n} m_i} = \frac{\sum_{i=1}^{n} m_i y_i}{M} \quad (2)$$

$$x_{cdm} = \frac{m_1 x_1 + m_2 x_2 + m_3 x_3}{m_1 + m_2 + m_3} \quad (3)$$

sostituendo i valori dati nella (3) si ha:

$$x_{cdm} = \frac{2kg \cdot 1{,}5m + 4kg \cdot (-1{,}0m) + 6kg \cdot 2m}{2kg + 4kg + 6kg} \cong 0{,}92m$$

$$y_{cdm} = \frac{m_1 y_1 + m_2 y_2 + m_3 y_3}{m_1 + m_2 + m_3} \quad (4)$$

sostituendo i valori dati nella (4) si ha:

$$y_{cdm} = \frac{2kg \cdot 2{,}2m + 4kg \cdot 1{,}3m + 6kg \cdot (-0{,}5m)}{12kg} \cong 0{,}55m$$

2. Determinare il centro di massa in funzione di R della piastra di Figura 66 in cui è stato eseguito un foro di raggio $R/2$.

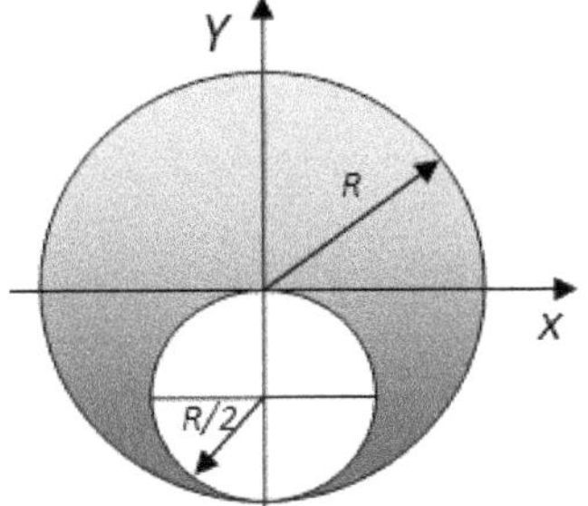

Figura 66

Strategia-soluzione

È facilmente intuibile che la coordinata x del c.d.m. cada sulla posizione $x=0$ per simmetria, come si potrebbe dimostrare anche analiticamente; pertanto determiniamo solo la coordinata y.

Possiamo affrontare il problema analizzando il sistema **disco–foro**, come fossero due oggetti con massa concentrata nel loro centro di massa. L'idea chiave è che potremmo pensare che la massa del disco prima del foro sia uguale alla massa del disco forato m'_D più la massa del solo foro m_F; inoltre conosciamo il centro di massa del foro $x_F=0$, $y_F=-R/2$. Se indichiamo con m'_D e y'_D rispettivamente la massa e la coordinata del disco forato e sapendo che il centro di massa di tutto cade nel punto 0,0 ($x_D=0$ e $y_D=0$), possiamo scrivere la relazione per la coordinata y_D del centro di massa del disco intero:

$$y_D = \frac{m_F \cdot y_F + m'_D \cdot y'_D}{m_F + m'_D} = 0 \tag{1}$$

Sviluppando si ha:

$$m'_D \cdot y'_D = -m_F \cdot y_F \tag{2}$$

risolvendo rispetto alla y'_D otteniamo la coordinata cercata:

$$y'_D = -\frac{m_F \cdot y_F}{m'_D} \tag{3}$$

Considerando che la massa è data da: $m = A \cdot \rho \cdot s$ determiniamo le masse del foro e del disco forato:

$$m_F = \pi \left(\frac{R}{2}\right)^2 \rho \cdot s \tag{4}$$

$$m'_D = \pi R^2 \rho \cdot s - \pi \left(\frac{R}{2}\right)^2 \rho \cdot s \tag{5}$$

Sostituendo la (4) e la (5) nella (3) si ha:

$$y'_D = -\frac{\pi\left(\frac{R}{2}\right)^2 \rho \cdot s \cdot \left(-\frac{R}{2}\right)}{\pi R^2 \rho \cdot s - \pi\left(\frac{R}{2}\right)^2 \rho \cdot s} \tag{6}$$

Semplificando tutto per $\pi \cdot \rho \cdot s$ otteniamo

$$y'_D = -\frac{\cancel{\pi}\left(\frac{R}{2}\right)^2 \cancel{\rho \cdot s} \cdot \left(-\frac{R}{2}\right)}{\cancel{\pi} R^2 \cancel{\rho \cdot s} - \cancel{\pi}\left(\frac{R}{2}\right)^2 \cancel{\rho \cdot s}} = -\frac{-\frac{R^3}{8}}{\frac{3}{4}R^2} = \frac{1}{6}R \tag{7}$$

3. Nella molecola dell'ammoniaca (NH_3), i tre atomi di idrogeno formano un triangolo equilatero, il cui centro si trova a $9{,}40 \cdot 10^{-11} m$ da ciascun atomo di idrogeno. L'atomo di azoto è al vertice di una piramide retta della quale i tre H formano la base. La distanza azoto-idrogeno è $10{,}14 \cdot 10^{-11} m$ e il rapporto delle masse atomiche azoto/idrogeno è 13,9. Localizzate il centro di massa della molecola rispetto all'atomo di azoto.
(Halliday, Resnick, & Walker, 2001, p. 193)

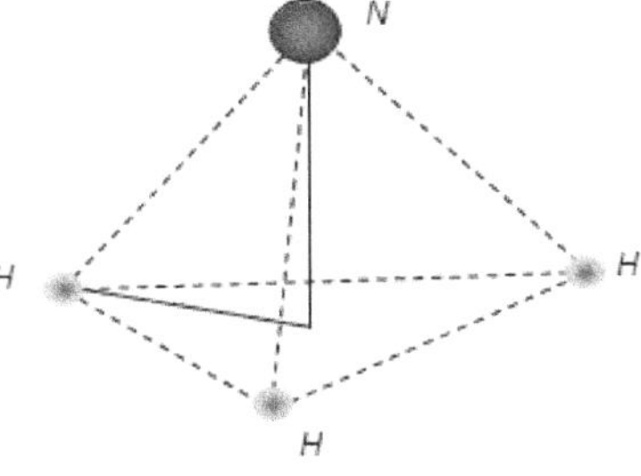

Figura 67

Strategia-soluzione

Analizzando la figura della molecola, sfruttando inoltre la simmetria, si evince che il centro di massa ricade sull'asse della piramide; infatti si potrebbe considerare il centro di massa dei tre atomi di idrogeno come centro del triangolo, ponendolo ad altezza nulla e determinando il c.d.m. con l'atomo di azoto.

$$y_{cdm} = \frac{\sum_{i=1}^{n} m_i y_i}{\sum_{i=1}^{n} m_i} = \frac{\sum_{i=1}^{n} m_i y_i}{M} \tag{1}$$

Inoltre l'altezza della piramide *h,* applicando Pitagora, è data da:

$$h = \sqrt{10{,}14^2 \cdot (10^{-11})^2 - 9{,}40^2 \cdot (10^{-11})^2} =$$

$$= 10^{-11}\sqrt{10{,}14^2 \cdot -9{,}40^2} = 3{,}8 \cdot 10^{-11} m \tag{2}$$

$$y_{cdm} = \frac{3 \cdot m_H \cdot 0 + 13{,}9 m_H \cdot y_N}{3 m_H + 13{,}9 m_H} = \frac{13{,}9 \cdot h}{16{,}9} = \tag{3}$$

$$= \frac{13{,}9 \cdot 3{,}8 \cdot 10^{-11} m}{16{,}9} \cong 3{,}13 \cdot 10^{-11} m$$

II legge di Newton per un sistema di particelle

4. Dato il sistema di masse puntiformi rappresentato in Figura 68 determinare il centro di massa.
(**dati**: $m_1=2kg$; $m_2=4kg$; $m_3=6kg$
$x_1=1,5m$; $x_2=-1,0m$; $x_3=2m$
$y_1=2,2m$; $y_2=1,3m$; $y_3=-0,5m$
$F_1=10N$; $F_2=5N$; $F_3=7N$)

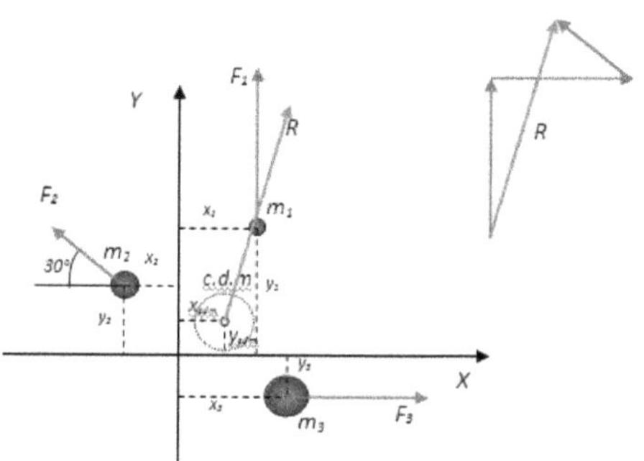

Figura 68

Strategia-soluzione

Il centro di massa del sistema è già stato calcolato nel problema 1. Applicheremo la legge di Newton al sistema di particelle ed in particolare come se l'intera massa M fosse concentrata nel suo centro di massa

$$\sum \vec{F}_{ext} = M\,\vec{a}_{cdm} \quad (1)$$

$$a_{cdm} = \frac{\sum \vec{F}_{ext}}{M} \quad (2)$$

Riferendosi al sistema x, y:

$$\sum F_{ext,x} = -F_2\cos(30°) + F_3 = -5N \cdot \cos(30°) + 7N = 2,67N \quad (3)$$

$$\sum F_{ext,y} = F_1 + F_2\,\mathrm{sen}(30°) = 10N + 5N \cdot sen(30°) = 12,5N \quad (4)$$

$$\sum F_{ext} = \sqrt{(2,67N)^2 + (12,5N)^2} = 12,78N \quad (5)$$

Forma con l'asse x un angolo pari a:

$$\theta = arctg\left(\frac{12,5N}{2,67N}\right) \cong 78° \quad (6)$$

Esso rappresenta anche la direzione dell'accelerazione del centro di massa cercato; dalla (2) si ha:

$$a_{cdm} = \frac{\sum \vec{F}_{ext}}{M} = \frac{12,78N}{12kg} = 1,07m/s^2$$

Quantità di moto

5. Un cannone spara un proiettile con velocità iniziale di 20 *m/s* e un angolo di 60° rispetto all'orizzontale. Al vertice della traiettoria il proiettile esplode dividendosi in due frammenti di massa uguale. Uno dei frammenti appena dopo l'esplosione ha velocità nulla e cade verticalmente. Trascurando la resistenza dell'aria si determini a che distanza atterrerà l'altro frammento.
(Halliday, Resnick, & Walker, 2001, p. 194)

Strategia-soluzione

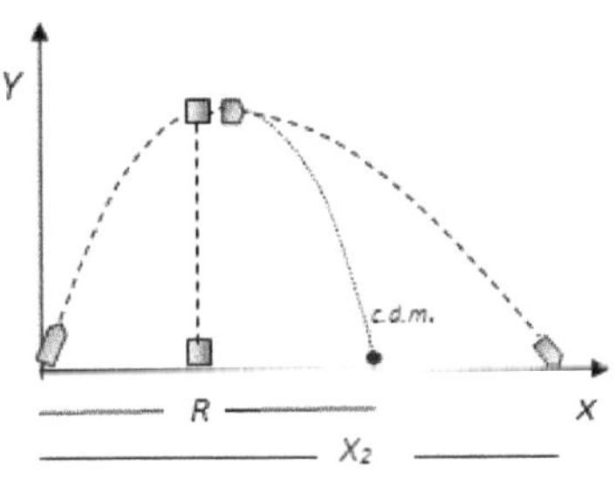

Figura 69

Successivamente all'esplosione il centro di massa prosegue la sua traiettoria sotto l'azione della forza di gravità e atterra a distanza *R* (gittata) dall'origine; inoltre la proiezione del vertice della traiettoria, punto in cui avviene l'esplosione, ha come coordinata *x=R/2* ed è il punto su cui atterrerà il primo frammento. Pertanto la *x* del centro di massa è data da:

$$x_{cdm} = R = \frac{m_1 \cdot x_1 + m_2 \cdot x_2}{m_1 + m_2} = \frac{mR/2 + m \cdot x_2}{2m}$$

$$x_2 = \frac{3}{2}R = \frac{3}{2}\frac{v_0{}^2 sen(2\theta)}{g} = \frac{3 \cdot 20^2 sen(2 \cdot 60°)}{2 \cdot 9{,}8} = 53m$$

Allo stesso risultato si poteva arrivare considerando il principio di conservazione della quantità di moto prima e dopo l'esplosione del proiettile nelle componenti *x* e *y*.

$$p_{iy} = p_{fy} \tag{1}$$

$$p_{ix} = p_{fx} \tag{2}$$

Dai dati la (1) è uguale a zero; la (2) applicata ai due frammenti diventa:

$$2m \cdot v_x = m \cdot v'_x + 0 \;\Rightarrow\; v'_x = 2v_x = 2V_0\cos(\theta) \tag{3}$$

lo spazio percorso dal 2° frammento a partire dall'origine *x*=0 è dato da:

$$x_2 = \frac{R}{2} + v'_x \cdot t_d = \frac{R}{2} + 2V_0\cos(\theta) \cdot \left(\frac{V_0 sen(\theta)}{g}\right) =$$

$$=\frac{R}{2}+\frac{V_0{}^2 sen(2\theta)}{g}=\frac{R}{2}+R=\frac{3}{2}R \qquad (4)$$

6. Un punto materiale di massa $m_1 = 100g$ e velocità v_1 urta centralmente un altro di massa m_2 inizialmente fermo. Sapendo che dopo l'urto m_1 si ferma e m_2 parte con velocità $0{,}7v_1$, calcolare:

a) La massa m_2;

b) La frazione di energia cinetica iniziale dissipata nell'urto.

Strategia-soluzione

Dall'analisi dei dati si evidenzia che la velocità di m_2 dopo l'urto è minore di quella iniziale di m_1, da cui si può dedurre, che la seconda massa è maggiore della prima.

a) Applicando il principio di conservazione della q.d.m. si ha:

$$P_f = P_i$$

$$m_1 v_1 + m_2 0 = m_1 0 + m_2(0{,}7 \cdot v_1) \Rightarrow m_2 = \frac{m_1}{0{,}7} = \frac{100g}{0{,}7} = 142{,}8g$$

b) Per determinare la frazione di energia persa ricorriamo alla relazione:

$$\Delta E = E_f - E_i = \frac{1}{2}m_2(0{,}7v_1)^2 - \frac{1}{2}m_1 v_1{}^2 = \frac{1}{2}m_1 v_1{}^2(0{,}7-1) = -0{,}3E_i$$

La frazione sarà:

$$\frac{\Delta E}{E_i} = -0{,}3 = -30\%$$

7. Si consideri un razzo di massa M=15000*kg* che si muove nello spazio alla velocità di 10800*km/h*. Il razzo accende i motori per un tempo di 30*s* espellendo in questo periodo gas pari a 180 *kg/s* alla velocità relativa al razzo di 300 *m/s*. Determinare la velocità del razzo dopo lo spegnimento dei motori.

Strategia-soluzione

Il problema può essere affrontato in due modi, riferendosi ad un sistema solidale al razzo o a un sistema assoluto.

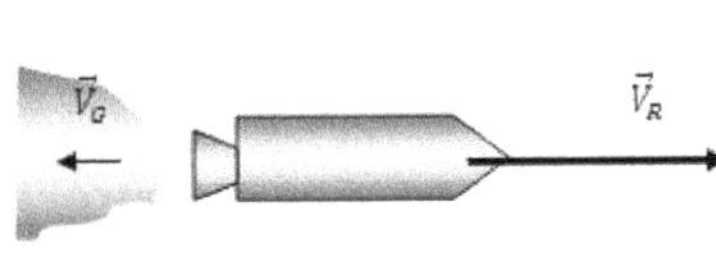

Figura 70

Soluzione A

Espellendo una quantità di gas Δm nel tempo Δt (*tempo di accensione dei motori*) il razzo subisce un aumento di velocità ΔV e dal principio di conservazione della quantità di moto, applicata rispetto ad un osservatore S' solidale con il razzo, si ha:

$$P_i = 0 \quad (1)$$

$$P_f = P_R + P_G = 0 \quad (2)$$

$$P_G = -\Delta m V'_G \quad (3)$$

$$P_R = (M - \Delta m)\Delta V_R \quad (4)$$

Sostituendo la (3) e (4) nella (2) si ha:

$$(M - \Delta m)\Delta V_R = -\Delta m V'_G = 0 \Rightarrow \Delta V_R = \frac{\Delta m V'_G}{(M-\Delta m)} =$$

$$= \frac{180\frac{kg}{s} \cdot 30s \cdot 300\frac{m}{s}}{15000kg - 180\frac{kg}{s} \cdot 30s} \cong 169\, m/s \quad (5)$$

Da cui le velocità assolute del razzo e del gas saranno:

$$V_R = V_0 + \Delta V_R = 3000\frac{m}{s} + 169\frac{m}{s} = 3169\, m/s \quad (6)$$

$$V_G = V_0 - V'_G = 3000\frac{m}{s} - 300\frac{m}{s} = 2700\, m/s \quad (7)$$

Soluzione B

Analisi del moto rispetto ad un osservatore su sistema fisso (assoluto).

Valori iniziali del razzo e del gas: $V_{Gi} = V_0;\ V_{Ri} = V_0;\ la\ massa = M$
La quantità di moto del sistema è:

$$P_i = MV_0 = 15000kg \cdot 3000\frac{m}{s} = 4{,}5 \cdot 10^6 Ns \tag{8}$$

Valori finali del razzo e del gas:

$$V_G = V_0 - V'_G;\ V_R = V_0 + \Delta V_R;\ la\ massa\ razzo = M - \Delta m$$

La quantità di moto del sistema è:

$$P_f = P_R + P_G = (M - \Delta m)(V_0 + \Delta V_R) + \Delta m(V_0 - V'_G) \tag{9}$$

Dal principio di conservazione della q.d.m. deve essere:

$$P_i = P_f$$

Eguagliando la (8) alla (9) si ha:

$$MV_0 = (M - \Delta m)(V_0 + \Delta V_R) + \Delta m(V_0 - V'_G) = \tag{10}$$
$$= MV_0 + (M - \Delta m)\Delta V_R - \Delta m V'_G$$

Ne consegue che:

$$\Delta V_R = \frac{\Delta m V'_G}{(M - \Delta m)} = \frac{180\frac{kg}{s} \cdot 30s \cdot 300\frac{m}{s}}{15000kg - 180\frac{kg}{s} \cdot 30s} \cong 169\ m/s \tag{11}$$

La (11) è perfettamente uguale alla (5) pertanto il valore cercato sarà uguale alla (6).

8. [16]Una pallottola da 3.50 *g* viene sparata orizzontalmente verso due blocchi di legno fermi su un pavimento liscio, come in Figura 71 (a). La pallottola trapassa il primo blocco di massa 1.20 *kg* e si conficca nel secondo di massa 1.80 *kg*. Nella figura (*b*) le velocità assunte dai due blocchi sono rispettivamente 0.630 *m/s* e 1.40 *m/s*. Trascurando il materiale asportato dal primo blocco, trovare:

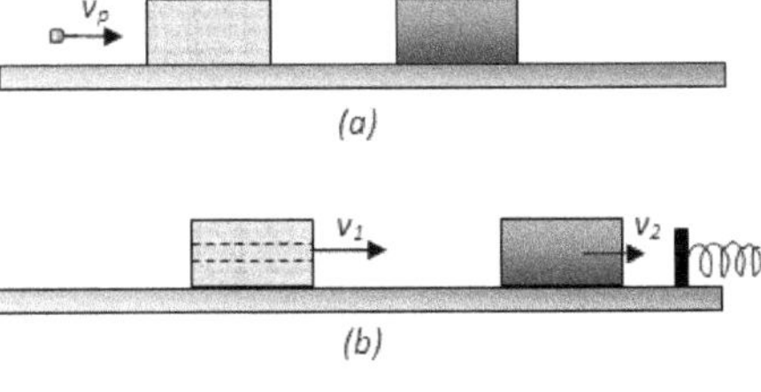

Figura 71

a) La velocità della pallottola quando emerge dal primo blocco;

b) La velocità iniziale della pallottola;

c) Se il secondo blocco incontra una molla di costante elastica *K*= 20 *N/m*, determinare la contrazione della molla;

d) Nell'ipotesi che il secondo blocco dopo essere rimbalzato dalla molla, tornando indietro, venga sottoposto ad attrito con coefficiente dinamico pari a 0,3 si determini la distanza percorsa dal blocco prima di fermarsi trascurando il possibile urto con il primo blocco;

e) L'energia dissipata (in varie forme) dalla pallottola nell'attraversare il primo blocco;

f) La forza impulsiva media nell'attraversamento del primo blocco considerando la lunghezza del blocco pari a 7 *cm.*;

g) Il tempo necessario ad attraversare il primo blocco.

(Halliday, Resnick, & Walker, 2001, p. 217)

Strategia-soluzione

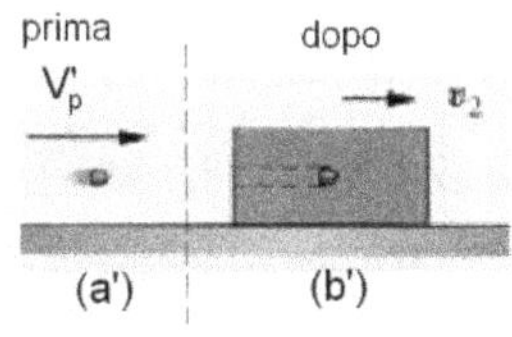

Figura 72

a) Considerato che si tratta di un sistema isolato, per calcolare la velocità del proiettile quando emerge dal primo blocco, si applica il principio di conservazione della quantità di moto, considerando gli istanti intermedi ad (a) e (b) (prima che colpisca il blocco 2 (a') e dopo che si conficca in 2 (b')). Indicando con *m* la massa del proiettile e con M_2 la massa del blocco 2 si ha:

$$Pa' = Pb' \tag{1}$$

$$Pa' = m \cdot V'_p \tag{2}$$

[16] Pur essendo tratto da D. Halliday, R. Resnick, J. Walker, *Fondamenti di fisica – Meccanica, Zanichelli editore*, il problema è stato integrato con altre richieste da c) alla g).

$$Pb' = (M_2 + m)v_2 \tag{3}$$

Sostituendo in (1): $m \cdot V'_p = (M_2 + m)v_2$

$$V'_p = \frac{(M_2 + m)v_2}{m} = \frac{(1{,}8 + 0{,}0035)kg \cdot 1{,}40m/s}{0{,}0035g} \cong 721m/s \tag{4}$$

b) Analogamente per determinare la velocità V_p iniziale della pallottola applichiamo lo stesso principio tra gli istanti (a) e (b)[17] :

$$Pa = Pa' \tag{5}$$

$$m \cdot V_p = M_1 \cdot v_1 + m \cdot V'_P \tag{6}$$

$$V_p = \frac{M_1 \cdot v_1 + mV'_P}{m} = \frac{1{,}2kg \cdot 0{,}63m/s + 0{,}0035\,kg \cdot 721m/s}{0{,}0035\,g} \cong 937\,m/s \tag{7}$$

c) Applicando il principio della conservazione dell'energia si ha che l'energia cinetica si trasforma in energia potenziale elastica:

$$E_C = E_E \tag{8}$$

$$E_C = \frac{1}{2}(M_2 + m){v_2}^2 \tag{9}$$

$$E_E = \frac{1}{2}K \cdot Dx^2 \tag{10}$$

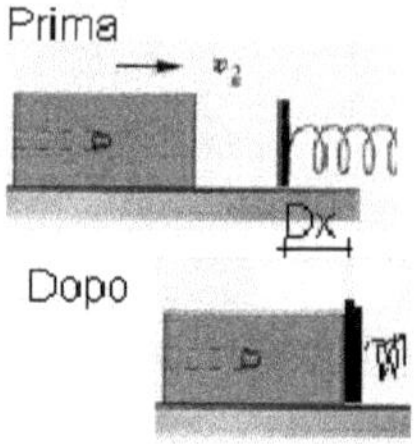

Figura 73

Sostituendo la (9) e la (10) nella (8) si ha:

$$\frac{1}{2}(M_2 + m){v_2}^2 = \frac{1}{2}K \cdot Dx^2 \Rightarrow Dx = v_2\sqrt{\frac{(M_2 + m)}{K}} = 1{,}4m/s\sqrt{\frac{1{,}8035\,kg}{20\,N/m}} = 0{,}42m \tag{11}$$

d) Per determinare la distanza percorsa dal blocco nel rimbalzo si può considerare il lavoro svolto dalla forza d'attrito, che deve essere uguale alla variazione dell'energia cinetica posseduta dal blocco. Si consideri che per il principio di conservazione dell'energia essa è uguale a quella che il blocco possedeva prima di impattare sulla molla.

---

[17] Analogamente si poteva procedere applicando lo stesso principio tra gli istanti (a) e (b) :

$$Pa = Pb \qquad m \cdot V_p = M_1 \cdot v_1 + (M_2 + m)v_2$$

$$V_p = \frac{M_1 \cdot v_1 + (M_2 + m)v_2}{m} = \frac{1{,}2kg \cdot 0{,}63\frac{m}{s} + (1{,}8 + 0{,}0035)kg \cdot 1{,}40\frac{m}{s}}{0{,}0035kg} \cong 937\frac{m}{s}$$

$$0 - Ec = -\frac{1}{2}(M_2 + m)v_2^{\ 2} = L = F_a \cdot X \tag{12}$$

$$X = \frac{Ec}{F_a} = \frac{-\frac{1}{2}(M_2 + m)v_2^{\ 2}}{-f \cdot N} = \frac{-0{,}5 \cdot (M_2 + m) \cdot 1{,}4^2 \ \frac{m^2}{s^2}}{-0{,}3 \cdot (M_2 + m)g} = \frac{-0{,}98 \frac{m^2}{s^2}}{-0{,}3 \cdot 9{,}8 \frac{m}{s^2}} \cong 0{,}33m \tag{13}$$

e) Si può determinare l'energia dissipata calcolando la variazione dell'energia cinetica del sistema, prima nell'istante (a) e dopo l'attraversamento del blocco 1 nell'istante (a') da parte della pallottola. Infatti trattasi di urto anelastico, quindi la *Ec* non si conserva.
L'energia cinetica prima dell'urto nell'istante (a) è:

$$Ec_a = \frac{1}{2} m \cdot V_P^{\ 2} = 0{,}5 \cdot 0{,}0035\,kg \cdot 937^2 \ \frac{m^2}{s^2} \cong 1536{,}4J \tag{14}$$

dopo la fuoriuscita dal blocco nell'istante (a') sarà:

$$Ec_{a'} = \frac{1}{2} m \cdot V'_P{}^2 + \frac{1}{2} M_1 v_1^{\ 2} = 0{,}5 \cdot 0{,}0035\,kg \cdot 721^2 \ \frac{m^2}{s^2} + \frac{1}{2} 1{,}2kg \cdot 0{,}63^2 \ \frac{m^2}{s^2} \cong 909{,}9J \tag{15}$$

$$\Delta Ec = Ec_{a'} - Ec_a = 909{,}9J - 1536{,}4J \cong -626{,}5J \tag{16}$$

f) Bisogna premettere che il punto in questione potrà essere affrontato solo in modo approssimato, semplificando gli eventi. Si può supporre che durante l'attraversamento del blocco la pallottola subisca una forza media (*costante*), che ne rallenti la velocità, quindi, si può determinare la forza in opposizione, ricorrendo al lavoro effettuato dalla stessa per variare l'energia cinetica della sola pallottola. Riferendoci agli istanti prima e dopo l'attraversamento del blocco 1, si ha:

$$\Delta Ec_P = Ec_{a'} - Ec_a = L_{Fa} = \overline{F}_a \cdot X \tag{17}$$

$$\Delta Ec_P = Ec_{a'} - Ec_a = \frac{1}{2} mV'_P{}^2 - 1536{,}4J = \frac{1}{2} 0{,}0035 \cdot 721^2 - 1536{,}4J \cong -626{,}7J \tag{18}$$

$$\overline{F}_a \cdot X = -626{,}7J \Rightarrow \overline{F}_a = -\frac{626{,}7J}{0{,}07m} \cong -8953\,N \tag{19}$$

g) Applicando la legge dell'impulso alla sola pallottola si ha:

$$J = \overline{F}_a \cdot \Delta t = \Delta P_P \tag{20}$$

$$\Delta t = \frac{\Delta P_P}{\overline{F}_a} = \frac{m \cdot (V'_P - V_P)}{\overline{F}_a} = \frac{0{,}0035\,kg \cdot (721 - 937)m/s}{-8953\,N} \cong 8{,}4 \cdot 10^{-5} s \tag{21}$$

9. Un proiettile di massa *m* e velocità *v* colpisce un pendolo di massa *M* e lo attraversa emergendo con velocità *v/2*. Se la lunghezza del pendolo è *L* qual è il minimo valore della velocità del proiettile per cui il pendolo possa compiere un giro completo?
(A.Caforio-A.Ferilli, 1994, p. 383)

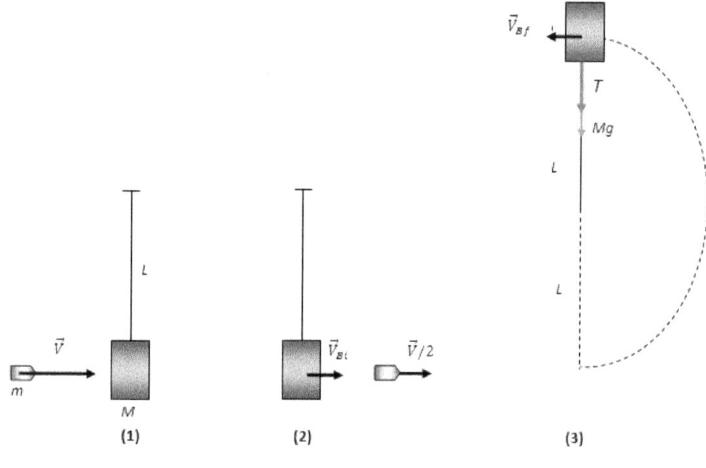

Figura 74

Strategia-soluzione

Affinché il pendolo (blocco) esegua un giro completo necessita che nella condizione (3) la tensione del filo sia nulla e la somma delle forze agenti in base alla II legge di Newton sia uguale alla forza centripeta; inoltre le velocità iniziali e finali del pendolo sono legate al principio di conservazione dell'energia meccanica ed infine tra gli istanti (1) e (2) si può ricorrere al principio di conservazione della quantità di moto per determinare *v*. Dalla II legge di Newton:

$$\sum F = -T - Mg = -Ma_c = -M\frac{{V_{Bf}}^2}{L} \qquad (1)$$

Posto che la condizione limite risulti $T = 0$ la (1) diventa

$$\cancel{M}g = \cancel{M}\frac{{V_{Bf}}^2}{L} \Rightarrow {V_{Bf}}^2 = gL \qquad (2)$$

Applicando il principio di conservazione dell'energia meccanica tra gli istanti (2) e (3) si ha:

$$E_{M2} = E_{M3} \quad (3)$$

$$\frac{1}{2}MV_{Bi}{}^{2} + 0 = \frac{1}{2}MV_{Bf}{}^{2} + Mg2L \quad (4)$$

da cui moltiplicando tutto per $\frac{2}{M}$ si ha:

$$V_{Bi}{}^{2} = V_{Bf}{}^{2} + 2 \cdot g2L \quad (5)$$

Sostituendo nella (5) la (2) otteniamo la velocità con cui blocco e proiettile si muovono dal punto (2).

$$V_{Bi}{}^{2} = gL + 4gL = 5gL \quad \Rightarrow \quad V_{Bi} = \sqrt{5gL} \quad (6)$$

Per determinare la velocità minima cercata applichiamo il principio di conservazione dell'energia meccanica della q.d.m. tra gli istanti (1) e (2)

$$mV = m\frac{V}{2} + MV_{Bi} \quad (7)$$

$$m\frac{V}{2} = MV_{Bi} \quad \Rightarrow \quad V = 2\frac{M}{m}\sqrt{5gL}$$

10. Una palla da biliardo di massa *m* ne colpisce un'altra ferma di massa uguale. Dopo l'urto la prima si muoverà con una velocità v'_1 =3,0 *m/s* su una traiettoria rettilinea che forma con la direzione iniziale un angolo di 30°. La seconda procederà con velocità v_2=1,80 *m/s* su una traiettoria rettilinea che forma un angolo θ con la direzione iniziale della prima. Deteminare:

a) L'angolo θ;

b) La velocità iniziale della prima palla;

c) Se si tratta di urto elastico.

Strategia-soluzione

Si tratta di urto in due dimensioni, assumendo *x* come direzione iniziale della prima palla e *y* come direzione ortogonale. Per la domanda **a)** possiamo determinare la quantità di moto nelle due direzioni applicando il principio di conservazione della quantità di moto negli istanti prima e dopo l'urto. La risposta a **b)** sarà semplicemente data sostituendo nell'equazione scritta per **a)** l'angolo θ determinato. Per la domanda **c)** l'urto è elastico se si conserva l'energia cinetica prima e dopo l'urto.

a) Considereremo le due palle come un sistema isolato, per cui il principio della conservazione della quantità di moto sarà:

$$\vec{P}_0 = \vec{P} \quad (1)$$

La (1) darà origine alle due equazioni scalari in x e y:

$$m_1 v_{0x} + 0 = m_1 \cdot v'_x + m_2 \cdot v_{2x} \tag{2}$$

$$0 = m_1 \cdot v'_y + m_2 \cdot (-v_{2y}) \tag{3}$$

La (2) diventa:

$$m_1 v_{0x} = m_1 v' \cos 30° + m_2 \cdot v_2 \cos\theta \tag{4}$$

Dalla (3) si ha:

$$m_1 \cdot v' \operatorname{sen} 30° = m_2 \cdot v_2 \operatorname{sen}\theta \tag{5}$$

$$\operatorname{sen}\theta = \frac{m_1 \cdot v' \operatorname{sen} 30°}{m_2 \cdot v_2} = \frac{\cancel{m_1}}{\cancel{m_2}}\frac{v' \operatorname{sen} 30°}{v_2} = \frac{3{,}0\frac{m}{s}\cdot\frac{1}{2}}{1{,}8\frac{m}{s}} \cong 0{,}83 \tag{6}$$

Le masse si semplificano avendo supposto $m_1 = m_2$

$$\theta = arcsen\,(0{,}83) \cong 56{,}4° \tag{7}$$

b) Dalla (4) si ha:

$$v_{0x} = v' \cos 30° + \frac{\cancel{m_2}}{\cancel{m_1}} \cdot v_2 \cos 56{,}4° = 3{,}0\frac{m}{s}\frac{\sqrt{3}}{2} + 1{,}8\frac{m}{s} \cdot 0{,}55 \cong 3{,}59\frac{m}{s}$$

c) Determiniamo l'energia cinetica del sistema E_{c0} prima dell'urto e E_c dopo l'urto:

$$E_{c0} = \frac{1}{2} m_1 {v_{0x}}^2 = \frac{1}{2} m_1 \cdot \left(3{,}59\frac{m}{s}\right)^2 = 6{,}44 \cdot m_1 \frac{j}{kg} \tag{8}$$

$$E_c = \frac{1}{2} m_1 (v')^2 + \frac{1}{2} m_2 (v_2)^2 = \frac{1}{2}\left[m_1 \cdot \left(3{,}0\frac{m}{s}\right)^2 + m_2 \left(1{,}80\frac{m}{s}\right)^2\right] \tag{9}$$

essendo $m_1 = m_2$

$$E_c = \frac{1}{2} \cdot m_1 \cdot \left[\left(3{,}0\frac{m}{s}\right)^2 + \left(1{,}80\frac{m}{s}\right)^2\right] = 6{,}12 \cdot m_1 \frac{J}{kg} \tag{10}$$

$$E_c < E_{c0} \qquad \Rightarrow \quad \Delta E_c = m_1 (6{,}12 \cdot -6{,}44) \frac{J}{kg} = -032 \cdot m_1 \frac{j}{kg}$$

L'energia cinetica è diminuita, quindi una parte di essa si è dissipata nell'urto, pertanto non si tratta di urto elastico.

CAPITOLO 6

DINAMICA DEI CORPI RIGIDI

- MOTI ROTAZIONALI
- ROTAZIONE
- DINAMICA ROTAZIONALE

6. DINAMICA DEI CORPI RIGIDI

6.1. Introduzione

Il capitolo si pone come obiettivo l'analisi di alcuni problemi notevoli riguardanti la rotazione sia sotto l'aspetto cinematico che dinamico. Si prenderanno in esame esercizi che mettono in risalto:

a) *La relazione tra grandezze cinematiche lineari e angolari;*
b) *Le rispettive equazioni del moto.*

Si analizzeranno esercizi in cui si farà ricorso alla II legge di Newton in forma angolare.

6.2. Richiami e formule

Posizione angolare θ= angolo descritto rispetto alla linea di riferimento scelta (U.M. nel S.I. rad)

$$\theta = \frac{s}{r}$$

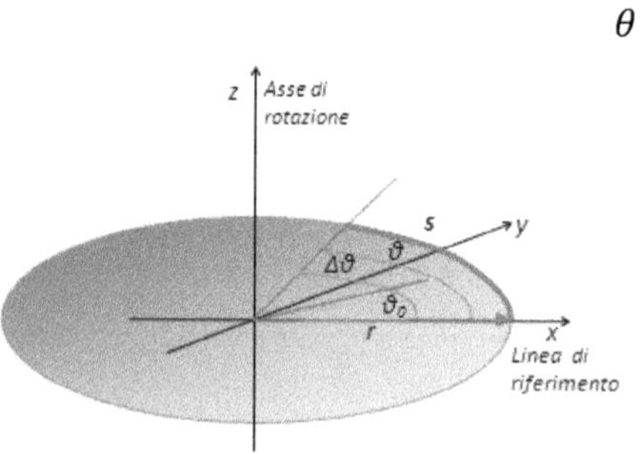

Figura 75

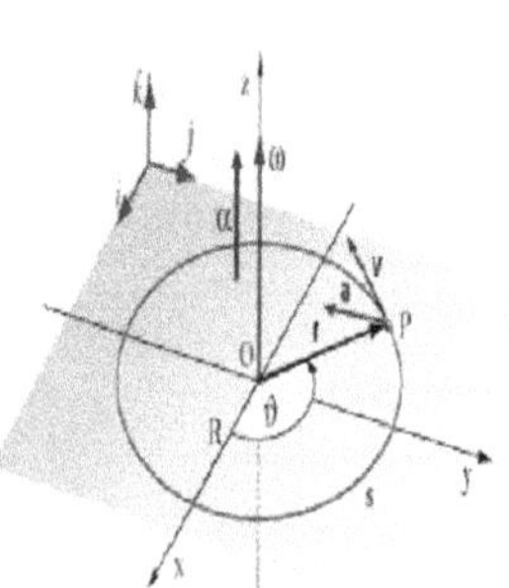

Figura 76

velocità angolare **media:** $\omega = \frac{\Delta\theta}{\Delta t} \Rightarrow \theta(t) = \theta_0 + \omega t$

velocità angolare **istantanea:**

$$\omega = \frac{d\theta}{dt}$$

Accelerazione angolare **media:**

$$\alpha = \frac{\Delta\omega}{\Delta t} = \frac{\omega(t) - \omega_0)}{t - t_0}$$

Accelerazione angolare **istantanea:** $\alpha = \frac{d\omega}{dt}$

Tabella 2

Grandezze lineari (a=cost)	*Grandezze angolari (α=cost)*	*relazioni*
$x(t) = x_0 + vt)$	$\theta(t) = \theta_0 + \omega t$	$x(t) = \theta(t) \cdot r$
$v(t) = v_0 + at$	$\omega(t) = \omega_0 + \alpha t$	$v(t) = \omega(t) \cdot r$
$x(t) = x_0 + v_0 t + \frac{1}{2}at^2$	$\theta(t) = \theta_0 + \omega t + \frac{1}{2}\alpha t^2$	$a = \alpha \cdot r$
$v^2(t) = {v_0}^2 + 2a(x - x_0)$	$\omega^2(t) = {\omega_0}^2 + 2\alpha(\theta - \theta_0)$	

6.2.1. Energia cinetica di rotazione

$$E_c = \frac{1}{2}mv^2 = \frac{1}{2}m(r\omega)^2 = \frac{1}{2}(mr^2)\omega^2 = \frac{1}{2}I\omega^2$$

6.2.2. Momento di una forza

Il momento di una forza $\boldsymbol{\tau}$ è dato dal prodotto vettoriale tra la forza $\boldsymbol{F}$ e il vettore distanza della forza dal centro di rotazione $\boldsymbol{r}$:

$$\vec{\tau} = \vec{F}\, x\, \vec{r} = Fr\, sen\, \theta$$

II legge di Newton per il moto rotatorio

$$\tau = ma \cdot r = m(\alpha r)r = (mr^2)\alpha = I\alpha$$

con I momento d'inerzia del corpo e α accelerazione angolare.
Generalizzando al caso di più momenti applicati si ha:

$$\sum \tau = I\alpha$$

Teorema dell'energia cinetica

$$\Delta E_c = E_{cf} - E_{ci} = L = \frac{1}{2}I{\omega_f}^2 - \frac{1}{2}I{\omega_i}^2$$

Il lavoro eseguito dalla forza sul corpo in rotazione varia l'energia cinetica rotazionale del corpo.

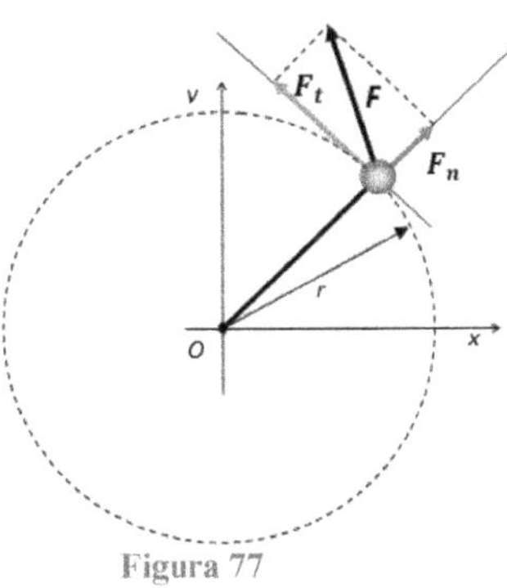

Figura 77

6.2.3. Momento angolare

$$\vec{L} = m \cdot \vec{v}\, x\, \vec{r}$$

La II legge di Newton nella forma lineare

$$\sum F = \frac{dq}{dt}$$

lega la risultante delle forze applicate alla variazione della quantità di moto del corpo. Nella forma angolare

$$\sum \tau = \frac{dl}{dt}$$

lega la risultante dei momenti applicati alla variazione del momento angolare.

Concludendo tra Forza e Momento

Dalla seconda legge di Newton (**causa effetto**):

- nella forma lineare: la forza applicata ad un corpo o un sistema genera in esso un'accelerazione $\vec{a}$ inversamente proporzionale alla massa del corpo;

- nella forma angolare: il momento applicato ad un corpo (particella singola o corpo rigido) genera un'accelerazione angolare $\vec{\alpha}$ inversamente proporzionale al momento d'inerzia del corpo.

Potremmo concludere che mentre la massa inerziale rappresenta il grado di opposizione alla forza applicata, il momento d'inerzia rappresenta il grado di opposizione al momento della forza.

Momenti d'inerzia di alcuni oggetti di varie forme e massa M

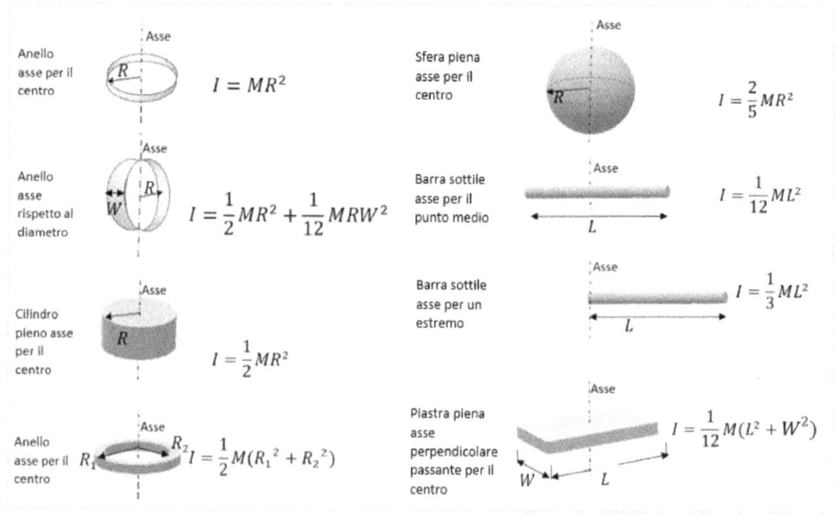

Tabella 3

6.3. Esercizi

Rotazione

1. Dato il sistema di Figura 78 che mostra due blocchi $m = 4$ kg ed $M = 5$ kg collegati da una fune che passa attorno a una carrucola priva di massa *Mc* e raggio *R, s*i determini:

a) L'intensità dell'accelerazione del sistema dei due blocchi;

b) La tensione della fune.

Strategia-soluzione

Il problema può essere affrontato con la II legge della dinamica nelle due forme traslazione e rotazione, applicata ai corpi (masse e carrucola), in modo da scrivere un sistema di equazioni per le seguenti incognite del problema: le tensioni, l'accelerazione tangenziale e l'accelerazione angolare.

a) Applichiamo la II legge di Newton al sistema masse-carrucola. Nella forma lineare per le masse e nella forma angolare per la carrucola. Inoltre completiamo il sistema con la relazione tra accelerazione tangenziale e angolare:

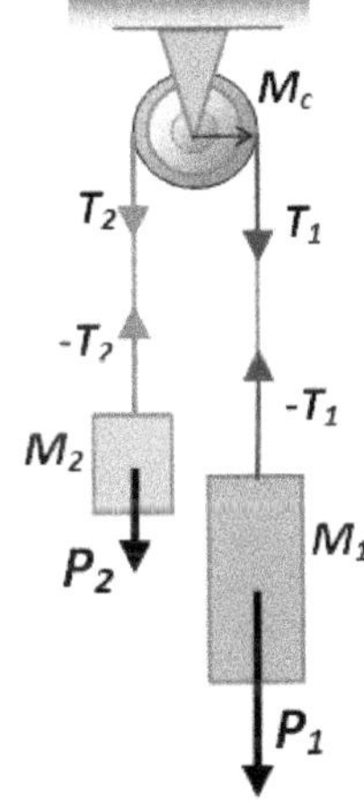

Figura 78

$$P_1 - T_1 = M_1 a \quad (1)$$

$$-P_2 + T_2 = M_2 a \quad (2)$$

$$T_1 R - T_2 R = I\alpha \quad (3)$$

$$\alpha = \frac{a}{R} \quad (4)$$

Ricordando che il momento d'inerzia della carrucola è $I = \frac{1}{2} M_c R^2$, sostituendo la (4) nella (3) si ha:

$$(T_1 - T_2)R = I\frac{a}{R} \Rightarrow T_1 - T_2 = \frac{1}{2} M_c R^2 \frac{a}{R^2} = \frac{1}{2} M_c a \quad (5)$$

Sommando membro a membro la (1), la (2) e la (5) si ha:

$$P_1 - T_1 - P_2 + T_2 + T_1 - T_2 = M_1 a + M_2 a + \frac{1}{2} M_c a$$

(6)

$$\left(M_1 + M_2 + \frac{1}{2} M_c\right) a = P_1 - P_2 \quad (7)$$

$$a = \frac{P_1 - P_2}{\left(M_1 + M_2 + \frac{1}{2} M_c\right)}$$

b) Le tensioni si possono determinare utilizzando la (1) e la (2):

$$T_1 = -M_1 a + M_1 g = M_1 (g - a) \quad (8)$$

$$T_2 = M_2 a + M_2 g = M_2 (g + a) \quad (9)$$

2. Un disco di massa M= 8 Kg e raggio R è posto sopra una guida inclinata di 30°; all'asse del disco è collegato un filo che attraverso una carrucola di massa trascurabile sostiene la massa m= 6 Kg. Il filo è teso con la massa m bloccata a distanza h= 1.5 m dal suolo. All'istante t=0 si lascia libera la massa m che inizia a scendere, facendo contemporaneamente salire il disco lungo la guida. Il moto del disco è di puro rotolamento. Calcolare:

a) L'accelerazione del sistema;

b) La velocità con cui m tocca terra.

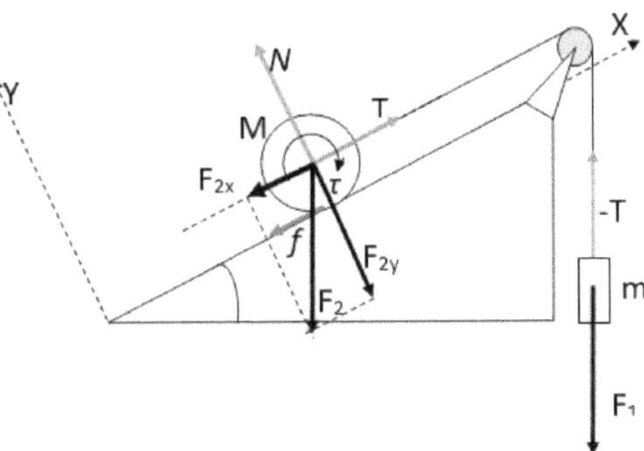

Figura 79

Strategia-soluzione

Il problema nel punto **a)** può essere affrontato con la II legge della dinamica (nelle due forme traslazione e rotazione) applicata ai due corpi disco e massa m e nel punto **b)** con il moto rettilineo uniformemente accelerato una volta determinata l'accelerazione del corpo.

a) Dalle equazioni:

$$\sum F = ma \quad (1)$$

$$\sum \tau = I\alpha \quad (2)$$

Applicando la (1) alla massa m e al disco si ha:

$$\begin{cases} F_1 - T = ma \\ T - F_{2x} - f = Ma \end{cases} \quad (3)$$

Sommando membro a membro le (3) otteniamo

$$F_1 - \cancel{T} + \cancel{T} - F_{2x} - f = ma + Ma \quad \Rightarrow \quad F_1 - F_{2x} - f = (m + M)a \quad (3')$$

Applicando la (2) al disco e considerando la rotazione rispetto al centro di massa (*centro del disco*) si ha:

$$\sum \tau = I\alpha = f \cdot R \quad (4)$$

$$f = \frac{I_{cdm} \cdot \alpha}{R} \tag{5}$$

Inoltre $\alpha = \frac{a}{R}$; sostituendola nella (5)

$$f = \frac{I_{cdm} \cdot a}{R^2} \tag{6}$$

Sotituendo la (6) nella (3') e si ha:

$$F_1 - F_{2x} - \frac{I_{cdm} \cdot a}{R^2} = (m + M)a \tag{7}$$

$$a\left(m + M + \frac{I_{cdm} \cdot a}{R^2}\right) = F_1 - F_{2x} = mg - Mgsen\theta \tag{8}$$

$$a = \frac{mg - Mgsen\theta}{\left(m + M + \frac{I_{cdm}}{R^2}\right)} = \frac{mg - Mgsen\theta}{\left(m + M + \frac{\frac{1}{2}MR^2}{R^2}\right)} = \frac{mg - Mgsen\theta}{\left(m + \frac{3}{2}M\right)} \tag{9}$$

$$a = \frac{9{,}8\frac{m}{s^2}(6kg - 8kg \cdot sen(30°))}{\left(6kg + \frac{3}{2}8kg\right)} \cong 1{,}1m/s^2$$

b) La velocità con cui tocca terra può essere desunta dalle equazioni del moto rettilineo uniformemente accelerato con accelerazione a nota:

$$\begin{cases} Y = Y_0 + V_{oy}t + \frac{1}{2}at^2 \\ V_y = V_{0y} + at \end{cases} \tag{10}$$

Applicate al nostra caso e ponendo $Y_0 = 0 \quad e \quad V_{0y} = 0 \quad si\ ha$:

$$h = \frac{1}{2}at^2 \ \rightarrow t = \sqrt{\frac{2h}{a}} \tag{11}$$

$$V_y = a\sqrt{\frac{2h}{a}} = \sqrt{2ah} = \sqrt{2 \cdot 1.1\frac{m}{s^2} \cdot 1{,}5m} = 1{,}8\ m/s \tag{12}$$

3. [18]Il sistema di Figura 80 rappresenta una rotaia a cuscino d'aria con un aliante di massa *m* sospinto da una forza *F* costante che si trasmette tramite un filo di massa trascurabile, attraverso una puleggia di massa *M* e raggio *r*. Nell'ipotesi che il filo non slitti sulla puleggia e che siano trascurabili gli attriti sulla rotaia, determinare:

a) L'accelerazione del sistema;

b) Le tensioni del filo.

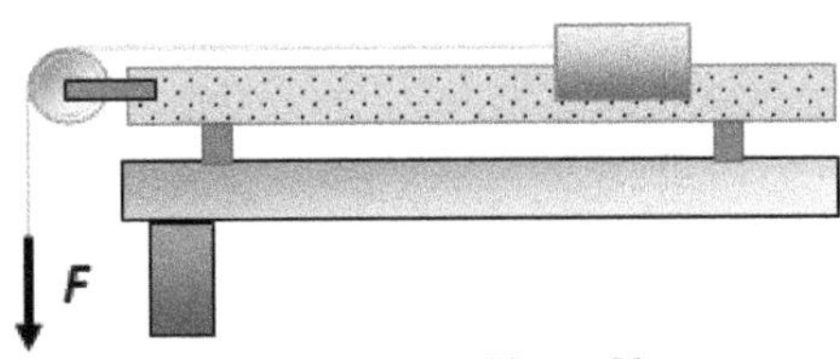

Figura 80

(**dati**: *M=0,2kg; r=4 cm; m=0,4kg; F=2N)*

Strategia-soluzione

Il problema può essere affrontato utilizzando la II legge di Newton nella forma lineare e angolare (*vedi schema delle forze*). Considerando che l'accelerazione cercata del sistema è quella lineare, si procede scomponendo il sistema puleggia – aliante, analizzando separatamente le forze e i momenti agenti e ricorrendo inoltre alla relazione tra grandezze lineari e angolari.

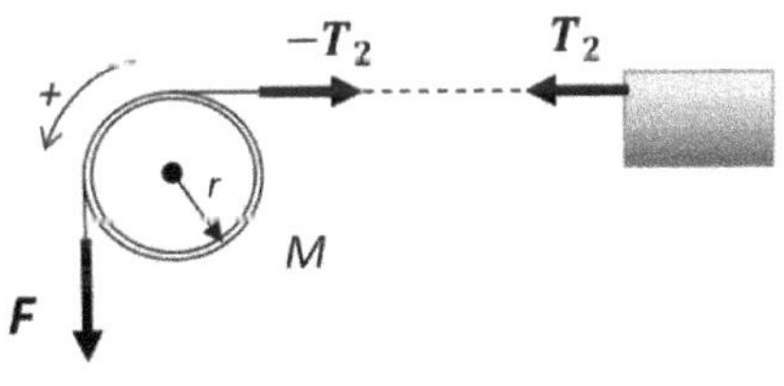

Figura 81

a) Calcolo dell'accelerazione:
applicando la II legge di Newton nella forma lineare all'aliante

$$\sum F = m \cdot a \qquad (1)$$

si ha:

$$T_2 = m \cdot a \qquad (2)$$

Applicando la II legge di Newton nella forma angolare alla puleggia

$$\sum \tau = I \cdot \alpha \qquad (3)$$

si ha:

$$F \cdot r - T_2 \cdot r = I \cdot \alpha \qquad (4)$$

---

[18] Esercizio ispirato al n. 9 di Corso di FISICA (Walker, 2010, p. 349)

Ricordando la relazione tra accelerazione tangenziale ed angolare e che inoltre il filo non scivola sulla puleggia si ha

$$a = \alpha \cdot r \qquad \Rightarrow \qquad \alpha = \frac{a}{r} \tag{5}$$

Sostituendo la (5) nella (4) sarà:

$$F \cdot r - T_2 \cdot r = I \cdot \frac{a}{r} \tag{6}$$

sostituendo la (2) nella (6) e risolvendo rispetto a F si ha:

$$F = I \cdot \frac{a}{r^2} + m \cdot a = a\left(\frac{I}{r^2} + m\right) \tag{7}$$

e risolvendo rispetto all'accelerazione a otteniamo:

$$a = \frac{F}{m + \frac{I}{r^2}} \tag{8}$$

La puleggia la si può equiparare ad un disco in cui il momento d'inerzia è dato dalla relazione $I = \frac{1}{2}Mr^2$ che sostituita alla precedente diventa:

$$a = \frac{F}{m + \frac{M \cdot r^2}{2r^2}} = \frac{F}{m + \frac{M}{2}} = \frac{2N}{0{,}4kg + \frac{0{,}2kg}{2}} = 4m/s^2 \tag{9}$$

b) La tensione T_2 del filo si ricava applicando la (2)

$$T_2 = m \cdot a = 0{,}4kg \cdot 4\frac{m}{s^2} = 1{,}6N$$

4. Un corpo di massa M_1= *1 kg* può scivolare su un piano inclinato scabro che forma un angolo di 30° con l'orizzontale. I coefficienti d'attrito statico e dinamico valgono rispettivamente μ_s=0,6 e μ_d=0,5. Il corpo è collegato tramite una fune ideale ed una carrucola di raggio *R* ad un corpo di massa M_2 =*2 kg* sospeso come in Figura 82. La corda fa ruotare la carrucola di massa M_c = *3kg* senza slittare. Calcolare la tensione della corda in corrispondenza del corpo 1 e 2.

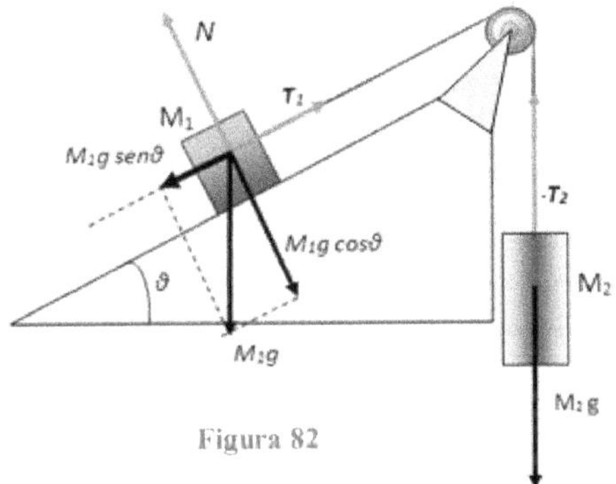

Figura 82

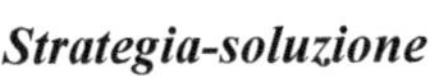

Strategia-soluzione

Con i dati a nostra disposizione è di facile intuizione che M_1 salga e M_2 scenda; tuttavia giustifichiamo questa affermazione con le leggi di Newton. Partiamo dall'ipotesi che i corpi siano fermi. Questo consentirà di calcolare la forza d'attrito necessaria ad equilibrare il sistema, confrontando il valore calcolato con quello generato dal corpo 2; questo ci permetterà di giustificare l'affermazione o smentirla.

Per determinare il verso di movimento dei corpi possiamo utilizzare la II legge della dinamica nelle due forme traslazione e rotazione, applicata ai due corpi 1 e 2.

$$\sum F = ma \qquad (1)$$

$$\sum \tau = I\alpha \qquad (2)$$

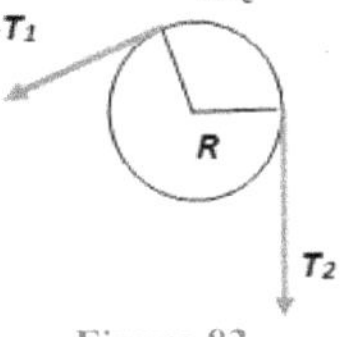

Figura 83

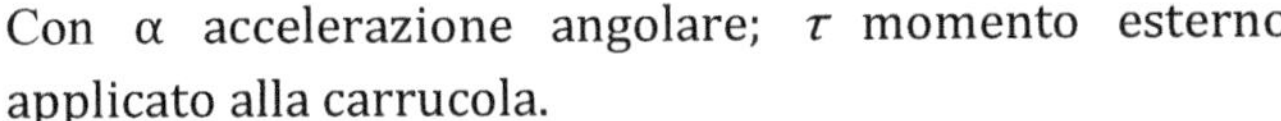

Con α accelerazione angolare; τ momento esterno applicato alla carrucola.

Considerando i corpi fermi si ha:

$$\alpha = 0; \qquad \sum \tau = 0; \qquad T_1 = T_2 = T$$

Applicando la (1) alle masse M_1 e M_2, essendo la (2) nulla e assumendo come verso positivo M_1 a salire e M_2 a scendere, si ha il sistema seguente:

$$T_1 - f - M_1 g \; sen\,\theta = 0 \tag{3}$$

$$N - M_1 g \cos\theta = 0 \tag{4}$$

$$T_2 = T_1 = M_2 g \tag{5}$$

sostituendo la (3) nella (1) otteniamo

$$M_2 g - f - M_1 g \; sen\,\theta = 0 \tag{6}$$

risolvendo rispetto a f

$$f = g(M_2 - M_1 \; sen\,\theta) = 9{,}8\frac{m}{s^2}(2kg - 1kg \; sen\,30°) \cong 14N \tag{7}$$

La forza d'attrito prodotta da M_1 in condizioni statiche, noto N data dalla (4) è:

$$f = \mu_s N = 0{,}6 \cdot M_1 g \cos\theta = 0{,}6 \cdot 1kg \; 9{,}8\frac{m}{s^2}\cos 30° \cong 5N < 14N \tag{8}$$

Pertanto essendo la forza d'attrito prodotta positiva, ma inferiore a quella necessaria a tenere in equilibrio statico i corpi, si conferma l'ipotesi formulata.

Per calcolare le tensioni richieste ricorriamo di nuovo alle equazioni di Newton (1) e (2), con α diverso da zero; si ha il sistema di tre equazioni seguente:

$$\begin{cases} T_1 - M_1 g \sin\theta - f = M_1 a \\ M_2 g - T_2 = M_2 a \\ T_2 R - T_1 R = I_c \alpha \end{cases} \tag{9}$$

$$I_c = \frac{1}{2} M_c R^2 \; ; \;\; \alpha = \frac{a}{R} \tag{10}$$

Sostituendo la (10) nella terza delle (9) si ha:

$$T_2 R - T_1 R = \frac{1}{2} M_c R^2 \frac{a}{R} \tag{11}$$

Dividendo tutto per R la (11) diventa:

$$T_2 - T_1 = \frac{1}{2} M_c \, a \tag{12}$$

Sommando membro a membro le prime due della (9) con la (12) otteniamo:

$$T_1 - M_1 g \sin\theta - \mu_d M_1 g \cos\theta + M_2 g - T_2 + T_2 - T_1 = (M_1 + M_2 + \frac{1}{2} M_c)a \tag{13}$$

Semplificando e risolvendo rispetto ad *a* si ha:

$$a = \frac{g(M_2 - M_1 \sin\theta - \mu_d M_1 \cos\theta)}{M_1 + M_2 + \frac{1}{2} M_c} = \\ = \frac{9{,}8\frac{m}{s^2}(2kg - 1kg\ sen\ 30° - 0{,}5 \cdot 1kg \cos 30°)}{1kg + 2kg + \frac{1}{2}3kg} \cong 2{,}3\frac{m}{s^2} \tag{14}$$

Le tensioni sono date dalla seconda delle (9) e dalla (12):

$$T_2 = M_2(g - a) = 2kg\left(9{,}8\frac{m}{s^2} - 2{,}3\frac{m}{s^2}\right) \cong 15{,}0N \tag{15}$$

$$T_1 = T_2 - \frac{1}{2} M_c a = 15{,}0N - \frac{1}{2} 3kg \cdot 2{,}3\frac{m}{s^2} \cong 11{,}6N \tag{16}$$

ESERCIZI DI SINTESI

5. Una moto da corsa deve affrontare una curva con raggio 90 *m* alla velocità di 80 *km/h*. Determinare:

a) Il coefficiente d'attrito tra gomma e asfalto;

b) L'inclinazione che il motociclista deve far assumere alla moto per effettuare la curva.

Strategia-soluzione

Per affrontare il problema si può ricorrere alla seconda legge di Newton per il quesito **a)**, mentre per **b)** si può considerare un sistema di riferimento solidale con la moto in cui deve risultare nulla la somma dei momenti generati dalla forza centrifuga e la forza peso rispetto al punto di appoggio della ruota (considerando trascurabile lo spessore della ruota).

a) Per poter effettuare la curva la moto non deve scivolare. Occorre una forza che annulli quella centripeta che è rappresentata dalla forza di attrito statico. Dalla seconda di Newton risulta[19]:

$$v = 80\frac{km}{h} = 22,2\,m/s$$

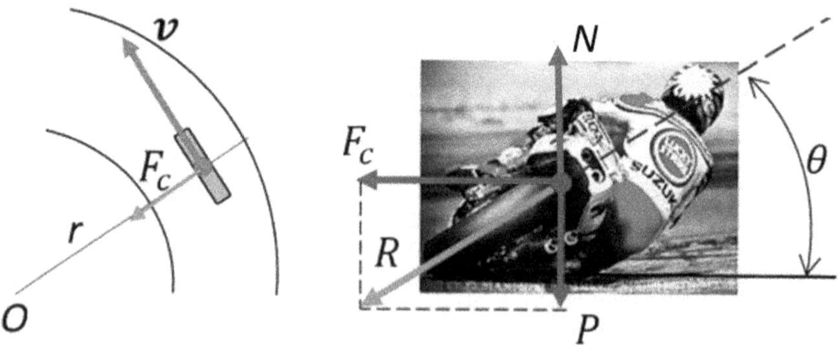

Figura 84

[19] Il caso non è diverso da quello presentato per la vettura del esercizio 6 capitolo 3.

$$\Sigma F_r = Fc \tag{1}$$

$$fa \geq Fc = \frac{mv^2}{r} \tag{2}$$

L'accelerazione nella direzione verticale *N* è nulla quindi dalla II legge di Newton otteniamo:

$$\sum F_N = 0 \tag{3}$$

$$N - P = 0 \quad \Rightarrow \quad N = P = mg \tag{4}$$

$$fa = \mu_s N = \mu_s mg \tag{5}$$

Ponendoci nella condizione limite della (2), sostituendo la (5) e risolvendo rispetto a μ_s, si ha:

$$\mu_s = \frac{v^2}{rg} = \frac{\left(22{,}2\frac{m}{s}\right)^2}{90m \cdot 9{,}8\frac{m}{s^2}} = 0{,}56 \tag{6}$$

b) Riferendoci allo schema e considerando i momenti delle due forze rispetto al punto di appoggio della ruota, considerando inoltre l'altezza *h* del baricentro della massa *m* nel sistema moto+pilota, si ha

$$\sum \tau = F_c h\, sen\, \theta - Ph \cos\theta = 0 \tag{7}$$

$$\frac{sen\theta}{\cos\theta} = \frac{P}{F_c} = \tan\theta \tag{8}$$

$$\theta = arctan\left(\frac{mg}{\frac{mv^2}{r}}\right) = arctan\left(\frac{rg}{v^2}\right) = arctan\frac{90m \cdot 9{,}8\frac{m}{s^2}}{\left(22{,}2\frac{m}{s}\right)^2} = 60{,}8° \tag{9}$$

6. [20]Una biglia di raggio r=2 *cm* con massa m=1,2*Kg* è collegata tramite un filo di massa trascurabile ad una carrucola fissa M=2,5*Kg* ed R=20*cm*, come in Figura 85. Lasciata libera di muoversi la biglia mette la carrucola in rotazione e dopo un tratto di lunghezza h=0,5m il filo si sgancia dalla carrucola e continua in caduta libera per h_1=0,3m, atterrando senza rimbalzare su di una guida posta inclinata rispetto all'orizzontale di 30°. Rotolando essa arriva alla base della guida dove continua a muoversi su di un piano privo di attrito prima di urtare in modo elastico la massa di una seconda biglia posta sul sistema rotante di Figura 85 con R_1=0,3m e massa $m/2$.

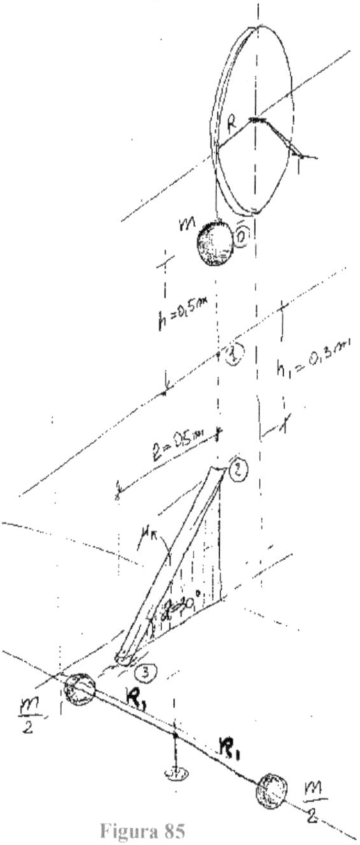

Nell'ipotesi di poter trascurare la velocità della prima biglia dopo l'urto determinare:

a) **a1**- L'accelerazione della biglia;
a2- La tensione del filo;
a3- L'accelerazione angolare della carrucola.

b) La velocità della biglia nel punto d'atterraggio sulla guida.

c) **c1**- La velocità nel punto ai piedi dello scivolo;
c2- Il punto **c1**, nel caso in cui si trattasse di un disco della stessa massa e stesso raggio della biglia;
c3- La forza di attrito f_s tra biglia e scivolo (μ_s =0,2).

d) La velocità angolare del sistema rotante dopo l'urto con la biglia (si trascuri la massa dell'asta che regge le due biglie).

Figura 85

---

[20]*Q. d'Annibale et al. - Liceo Scientifico Tecnologico - compito finale 3 liceo 2003-2004,* www.fisicalst.it

e) La velocità tangenziale delle biglie nell'ipotesi che le stesse per effetto della rotazione si spostino lungo l'asta portandosi ad una distanza dal centro pari a $2R$.

Strategia-soluzione

Osservando il disegno e i punti d'incognita possiamo dedurre come nel problema tutto sia incentrato attorno alla meccanica; in particolar modo alla sua parte dinamica. Per poter studiare il problema è conveniente suddividerlo in parti definite, così da isolare i casi che ci interessano. Nella risoluzione dei vari quesiti ci serviremo delle leggi della dinamica e della conservazione dell'energia, sia in forma lineare (di traslazione) che in forma angolare (di rotazione).

PUNTO a

a_1- In riferimento allo schema di Figura 86, relativo alle forze in gioco per il calcolo dell'accelerazione della biglia, ci serviamo della seconda legge di Newton nella forma lineare:

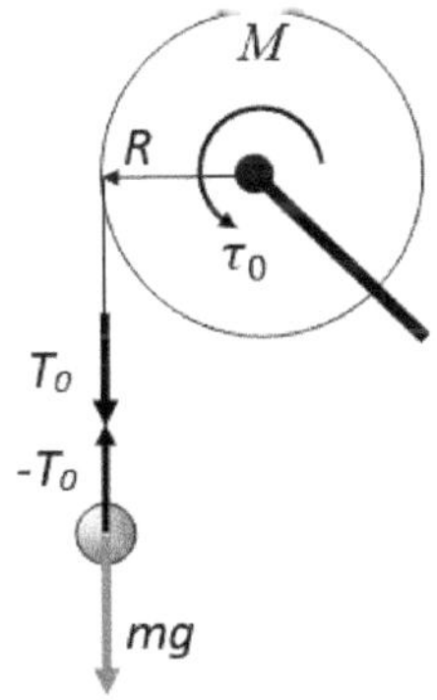

$$\sum F = m \cdot a \quad \Rightarrow \quad m \cdot g - T_0 = m \cdot a_0 \tag{1}$$

in cui non conosciamo la tensione e l'accelerazione; occorrerà quindi utilizzare una seconda equazione da porre a sistema con la prima.

Figura 86

Prendiamo in esame la seconda legge di Newton, questa volta però nella sua forma angolare da applicare al disco.

$$\sum \tau_0 = I_0 \cdot \alpha_0 \tag{2}$$

dove il momento della forza applicata è dato da $T_0 \cdot R$.

Ricordando che il momento d'inerzia di un disco piano è dato da $I=\frac{1}{2} MR^2$, e l'accelerazione angolare è legata a quella tangenziale dalla relazione $\alpha=a/R$, la (2) diventa:

$$T_0 \cdot R = \frac{1}{2} MR^2 \frac{a_0}{R} \tag{3}$$

Dividendo tutto per R si ha:

$$T_0 = \frac{1}{2} M a_0 \tag{4}$$

Sostituendo la (4) nella (1) avremo:

$$m \cdot g - \frac{M \cdot a_0}{2} = m \cdot a_0 \tag{5}$$

Possiamo eguagliare l'accelerazione della biglia a quella tangenziale del disco, in quanto la corda non slitta; quindi i due hanno un movimento simultaneo.

Risolvendo la (5) rispetto a $m{\cdot}g$ si ha:

$$2m \cdot g = 2m \cdot a_0 + M \cdot a_0 \tag{6}$$

Risolvendo rispetto ad a_0 si ottiene:

$$a_0 = \frac{2m \cdot g}{2m + M} = \frac{2 \cdot 1{,}2Kg \cdot 9{,}8 m/s^2}{2 \cdot 1{,}2Kg + 2{,}5Kg} = 4{,}8 m/s^2 \tag{7}$$

a₂- Nota l'accelerazione del sistema, la tensione del filo si ottiene dall'equazione (4)

$$T_0 = \frac{1}{2} M a_0 = \frac{1}{2} \cdot 2{,}5Kg \cdot 4{,}8 m/s^2 = 6N \tag{8}$$

<u>Osservazioni:</u> come possiamo osservare dai dati ricavati, l'accelerazione della biglia è minore di g [21] ovvero di quella che avrebbe avuto se fosse stata in caduta libera. Allo stesso modo la tensione del filo è minore della forza peso esercitata dalla biglia altrimenti quest'ultima non si sarebbe mossa.

Per calcolare l'accelerazione angolare del disco basterà ricordare quanto detto prima, ossia che essa è data dalla relazione:

---

[21] Come è facile osservare dalla (7) a_0 sarebbe uguale a g solo se la massa della carrucola fosse nulla (trascurabile).

$$\alpha_0 = \frac{a_0}{R} = \frac{4{,}8m/s^2}{0{,}2m} = 24rad/s^2 \qquad (9)$$

PUNTO b

Nel punto **b)** viene richiesta la velocità della biglia nel punto (2) di atterraggio sulla guida (*nell'ipotesi di non rimbalzo*).

Esso può essere affrontato sia con le equazioni del moto sia con criteri energetici. Utilizzeremo questi ultimi.

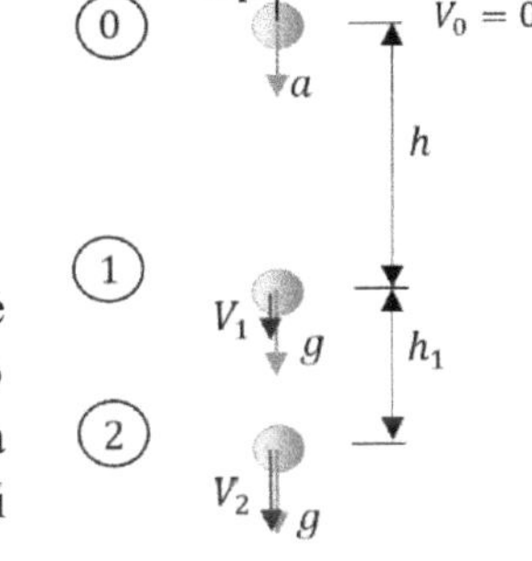

Figura 87

Tratto **0-1**[22] la variazione dell'energia cinetica è uguale al lavoro fatto dalla forza peso meno quello fatto dalla tensione del filo. Indicata con K l'energia cinetica e con U l'energia potenziale gravitazionale, si ha:

$$\Delta K = \Delta U - L_T \qquad (10)$$

$$\frac{1}{2} m\Delta v^2 = mgh - Th \qquad (11)$$

Applicando la (11) ai punti **0-1** con V_0=0 e risolvendo rispetto a V_1 si ottiene:

$$v_1 = \sqrt{2gh - \frac{2Th}{m}} = \sqrt{2 \cdot 9{,}8\frac{m}{s^2} 0{,}5m - \frac{2 \cdot 6N \cdot 0{,}5m}{1{,}2kg}} = 2{,}19m/s \qquad (12)$$

Tratto **1-2**, possiamo applicare il principio di conservazione dell'energia meccanica[23] considerando il sistema isolato

$$E_{m1} = E_{m2} \qquad \Delta K_{12} = -\Delta U_{12} \qquad (13)$$

[22] N.B.: la biglia per h=50 cm viaggerà con accelerazione pari ad 4,8 m/s^2 essendo attaccata al filo e, successivamente per h_1=30 cm con accelerazione pari a $\boldsymbol{g}$ in quanto in caduta libera.
[23] L'incremento della cinetica è dovuto alla diminuzione dell'energia potenziale.

$$\frac{1}{2}mV_2^2 - \frac{1}{2}mV_1^2 = -(0 - mgh_1) = mgh_1 \tag{14}$$

Avendo posto $U_2 = 0$, in quanto consideriamo il punto 2 ad altezza zero ed andando ad esplicitare i valori delle diverse energie, risolvendo la (14) rispetto a V_2 otteniamo:

$$V_2 = \sqrt{V_1^2 + 2gh_1} = \sqrt{2{,}19^2 \frac{m^2}{s^2} + 2 \cdot 9{,}8 \frac{m}{s^2} 0{,}3m} \cong 3{,}27m/s \tag{15}$$

PUNTO c

c_1- Per calcolare la velocità ai piedi dello scivolo utilizzeremo il principio di conservazione dell'energia meccanica applicato tra i punti 2-3. Ci calcoliamo, innanzitutto, l'altezza dello scivolo con la relazione:

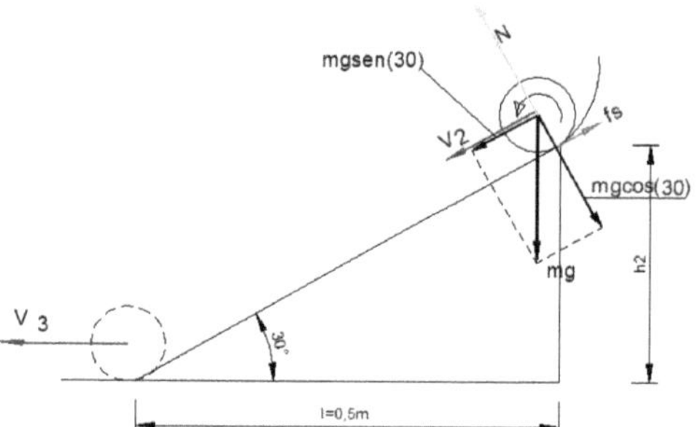

$$h_2 = l \cdot tg\beta = 0{,}5m \cdot tg(30°) \cong 0{,}29m$$

Va premesso che in questo caso l'energia cinetica della biglia che rotola sullo scivolo non è solo di traslazione, ma anche di rotazione, quindi:

$$E_{m2} = E_{m3}$$

$$K_2 + U_2 = K_3 + U_3 \tag{16}$$

Avremo $U_3 = 0$ se consideriamo a terra lo scivolo.

Esplicitando i valori delle energie in gioco otteniamo:

$$\frac{1}{2}mV_2^2 + mgh_2 = \frac{1}{2}mV_3^2 + \frac{1}{2}I\omega_3^2 \tag{17}$$

Il momento d'inerzia di una biglia è pari a $I = \frac{2}{5} m \cdot r^2$; inoltre la velocità tangenziale è legata a quella angolare dalla relazione

$$\omega_3 = \frac{V_3}{r} \tag{18}$$

Sostituendo nella (17) otteniamo:

$$\begin{aligned} \frac{1}{2} m V_2^2 + m g h_2 &= \frac{1}{2} m V_3^2 + \frac{1}{2} I \frac{V_3^2}{r^2} \\ \frac{1}{2} V_2^2 + g h_2 &= \frac{1}{2} V_3^2 + I \frac{V_3^2}{2 m r^2} \end{aligned} \tag{19}$$

$$V_2^2 + 2 g h_2 = V_3^2 + I \frac{V_3^2}{m r^2} = V_3^2 (1 + \frac{I}{m r^2})$$

Risolvendo rispetto a V_3

$$V_3 = \sqrt{\frac{2 g h_2 + V_2^2}{1 + \frac{I}{m r^2}}} = \sqrt{\frac{2 g h_2 + V_2^2}{1 + \frac{2 m r^2}{5 m r^2}}} = \sqrt{\frac{2 \cdot 9{,}8 m/s^2\, 0{,}29 m + 3{,}27^2\, m^2/s^2}{1 + \frac{2}{5}}} \cong 3{,}42 m/s \tag{20}$$

c₂- Se fosse stato presente un disco con le stessa massa e raggio della biglia l'unica caratteristica che sarebbe variata nel calcolo della velocità, ai piedi dello scivolo, è il suo momento d'inerzia, ovvero $I = \frac{1}{2} m r^2$, pertanto la (20) sarebbe:

$$V_3 = \sqrt{\frac{2 g h_2 + V_2^2}{1 + \frac{I}{m r^2}}} = \sqrt{\frac{2 g h_2 + V_2^2}{1 + \frac{m r^2}{2 m r^2}}} = \sqrt{\frac{2 \cdot 9{,}8 m/s^2\, 0{,}29 m + 3{,}27^2\, m^2/s^2}{1 + \frac{1}{2}}} \cong 3{,}30 m/s \tag{21}$$

La velocità in questo caso è minore essendo il momento d'inerzia maggiore, quindi anche l'energia cinetica di rotazione sarà minore a scapito di quella di traslazione.

c3- La condizione di rotolamento della biglia sullo scivolo è assicurata dalla presenza dell'attrito.

Tornando all'ultimo schema proposto delle forze notiamo come la forza peso si scompone in normale e tangente al piano.

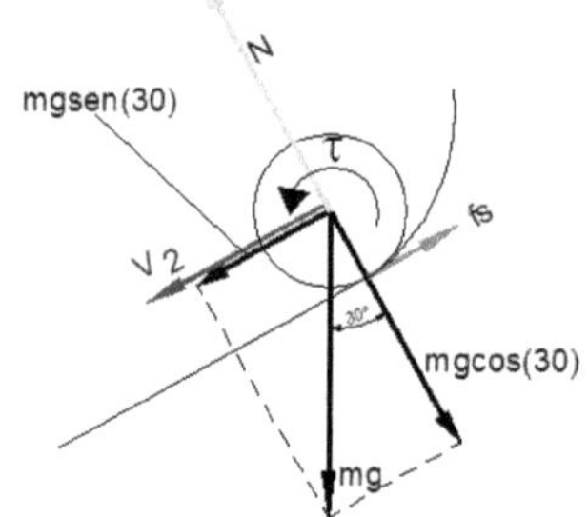

Figura 88

Dalla II legge di Newton nelle due forme:

$$\sum F = m \cdot a \quad (22) \qquad \sum \tau = I \cdot \alpha \quad (23)$$

esplicitando la (22) otteniamo: $f_s - mg \cdot sen(\theta) = m \cdot a$ (24)

applicando la (23) si ha:

$$-f_s \cdot R = I\alpha = I\frac{a}{R} \Rightarrow f_s = -I\frac{a}{R^2} \quad (25)$$

sostituendo la (25) nella (24) si ha:

$$-I\frac{a}{R^2} - mg \cdot sen(\theta) - m \cdot a = 0 \quad (26)$$

semplificando e risolvendo rispetto ad *a* otteniamo:

$$a(1+\frac{I}{mR^2}) = -g \cdot sen(\theta) \Rightarrow a = -\frac{g \cdot sen(\theta)}{1+\frac{I}{mR^2}} \quad (27)$$

ricordando che $I=2/5mR^2$ (momento d'inerzia della sfera) si ottiene

$$a = -\frac{g \cdot sen(\theta)}{1+\frac{2mR^2}{5mR^2}} = -\frac{g \cdot sen(\theta)}{\frac{7}{5}} = -\frac{5}{7}g \cdot sen(\theta) \quad (28)$$

dalla (25) ricaviamo

$$f_s = \frac{2}{5}mR^2 \cdot \frac{5}{7}\frac{g \cdot sen(\theta)}{R^2} = \frac{2}{7}mg \cdot sen(\theta) = \frac{2}{7}1{,}2kg \cdot 9{,}8\frac{m}{s}sen(30) \cong 1{,}68N$$

PUNTO d

Nel momento dell'urto la biglia possiede quantità di moto ed energia cinetica

$$P = mV_3 = 1{,}2kg \cdot 4{,}2m/s = 4{,}10Ns \tag{29}$$

$$K_3 = \frac{1}{2} m V_3^{\,2} \tag{30}$$

Inoltre essendo l'urto completamente elastico oltre a conservarsi la quantità di moto si conserva anche l'energia cinetica[24], quindi:

$$\frac{1}{2} m V_3^{\,2} = \frac{1}{2} I \ \omega^2 \tag{31}$$

in cui il secondo membro rappresenta l'energia cinetica rotazionale del sistema biglia-asta il cui momento d'inerzia I è:

$$I = \sum m_i r_i^2 - \frac{m}{2} R_1^{\,2} + \frac{m}{2} R_1^{\,2} - m R_1^{\,2} \tag{32}$$

Sostituiamo e semplifichiamo ottenendo:

$$\begin{aligned} &\frac{1}{2} m V_3^2 = \frac{1}{2} m R_1^{\,2} \omega^2 \\ &\omega^2 = \frac{V_3^2}{R_1^{\,2}} \rightarrow \omega = \frac{V_3}{R_1} = \frac{3{,}42m/s}{0{,}2m} \cong 11{,}4rad/s \end{aligned} \tag{33}$$

$$\overline{\alpha} = \frac{\omega_f - \omega_i}{t} = \frac{a}{R}$$

PUNTO e

In questo caso possiamo sfruttare il principio della conservazione del momento angolare:

$$\sum \tau = \frac{dL}{dt} = 0 \tag{34}$$

---

[24] Lo stesso poteva essere risolto con il principio di conservazione del momento angolare considerando il sistema sfera – asta con biglie

$$L_i = L_f$$

$$mV_3 R_i = I_f \omega_f \Rightarrow \omega_f = \frac{mV_3 R_1}{m R_1^{\,2}} = \frac{V_3}{R_1}$$

Questo in quanto nessuna forza esterna e nessun momento agiscono in questa fase sul sistema rotante (asta biglie).

Sappiamo che:

$$L_i = L_f \tag{35}$$

Esplicitando la (35) si ha:

$$I_i\omega_i = I_f\omega_f \tag{36}$$

dove $I_i = 2 \cdot m/2 \cdot R_1^2$ e $\omega_i = \omega$

$$mR_1^2\omega = \omega\sum m_f R_f^2 = \omega_f 2 \cdot \frac{m}{2}(2R_1)^2 = \omega_f m4R_1^2 \tag{37}$$

semplificando e risolvendo rispetto ad ω_f otteniamo:

$$\omega_f = \frac{\omega}{4} = \frac{11{,}4rad/s}{4} = 2{,}85rad/s \tag{38}$$

A questo punto possiamo determinare la velocità tangenziale richiesta ricordando la relazione tra velocità tangenziale e angolare

$$V = \omega R \tag{39}$$

$$V_f = \omega_f \cdot 2R_1 = 2{,}85\frac{rad}{s} \cdot 2 \cdot 0{,}3m = 1{,}71\frac{m}{s} \tag{40}$$

STATICA

CAPITOLO 7

EQUILIBRIO STATICO

- EQUILIBRIO DEI CORPI
- STATICA DEI CORPI RIGIDI

7. EQUILIBRIO STATICO

7.1. Introduzione

Il capitolo si pone come obiettivo l'analisi di alcuni problemi notevoli riguardanti l'equilibrio statico dei corpi rigidi attraverso l'analisi:

a) *Dei possibili movimenti traslatori e rotatori che un corpo libero può compiere; i cosiddetti gradi di libertà nello spazio e nel piano;*

b) *Dei vincoli come organismi che impediscono uno o più movimenti.*

Si è già analizzata la condizione per cui le leggi di Newton nelle forme:

lineare $$\sum \vec{F} = \frac{d\vec{p}}{dt} \quad (1)$$

angolare $$\sum \vec{\tau} = \frac{d\vec{L}}{dt} \quad (2)$$

ai fini dell'equilibrio dinamico dei corpi devono soddisfare le condizioni per cui, la quantità di moto del centro di massa ed il momento angolare rispetto al suo centro di massa o qualsiasi altro punto siano costanti:

$$\vec{P} = costante$$

$$\vec{L} = costante$$

tali che le equazioni (1) *e* (2) *risultino nulle, cioè la sommatoria delle forze e dei momenti esterni applicata al corpo deve essere nulla:*

$$\sum \vec{F} = 0 \qquad \sum \vec{\tau} = 0 \quad (3)$$

La prima delle (3) *assicura che il centro di massa del corpo non abbia accelerazione tangenziale; la seconda che sia nulla l'accelerazione angolare. Tali condizioni, come è evidente, assicurano l'equilibrio dinamico ma non garantiscono la staticità del corpo che è garantita dalle condizioni:*

$$\vec{P} = 0 \quad (4)$$

$$\vec{L} = 0 \quad (5)$$

In altri termini la (4) *è garantita se è nulla la velocità del centro di massa; la* (5) *se è nulla la velocità angolare.*

7.2. Richiami e formule

7.2.1. Definizioni

CORPO RIGIDO è un corpo, giacente nello spazio o nel piano, che sotto l'azione di forze che agiscono su di esso risulta indeformabile, capace di muoversi "rigidamente", ossia in modo tale che resti invariata la posizione relativa di un suo punto generico rispetto agli altri punti che lo costituiscono.

CORPO LIBERO è un corpo che non ha impedimenti a muoversi, cioè non soggetto a vincoli che lo leghino all'ambiente in cui si trova; può muoversi liberamente in tutti i modi possibili.

GRADO DI LIBERTÁ possibili movimenti che un corpo può compiere.

VINCOLO quell'organismo capace di impedire uno o più movimenti di un corpo.

CORPO VINCOLATO è un corpo a cui, per mezzo di opportuni vincoli, vengono impediti uno o più movimenti.

Equilibrio

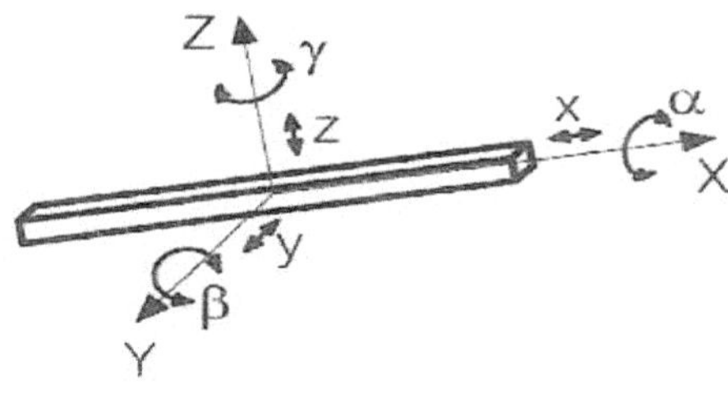

Figura 89

Un corpo rigido libero nello spazio possiede sei gradi di libertà cioè sei possibilità di movimento coincidenti con le tre traslazioni possibili lungo gli assi coordinati X, Y e Z e le tre rotazioni intorno agli stessi assi (Figura 89).

Qualunque movimento del corpo rigido può essere scomposto in uno o più dei suddetti movimenti elementari.

Se studiamo il corpo su un piano anziché nello spazio (cioè vincolato a rimanere su di esso es. X, Y) i gradi di libertà possibili si riducono a tre e cioè due traslazioni lungo l'asse X e lungo l'asse Y ed una rotazione intorno all'asse Z (Figura 90).

Anche in questo caso un qualsiasi movimento del corpo rigido nel piano può essere scomposto in uno o più movimenti elementari dei tre precedentemente detti.

Ci dedicheremo allo studio dei corpi rigidi nel piano soggetti a vincoli che, come abbiamo detto, servono a sottrarre gradi di libertà al sistema fino a porlo in condizioni di equilibrio statico.

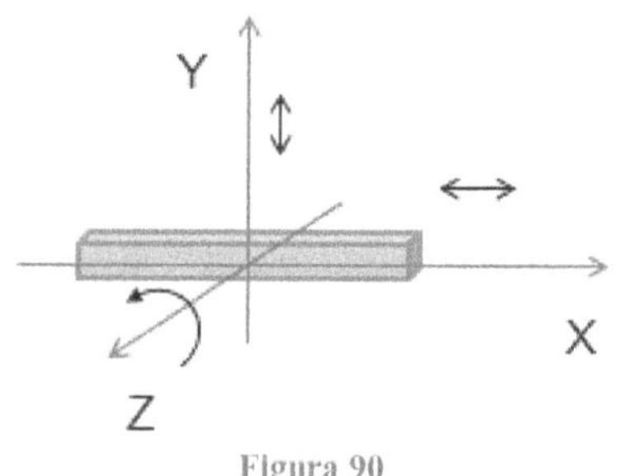

Figura 90

7.2.2. <u>Alcuni tipi di vincolo</u>

Carrello o vincolo semplice

Esso è schematizzato come un corpo triangolare provvisto di ruote su guide e di una cerniera a cui è solidale il corpo rigido (rappresentato da un'asta), come si vede in Figura 91 e Figura 92, dove sono evidenti i due gradi di libertà restanti all'asta così vincolata, cioè la rotazione intorno al punto A e la traslazione lungo la guida cioè l'asse X, mentre viene impedito il movimento traslatorio perpendicolare alla guida cioè lungo l'asse Y che è l'unico grado di libertà sottratto da questo vincolo al corpo rigido.

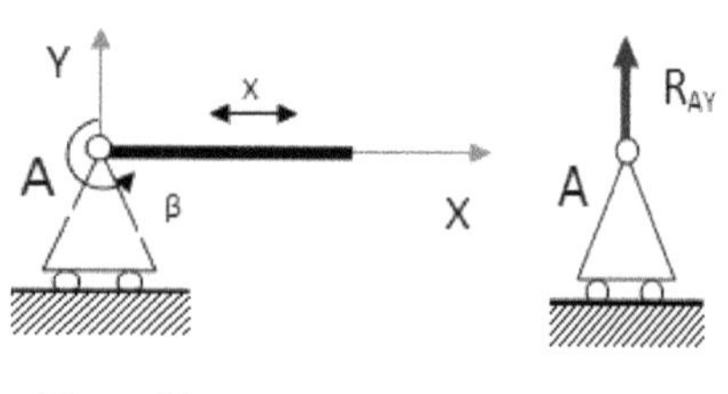

Figura 91 Figura 92

Naturalmente, il carrello, per poter impedire tale movimento dovrà comunicare all'asta una forza (reazione vincolare R_{AY}) perpendicolare alla guida (Figura 92).

Cerniera o vincolo doppio

Essa è schematizzata come un corpo triangolare fisso con una cerniera a cui è solidale l'asta come si vede in Figura 93. L'unico grado di libertà restante all'asta, così vincolata, è la rotazione intorno alla cerniera mentre sono impedite le due traslazioni lungo l'asse X e lungo l'asse Y. Ovviamente la cerniera per poter impedire tali movimenti dovrà

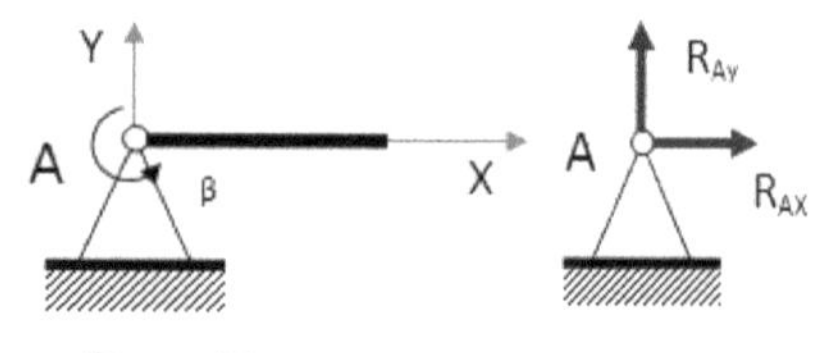

Figura 93 Figura 94

comunicare all'asta due reazioni vincolari, una parallela all'asse X (R_{AX}) ed una parallela all'asse Y (R_{AY}) (Figura 94).

Incastro o vincolo triplo

Esso è schematizzato semplicemente con una linea sotto tratteggiata, nella quale è conficcata l'asta (ad es. in un muro) con l'altra estremità libera (Figura 95). L'incastro toglie all'asta tutti e tre i gradi di libertà, impedendone ogni possibile movimento. Per poter fare ciò dovrà dare tre reazioni vincolari, una parallela all'asse X (R_{AX}), una parallela all'asse Y (R_{AY}) ed un momento reagente (M_A) detto momento d'incastro (Figura 96).

Figura 95

Figura 96

Le aste possono essere vincolate in vario modo utilizzando uno o più vincoli a seconda del tipo di sistema che vogliamo ottenere. I sitemi possibili si dividono in labili, isostatici e iperstatici.

SISTEMA LABILE

Se il numero di gradi di libertà sottratti è inferiore a tre, come nel caso di utilizzo di un solo carrello o di una sola cerniera, il sistema si dice LABILE essendo ancora in grado di muoversi (questo vale anche se i gradi di vincolo pur uguali a tre non sono disposti in modo idoneo).

SISTEMA ISOSTATICO

Il sistema si dice ISOSTATICO se il numero di gradi di libertà sottratti è esattamente pari a tre, come nel caso di impiego di un incastro o di tre carrelli (opportunamente disposti) o di un carrello e di una cerniera come Figura 97.

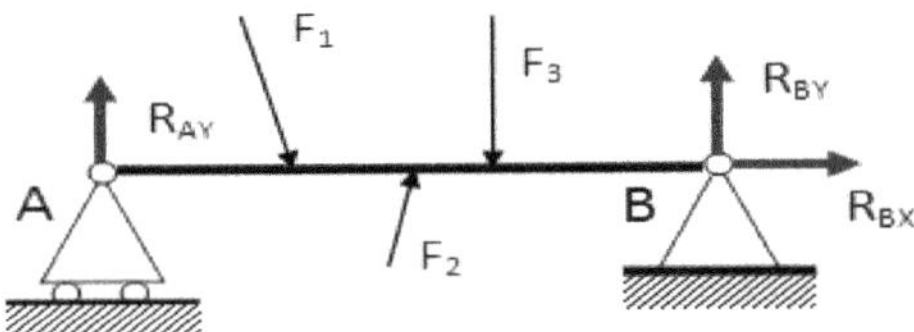

Figura 97

SISTEMA IPERSTATICO

Il sistema si dice IPERSTATICO se il numero dei vincoli è sovrabbondante rispetto ai gradi di libertà.

7.2.3. Condizioni di equilibrio

Le equazioni di Newton nella forma lineare e angolare stabiliscono che un corpo è in equilibrio statico se sono soddisfatte le relazioni:

$$\sum \vec{F} = 0 \qquad \sum \vec{\tau} = 0$$

Essendo vettoriali, riferite ad un sistema di assi cartesiani x, y, z, danno origine a tre equazioni scalari ognuna:

$$\begin{cases} F_x = 0 \\ F_y = 0 \\ F_z = 0 \end{cases} \qquad \begin{cases} \tau_x = 0 \\ \tau_y = 0 \\ \tau_z = 0 \end{cases}$$

Tali equazioni prendono anche il nome di equazioni cardinali della statica.

Se consideriamo il sistema vincolato su un piano (ad es. x, y), le sei equazioni si riducono a tre, in quanto il piano x, y fornisce **tre gradi di vincolo** impedendo tre possibili movimenti: la traslazione lungo z e le rotazioni intorno ad x e y; pertanto il sistema si riduce a:

$$\begin{cases} F_x = 0 \\ F_y = 0 \\ \tau_z = 0 \end{cases}$$

7.3. Esercizi

Statica del corpo rigido

1. La Figura 98 presenta le strutture anatomiche della gamba e del piede che intervengono nella posizione di danza sulle punte, con il tallone sollevato dal suolo e il piede che tocca il terreno soltanto per un punto, indicato con *P* nella figura. Calcolate, in funzione del peso p=900N di una persona, le forze che deve esercitare sul piede (a) il muscolo del polpaccio, in *A*, e (b)le ossa del tratto inferiore della gamba (in B), quando la persona deve stare in piedi sulla punta di un solo piede. Si ponga a = 5,0 cm e b = 15 *cm*.
(Halliday, Resnick, & Walker, 2001, p. 290)

Strategia-soluzione

Si può schematizzare il sistema come in Figura 99 e applicare le equazioni cardinali della statica; tuttavia si può vedere come in x non ci sono azioni, quindi la $R_{BX} = 0$ e $R_{BY} = p = 900N$; ci limitiamo pertanto alle equazioni:

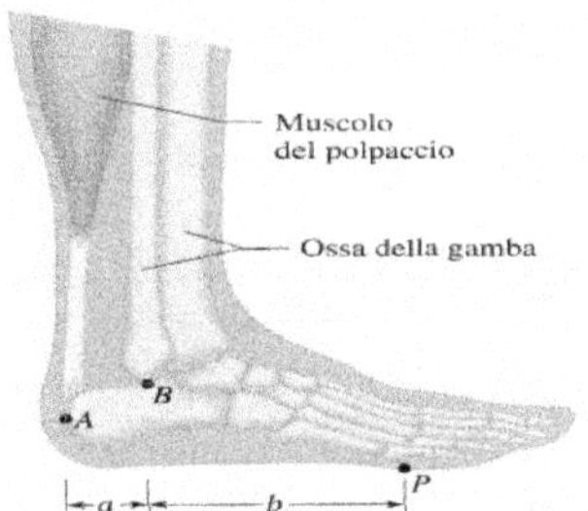

Figura 98

$$\sum \vec{F}x = 0 \qquad (1)$$

$$\sum \vec{F}y = 0 \qquad (2)$$

$$\sum \vec{\tau}p = 0 \qquad (3)$$

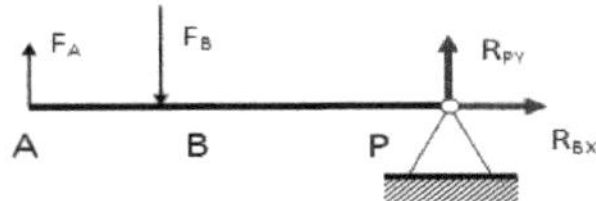

Figura 99

La (1) è nulla in quanto non ci sono componenti orizzontali in x.

Applicando la (2) possiamo scrivere

$$F_A - F_B + R_{Py} = 0 \tag{4}$$

Dalla (3) si ha: $$-F_A \cdot (a+b) + F_B \cdot b = 0 \tag{5}$$

risolvendo rispetto a F_A otteniamo:

$$F_A = \frac{F_B \cdot b}{a+b} = F_B \frac{15cm}{(5+15)cm} = \frac{3}{4} F_B \tag{6}$$

Sostituendo nella (2) si ottiene

$$\frac{3}{4} F_B - F_B + R_{PY} = 0 \quad \Rightarrow \quad F_B \left(\frac{3}{4} - 1\right) = -R_{PY} = -900N \tag{7}$$

$$F_B = 4 \cdot 900N = 3600N \tag{8}$$

$$F_A = \frac{3}{4} F_B = \frac{3}{4} 3600N = 2700N \tag{9}$$

2. Il sistema rappresentato nella figura è in equilibrio. Una massa di 225 kg è appesa all'estremità del puntone, che ha una massa di 45.0 kg. Trovate

a) La forza di tensione T del cavo;

b) Le reazioni vincolari della cerniera.

(Halliday, Resnick, & Walker, 2001, p. 292)

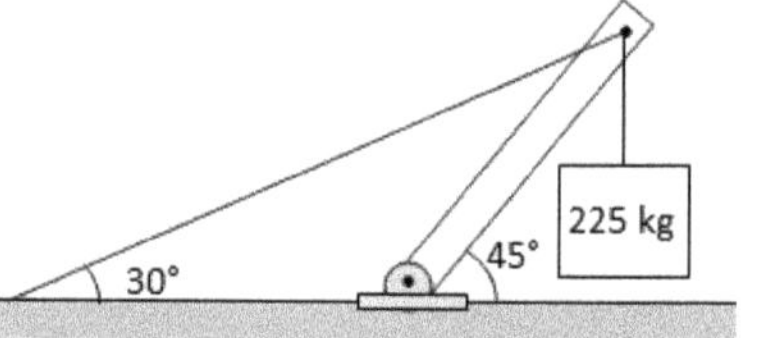

Figura 100

Strategia-soluzione

a) È possibile determinare la tensione del filo analizzando lo schema delle forze riportato in Figura 101. Applicando la 3° equazione della statica ossia la sommatoria dei momenti rispetto ad A si ha

$$\sum \tau_A = 0 \tag{1}$$

$$T(\overline{Ah}) - P_a \frac{H}{2} - P \cdot H = 0 \tag{2}$$

Figura 101

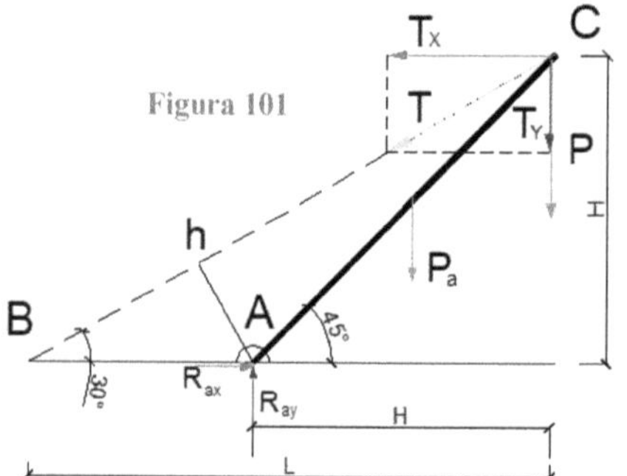

essendo:

$$Ah = (L - H)sen\,30° \tag{3}$$

e

$$L = H/\tan 30° \tag{4}$$

Sostituendo la (3) nella (2) e successivamente la(4) in virtù di L si ha:

$$T(L - H)sen(30°) - P_a\frac{H}{2} - P \cdot H = 0 \tag{5}$$

$$T = \frac{P_a\frac{H}{2} + P \cdot H}{(L - H)sen(30°)} = \frac{H\left(\frac{P_a}{2} + P\right)}{\left(\frac{H}{\tan 30°} - H\right)sen(30°)} = \frac{\left(\frac{P_a}{2} + P\right)}{\left(\frac{1}{\tan 30°} - 1\right)sen(30°)} =$$

$$= \frac{\left(\frac{P_a}{2} + P\right)\tan 30°}{(1 - \tan 30°\,)sen(30°)} = \frac{\left(\frac{45}{2} \cdot 9{,}8 + 225 \cdot 9{,}8\right) \cdot \frac{1}{\sqrt{3}}}{\left(1 - \frac{1}{\sqrt{3}}\right) \cdot 0{,}5} \cong 6627N \tag{6}$$

b) Per determinare le reazioni vincolari della cerniera utilizziamo le equazioni sulla traslazione in x e y:

$$\sum \vec{F}x = 0 \tag{7}$$

$$\sum \vec{F}y = 0 \tag{8}$$

dalla (7) si ha $$R_{aX} - T_X = 0 \tag{9}$$

dalla (8) otteniamo $$R_{aY} - T_Y - P_a - P = 0 \tag{10}$$

dalla (9) e la (10) essendo $T_Y = T\,cos(60)$ e $T_X = T\,sen(60)$ si ha:

$$R_{aX} = T\,sen\,(60) = 6627 \cdot \frac{\sqrt{3}}{2} = 5740N \tag{11}$$

$$R_{aY} = T_Y + P_a + P = T\cos(60) + (45 + 225) \cdot 9{,}8 =$$

$$= 6627 \cdot \frac{1}{2} + 2646 \cong 5960N \tag{12}$$

3. Un'insegna omogenea quadrata di lato 2.00 *m* e massa 50 *Kg* pende da un'asta orizzontale lunga 3.00 *m* di massa trascurabile, fissata al muro con una cerniera e tenuta in posizione all'altro estremo da un cavetto fissato al muro 4.00 *m* sopra la cerniera, come mostra la Figura 102. Determinare:

a) Quant'è la tensione del cavo?

b) Le reazioni della cerniera?

(Halliday, Resnick, & Walker, 2001, p. 291)

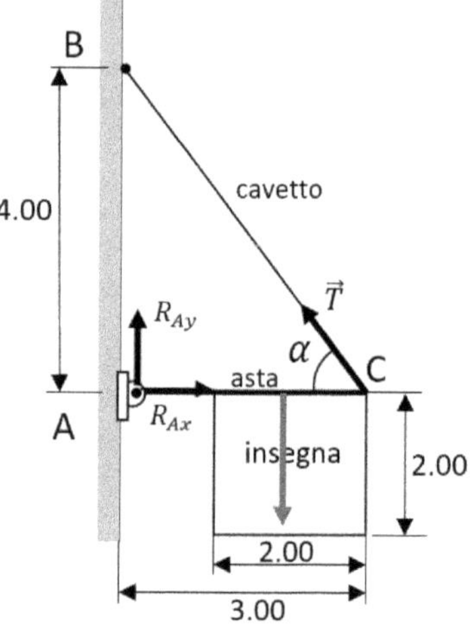

Figura 102

Strategia-soluzione

Per risolvere questo problema occorre determinare principalmente l'angolo α:

$$\alpha = arctg\left(\frac{4}{3}\right) \cong 53^\circ$$

La soluzione dei due punti può essere determinata applicando le equazioni cardinali della statica nella forma scalare:

$$\sum F_x = 0 \tag{1}$$

$$\sum F_y = 0 \tag{2}$$

$$\sum \tau = 0 \tag{3}$$

a) Utilizzando la (3) si può calcolare la tensione del filo. Calcoliamo la sommatoria dei momenti rispetto al punto A; in questo caso l'unica incognita presente nell'equazione è T. Indichiamo con b la lunghezza dell'asta (b=3m) e con l il braccio della forza peso mg dell'insegna (l=3-2/2=2m):

$$\sum \tau = T \cdot b \cdot sen53^\circ - mg \cdot l = 0 \tag{4}$$

$$T = \frac{mg \cdot l}{b \cdot sen53^\circ} \tag{5}$$

Quindi sostituiamo i numeri:

$$T = \frac{490\,N \cdot 2m}{3m \cdot sen53^\circ} = 409\,N \tag{5'}$$

b) Per determinare le reazioni della cerniera utilizziamo le equazioni (1) e (2). Scomponiamo T nelle direzioni x e y

$$T_x = T \cdot \cos 53° = 409\,N \cdot \cos 53° = 246\,N \tag{6}$$

$$T_y = T \cdot sen53° = 409\,N \cdot sen53° = 326\,N \tag{7}$$

dalla (1) si ha:

$$\sum F_x = R_{Ax} - T_x = 0 \quad \Longrightarrow \quad R_{Ax} = T_x = 246\,N \tag{8}$$

dalla (2) si ha:

$$\sum F_y = R_{Ay} + T_y - mg = 0 \tag{9}$$

$$R_{Ay} = mg - T_y = 50 \cdot 9{,}8 - 326 = 164\,N \tag{10}$$

4. L'estremità di una trave omogenea di massa 22.5 *kg* e lunga 0.90 *m* è incernierata ad un muro. L'altro estremo è sostenuto da un filo dove è applicato un carico di massa *M*=200 *kg* nella posizione indicata in Figura 103.

a) Trovare la tensione nel filo.

b) Quali sono le reazioni vincolari della cerniera?

(Halliday, Resnick, & Walker, 2001, p. 292)

(dati: L=0,90m; mg=22,5kg·9,8m/s^2 = 220,5N; P=200kg·9,8m/s^2 = 1960N; Ch=$Lcos$(60°)=0,9m·1/2=0,45m).

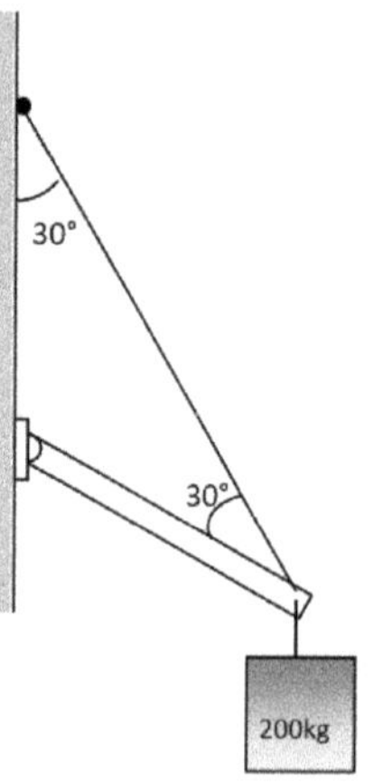

Figura 103

Strategia-soluzione

Utilizziamo le equazioni della statica per un sistema vincolato su di un piano. Per il punto **a)** calcoleremo la sommatoria dei momenti agenti rispetto alla cerniera C; per il punto **b)**, successivamente, utilizzeremo le altre equazioni riferite alle traslazioni in x e y.

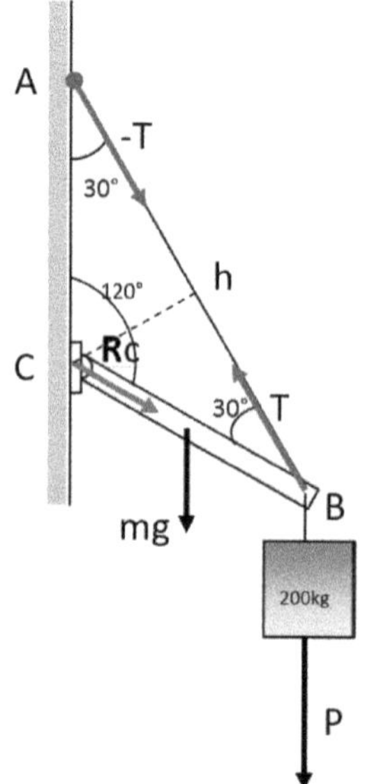

Figura 104

a) Dallo schema delle forze applichiamo la terza equazione della statica rispetto al punto C

$$\sum \vec{\tau}c = 0 \tag{1}$$

$$mg \cdot L/2\, sen(60°) + PLsen(60°) - T \cdot Ch = 0$$

da cui, essendo Ch=$Lcos$(60°), risolvendo rispetto a T si ha:

$$T = \frac{mg \cdot \frac{\cancel{L}}{2} sen(60°) + P\cancel{L} sen(60°)}{\cancel{L} cos(60°)} = \tag{2}$$

$$= \frac{\frac{220{,}5N}{2} \cdot \frac{\sqrt{3}}{2} + 1960N \cdot \frac{\sqrt{3}}{2}}{\frac{1}{2}} =$$

$$= 220{,}5N\, \sqrt{3}/2 + 1960N \cdot \sqrt{3} = 3586N$$

b) Dato lo schema di Figura 105 scomponiamo la reazione della cerniera e la tensione T in x e y e risolviamo il sistema tramite le equazioni cardinali in x,y

$$\sum \vec{F}x = 0 \qquad (3)$$

$$\sum \vec{F}y = 0 \qquad (4)$$

dalla (3) $\qquad R_{Cx} - T_x = 0 \qquad (5)$

dalla (4) $\qquad -R_{Cy} - mg - P + T_y = 0 \qquad (6)$

da cui

$$R_{Cx} = T_x = Tcos(60°) = 3586 \cdot \frac{1}{2} = 1793N$$

$$R_{Cy} = T_y - P - mg = Tsen(60°) - 1960N - 220{,}5N = 3586 \cdot \frac{\sqrt{3}}{2} - 1960N - 220{,}5N = 925N$$

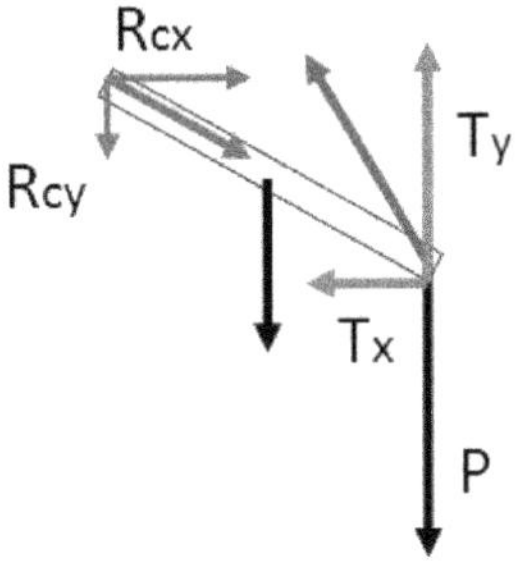

Rcx
Rcy
Ty
Tx
P

Figura 105

5. Un operaio di massa M=70 *kg* sale su una scala di lunghezza L=*10 m* la cui massa è m= 40 *kg*; essa è appoggiata in A al pavimento (*coeff. Di attrito* $\mu_1 = 0{,}40$) e in B alla parete (*coeff. Di attrito* $\mu_2 = 0{,}31$) e forma con l'orizzontale un angolo di 60°. Determinare :

a) Fino a quale punto della scala può salire l'operaio senza che la scala inizi a scivolare;

b) Quali sono le reazioni del pavimento e del muro sulla scala in condizione **a)**;

c) Che angolo deve assumere la scala con il pavimento affinché l'operaio possa arrivare in cima ad essa senza scivolare.

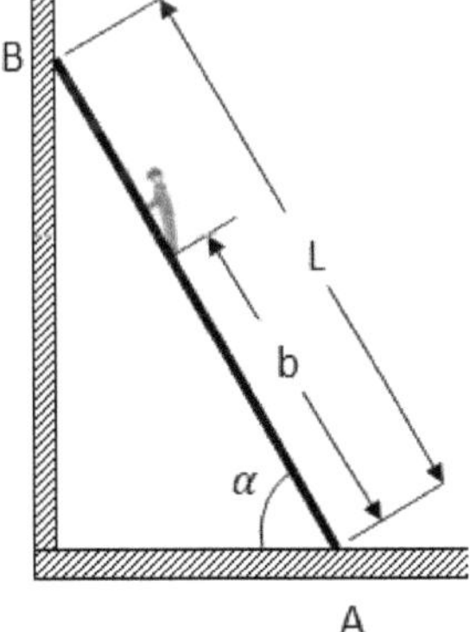

Figura 106

Strategia-soluzione

Si tratta del noto caso della scala appoggiata su superfici scabre e con inclinazione data. Nella richiesta **a)** si vuole determinare quale sarà la posizione che l'operaio può assumere sulla scala prima che essa inizi a scivolare; in **b)** si ricercano le reazioni vincolari nella condizione limite di **a)**; ed in **c)** con quale angolo posizionare la scala in modo che l'operaio possa raggiungere la sommità. Per tutte le richieste il problema, come è evidenziato dallo schema delle forze, presenta cinque incognite; quattro reazioni (nelle direzioni x e y) due in A e due in B, nonché la posizione b sulla scala. Occorrerà pertanto scrivere cinque equazioni. Ci serviremo delle tre equazioni cardinali della statica e delle due equazioni che legano le reazioni in A e B dovute all'attrito. (*considereremo positivo il verso della rotazione antioraria*).

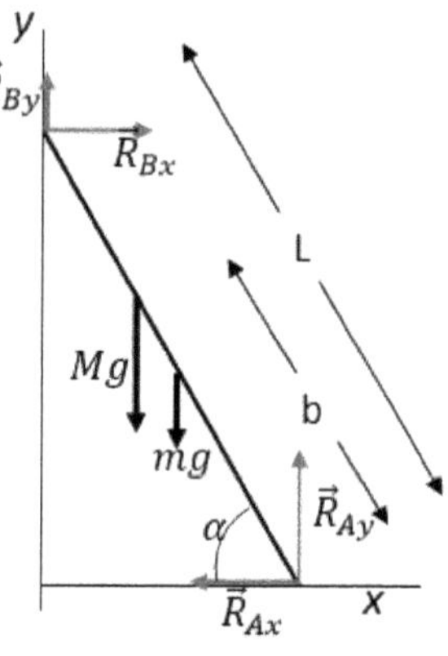

Figura 107

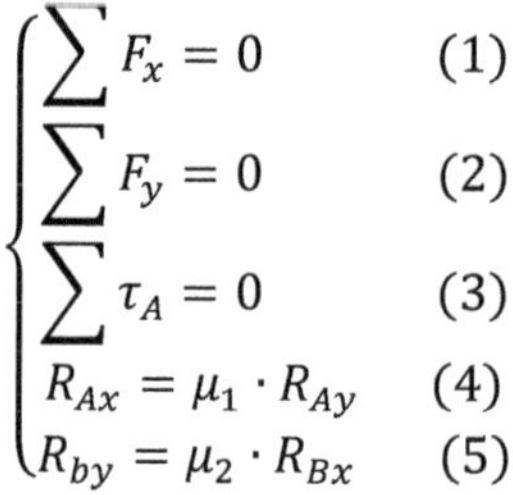

$$\begin{cases} \sum F_x = 0 & (1) \\ \sum F_y = 0 & (2) \\ \sum \tau_A = 0 & (3) \\ R_{Ax} = \mu_1 \cdot R_{Ay} & (4) \\ R_{by} = \mu_2 \cdot R_{Bx} & (5) \end{cases}$$

a) Scriviamo le equazioni del sistema:

$$-R_{Ax} + R_{Bx} = 0 \qquad (6)$$

$$R_{Ay} + R_{By} - Mg - mg = 0 \qquad (7)$$

$$-R_{Bx}L \cdot sen\,\alpha - R_{By}L\,cos\,\alpha + Mgb\,cos\,\alpha + mg\frac{L}{2}\cos\alpha = 0 \qquad (8)$$

dalla (6) si ha:

$$R_{Ax} = R_{Bx} \qquad (9)$$

dalla (7) si ha:

$$R_{Ay} + R_{By} = (M + m)g \qquad (10)$$

dalla (8) si ha:

$$Mgb\,cos\,\alpha = R_{Bx}L \cdot sen\,\alpha + R_{By}L\,cos\,\alpha - mg\frac{L}{2}\cos\alpha \qquad (11)$$

Porremo la (10) e la (11) in funzione di R_{By}.
Sostituendo la (4) nella (6) si ha:

$$R_{Bx} = R_{Ax} = \mu_1 \cdot R_{Ay} \qquad (12)$$

dalla (5)

$$R_{Bx} = \frac{R_{by}}{\mu_2} \qquad (13)$$

combinando la (12) e (13) si ha:

$$R_{Ay} = \frac{R_{Bx}}{\mu_1} = \frac{R_{by}}{\mu_1\mu_2} \qquad (14)$$

sostituendo la (14) nella (10)

$$\frac{R_{by}}{\mu_1\mu_2} + R_{By} = (M + m)g \tag{15}$$

$$R_{By}\left(\frac{1}{\mu_1\mu_2} + 1\right) = (M + m)g \tag{16}$$

da cui

$$R_{By} = (M + m)g\frac{\mu_1\mu_2}{1 + \mu_1\mu_2} \tag{17}$$

Sostituendo la (13) nella (11) si ha:

$$Mgb\ cos\ \alpha = \frac{R_{by}}{\mu_2}L \cdot sen\ \alpha + R_{By}L\ cos\ \alpha - mg\frac{L}{2}\cos\alpha \tag{18}$$

da cui:

$$Mgb\ cos\ \alpha = R_{by}L\left(\frac{1}{\mu_2}sen\ \alpha + cos\ \alpha\right) - mg\frac{L}{2}\cos\alpha \tag{19}$$

Sostituendo la (17) nella (19) si ha:

$$M\cancel{g}b\ cos\ \alpha = (M + m)\cancel{g}\frac{\mu_1\mu_2}{1+\mu_1\mu_2}L\left(\frac{1}{\mu_2}sen\ \alpha + cos\ \alpha\right) - m\cancel{g}\frac{L}{2}\cos\alpha \tag{20}$$

Dividendo tutto per $Mcos\ \alpha$ otteniamo:

$$b = \frac{(M + m)}{M}\frac{\mu_1\mu_2}{1 + \mu_1\mu_2}L\left(\frac{1}{\mu_2}tan\ \alpha + 1\right) - \frac{m}{M}\frac{L}{2} \tag{21}$$

$$b = \frac{(70 + 40)kg}{70\ kg} \cdot \frac{0{,}40 \cdot 0{,}31}{1 + 0{,}40 \cdot 0{,}31}10m\left(\frac{tan\ 60°}{0{,}31} + 1\right) - \frac{40kg}{70kg} \cdot \frac{10m}{2} = 8{,}56m$$

b) Calcolo delle reazioni vincolari in A e B.
Dalla (17) determiniamo la reazione in B verticale:

$$R_{By} = (70 + 40)kg \cdot 9{,}8\ m/s^2\frac{0{,}40 \cdot 0{,}31}{1 + 0{,}40 \cdot 0{,}31} \cong 119N \tag{22}$$

Dalla (13) e dalla (9) si hanno:

$$R_{Bx} = \frac{R_{by}}{\mu_2} = \frac{119N}{0{,}31} \cong 384N \tag{23}$$

$$R_{Ax} = R_{Bx} \cong 384N \tag{24}$$

Dalla (4)

$$R_{Ay} = \frac{R_{Ax}}{\mu_1} = \frac{384N}{0{,}40} \cong 960N \tag{25}$$

L'angolo che la scala deve assumere affinché l'operaio possa arrivare in cima senza slittare sarà determinato imponendo ***b*** = ***L*** nella (21).

$$L = \frac{(M+m)}{M}\frac{\mu_1\mu_2}{1+\mu_1\mu_2}L\left(\frac{\tan\alpha}{\mu_2}+1\right) - \frac{m}{M}\frac{L}{2} \tag{26}$$

Dividendo tutto per L :

$$1 = \frac{(M+m)}{M}\frac{\mu_1\mu_2}{1+\mu_1\mu_2}\left(\frac{\tan\alpha}{\mu_2}+1\right) - \frac{m}{2M} \tag{27}$$

$$\frac{(M+m)}{\cancel{M}}\frac{\mu_1\mu_2}{1+\mu_1\mu_2}\left(\frac{\tan\alpha}{\mu_2}+1\right) = \frac{m}{2\cdot\cancel{M}} + M \tag{28}$$

$$\frac{\mu_1\cancel{\mu_2}}{1+\mu_1\mu_2}\cdot\frac{\tan\alpha}{\cancel{\mu_2}} + \frac{\mu_1\mu_2}{1+\mu_1\mu_2} = \left(\frac{m}{2}+M\right)\frac{1}{(M+m)} \tag{29}$$

$$\tan\alpha = \left[\left(\frac{m}{2}+M\right)\frac{1}{(M+m)} - \frac{\mu_1\mu_2}{1+\mu_1\mu_2}\right]\frac{1+\mu_1\mu_2}{\mu_1} \tag{30}$$

$$\tan\alpha = \left(\left(\frac{40kg}{2}+70kg\right)\frac{1}{110kg} - \frac{0{,}4\cdot 0{,}31}{1+0{,}4\cdot 0{,}31}\right)\frac{1+0{,}4\cdot 0{,}31}{0{,}31} \cong 2{,}57$$

$$\alpha = \arctan(2{,}57) \cong 69° \tag{31}$$

ALCUNI SEMPLICI PROBLEMI

In questa sezione vengono analizzati e risolti alcuni problemi molto spesso presenti nelle prove di ammissione all'università e in molti testi di fisica. Tali problemi saranno analizzati e risolti non tramite le solite equazioni della statica, ma velocemente utilizzando alcuni accorgimenti grafici-geometrici.

6. Data una sfera in equilibrio di peso 150 *N* sospesa mediante una corda che con la parete forma un angolo di 60°, determinare:

a) La tensione della corda;

b) La reazione della parete sulla sfera.

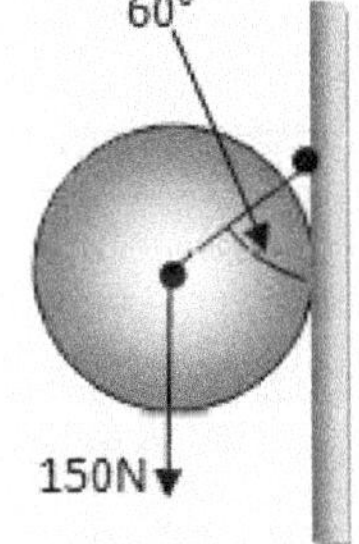

Figura 108

Strategia-soluzione

Essendo la sfera in equilibrio, il problema può essere affrontato velocemente considerando che il diagramma delle forze applicate deve risultare chiuso. Tale diagramma composto dalla forza peso, la tensione della corda e dalla reazione vincolare della parete è un triangolo rettangolo di cui *T* è l'ipotenusa mentre *P e R* i cateti.

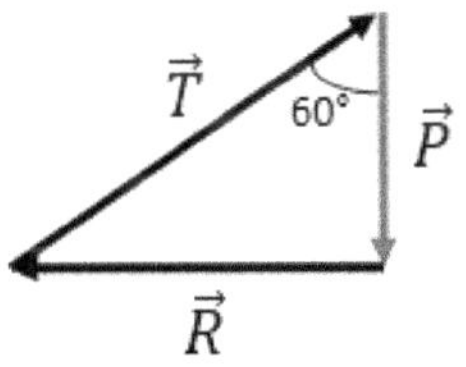

Figura 109

a) La tensione della corda sarà determinata facendo ricorso alla trigonometria:

$$P = T \cdot cos\ (60°) \tag{1}$$

$$T = \frac{P}{cos(60°)} = \frac{150N}{\frac{1}{2}} \cong 300N \tag{2}$$

b) La reazione della parete può essere determinata sia tramite il teorema di Pitagora sia con la trigonometria; applichiamo quest'ultima:

$$R = T \cdot sen\ (60°) = \frac{P}{cos(60°)} sen\ (60°) = P \cdot \tan(60°) \cong 260N \tag{3}$$

7. Un corpo di massa *m* è fissato a due corde come mostrato in Figura 110. Determinare la tensione delle due corde che sostengono il peso.

Strategia-soluzione

Come il caso precedente, il problema ci riconduce a determinare le forze che compongono il triangolo rettangolo di Figura 111 in cui le due tensioni sono rispettivamente l'ipotenusa e uno dei cateti.

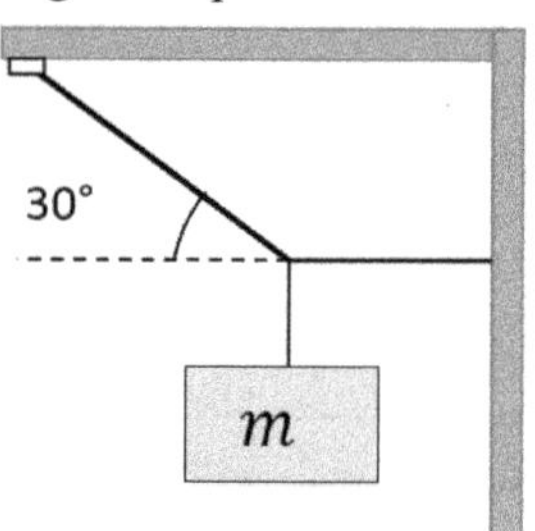

Figura 110

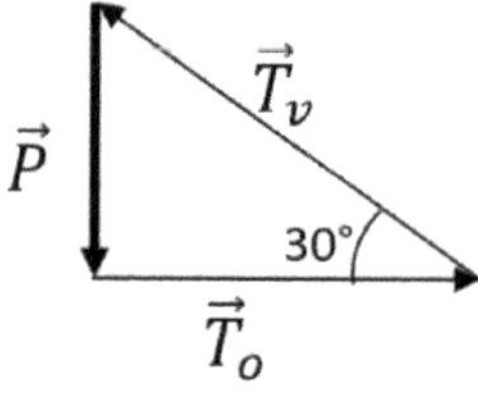

Figura 111

La tensione T_v della corda a 30° sarà determinata dalla relazione:

$$P = T_v \cdot sen\,(30°) \quad (1)$$

$$T_v = \frac{P}{sen(30°)} = \frac{mg}{\frac{1}{2}} = 2mg \quad (2)$$

La tensione T_0 della corda orizzontale è data da:

$$T_o = T_v \cdot cos\,(30°) = \frac{P}{\tan(30°)} = \frac{mg}{\frac{1}{\sqrt{3}}} = mg\sqrt{3} \quad (3)$$

8. Un corpo di massa m=50kg viene appeso tramite due corde che formano con la verticale rispettivamente angoli di 30° e 60°. Determinare le tensioni delle corde.

Strategia-soluzione

Il problema può essere affrontato dal punto di vista grafico-geometrico considerando il triangolo delle forze composto da $P, T_1\ eT_2$ (come da schema).

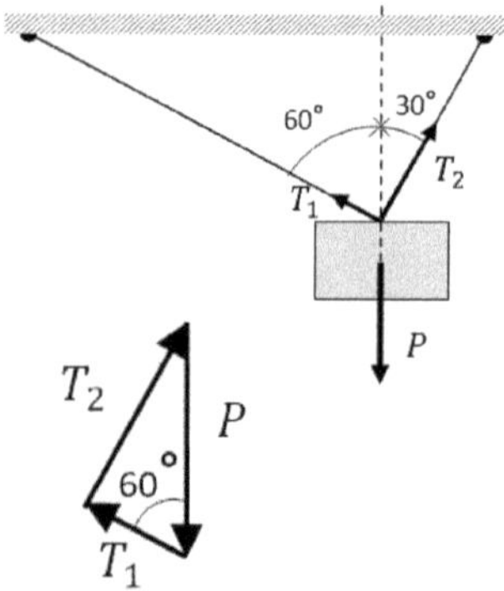

Figura 112

$$T_2 = P \cdot sen\,60° = mg\ sen\,60° =$$
$$= 50kg \cdot 9{,}8\frac{N}{kg}\frac{\sqrt{3}}{2} \cong 424N$$

$$T_1 = P \cdot cos\,60° = mg\ cos\,60° = 50kg \cdot 9{,}8\frac{N}{kg}\frac{1}{2} \cong 245N$$

9. Un blocco di peso P=1000 N è sospeso come mostrato in Figura 113. L'asta orizzontale, di peso trascurabile, è incardinata al muro nel punto A. Determinare la tensione del cavo BC.

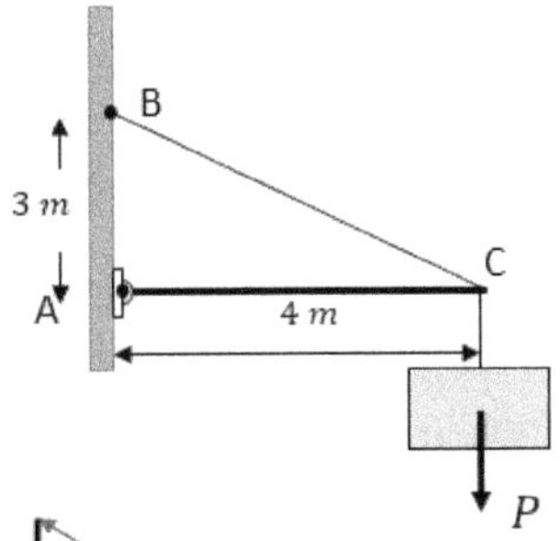

Strategia-soluzione

Procediamo con la rappresentazione dello schema delle forze in gioco in virtù delle loro direzioni; pertanto risolto il triangolo rettangolo che esse rappresentano avremo risolto anche il problema.

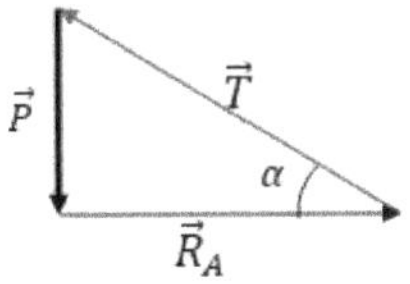

Figura 113

Dalla relazione trigonometrica:

$$T \cdot sen\,\alpha = P \qquad (1)$$

la tensione del cavo è data da:

$$T = \frac{P}{sen\,\alpha} \qquad (2)$$

Determiniamo l'angolo α tramite la relazione:

$$\frac{AB}{AC} = \tan\alpha \quad \Rightarrow \quad \alpha = \arctan\frac{3}{4} \cong 36{,}87° \qquad (3)$$

Sostituendo nella (2) si ha:

$$T = \frac{P}{sen\,\alpha} = \frac{1000N}{sen\,(36{,}87°)} \cong 1667N$$

10. Data l'asta rigida di massa trascurabile mostrata in Figura 114 determinare:

a) L'angolo in A per il quale la struttura assume una posizione di equilibrio in assenza di attrito;

b) Le reazioni vincolari in A e B in condizioni di equilibrio.

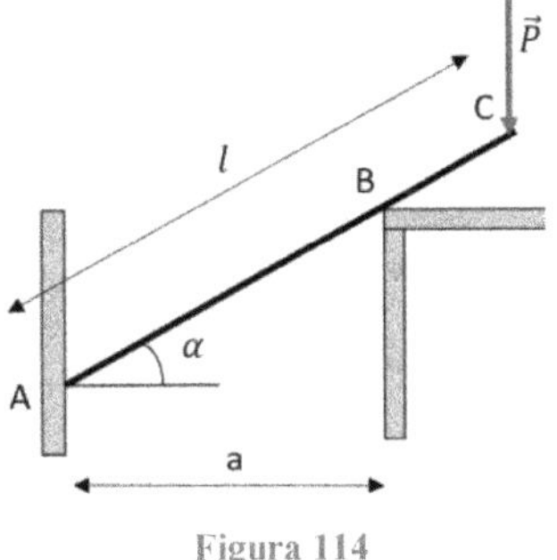

Figura 114

Strategia-soluzione

Come nei casi precedenti, il problema lo affronteremo dal punto di vista grafico-geometrico. Nei punti A e B l'asta risulta semplicemente appoggiata e le reazioni vincolari R_A *e* R_B sono di direzione ortogonale ai relativi piani di appoggio, vedi Figura 115. L'angolo in A può essere dedotto da considerazioni geometriche riferite ai triangoli rettangoli ADC e ABD, di cui sono noti *a* e AC=*l* .

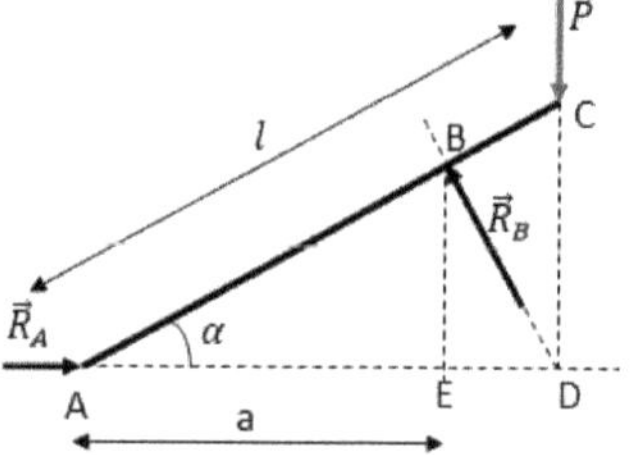

Figura 115

a) Dal triangolo ADC si ha:

$$AD = l \cdot \cos\alpha \qquad (1)$$

Dal triangolo ABD essendo

$$a = AB \cdot \cos\alpha \qquad (2)$$

si deduce che AD è anche dato da:

$$AD = \frac{AB}{\cos\alpha} = \frac{\frac{a}{\cos\alpha}}{\cos\alpha} = \frac{a}{cos^2\alpha} \qquad (3)$$

Eguagliando la (2) e la (3) otteniamo un'equazione nell'incognita α, quindi possiamo determinare l'angolo cercato:

$$l \cdot \cos\alpha = \frac{a}{cos^2\alpha} \qquad (4)$$

$$\alpha = arcos\sqrt[3]{\frac{a}{l}} \qquad (5)$$

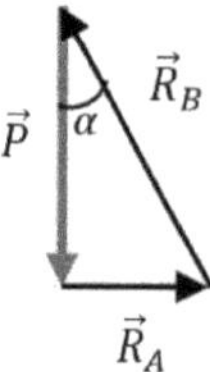

Figura 116

b) Dal triangolo delle forze di Figura 116 possiamo determinarci le due reazioni cercate:

$$\frac{R_A}{P} = \tan\alpha \quad \Rightarrow \quad R_A = P \cdot \tan\alpha \qquad R_B = \frac{P}{\cos\alpha} \qquad (6)$$

CAPITOLO 8

GRAVITAZIONE

- LEGGE DI NEWTON
- LEGGI DI KEPLERO

8. GRAVITAZIONE UNIVERSALE

8.1. Introduzione

Fu Giovanni Keplero (1571-1630) che descrisse il moto dei pianeti attraverso tre leggi, pur non riuscendo a spiegarne i motivi. Circa 50 anni più tardi Isaac Newton (1642-1727) intuì e formulò la legge della gravitazione universale, da cui si possono dedurre le leggi empiriche di Keplero.

Il capitolo si pone come obiettivo l'analisi delle leggi che regolano il moto dei pianeti, attraverso le leggi di Keplero e di Newton, proponendo una serie di problemi notevoli, in cui si evidenziano tali leggi e come l'universo vi obbedisca.

Nella prima parte si affronta la forza di gravità sulla terra, comprese le variabili da cui dipende, nonché la forza di attrazione tra pianeti e le leggi di Keplero; nella seconda parte si affrontano alcuni problemi legati all'energia.

8.2. Richiami e formule

8.2.1 Leggi di Keplero

Il sistema solare è tenuto insieme dall'attrazione gravitazionale che rende anche possibile la rotazione dei satelliti intorno alla terra su determinate orbite. Fu proprio Keplero che con le sue leggi empiriche formulò il moto dei pianeti.

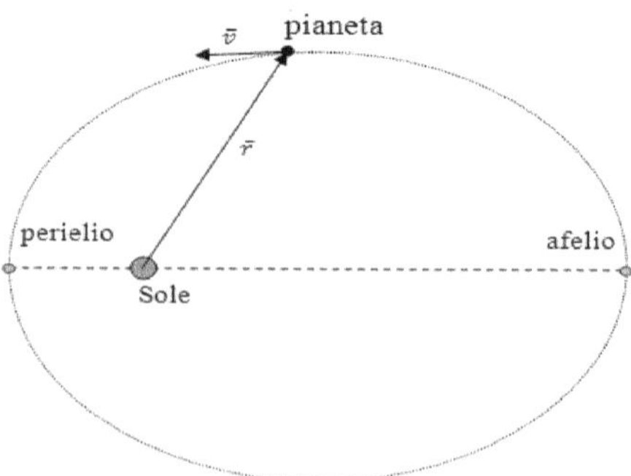

Figura 117

1. *Prima legge* ***(delle orbite).*** Tutti i pianeti si muovono su orbite ellittiche dove il Sole occupa uno dei due fuochi.

2. *Seconda legge* ***(delle aree).*** La velocità areale di un pianeta che orbita intorno al sole è uguale ad una costante, *il segmento che congiunge un pianeta al sole, traccia aree uguali in tempi uguali;* una constatazione equivalente alla legge di conservazione del momento angolare.

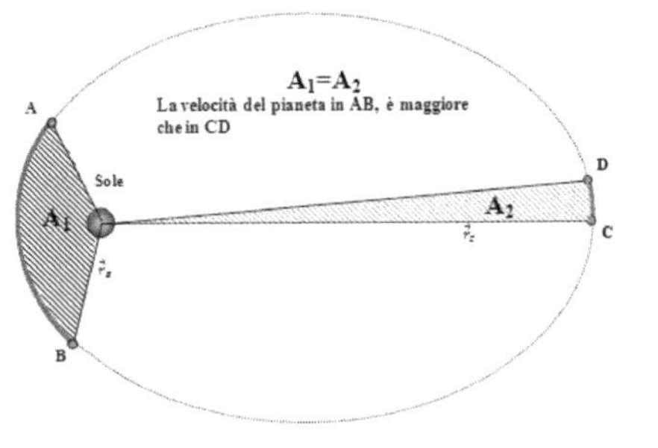

Figura 118

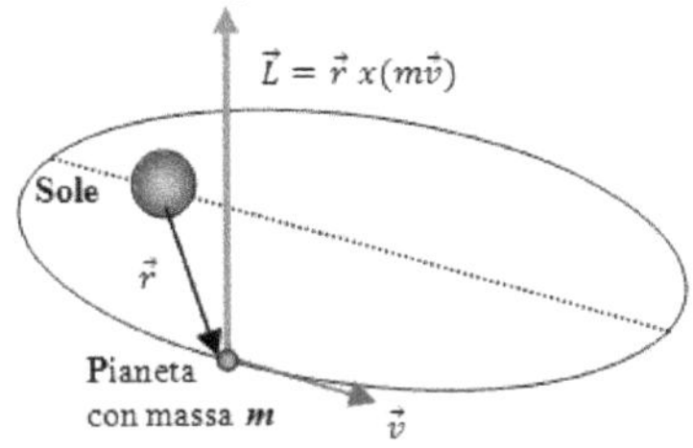

Figura 119

3. *Terza legge* ***(dei periodi).*** Il quadrato del periodo T di qualsiasi pianeta del sistema solare è proporzionale al cubo del semiasse maggiore a dell'orbita di quel pianeta.

$$T^2 = ka^3$$

Per orbite circolari di raggio r, sostituendo r al semiasse maggiore a, si ha:

$$T^2 = kr^3$$[25]

8.2.2 Legge della gravitazione di Newton

Nell'universo ogni coppia di particelle dotate di massa e poste ad una data distanza si scambia una forza attrattiva chiamata **forza gravitazionale** direttamente proporzionale al prodotto delle masse e inversamente proporzionale al quadrato delle distanze; la cui formula è:

$$F_g = G\frac{M_1 \cdot M_2}{r^2}$$

---

[25] Affinché il pianeta orbiti intorno al sole deve risultare: $F_g = F_c$ $\quad G\frac{M_s m}{r^2} = m\frac{v^2}{r} = m \cdot \frac{4\pi^2 r}{T^2}$

$$\frac{T^2}{r^3} = \frac{4\pi^2}{GM_s} = k$$

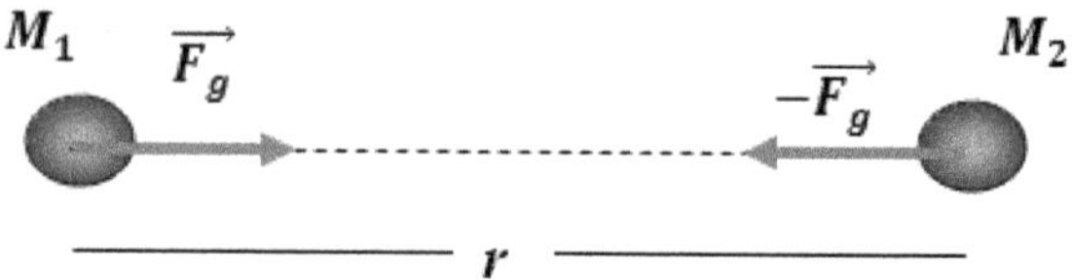

Figura 120

Dove M_1 *e* M_2 sono le masse delle particelle ed r la loro distanza, con G si indica la costante di gravitazione universale di **Cavendish** che vale $6{,}67 \cdot 10^{-11} \frac{Nm^2}{kg^2}$

8.2.3 Orbite ed energie

Un satellite che gira intorno alla terra con orbita ellittica possiede energia cinetica K legata alla sua velocità (variabile) ed energia potenziale U legata alla distanza di rotazione (variabile). Pur variando costantemente, la loro somma (energia meccanica) rimane costante. Considerando il sistema Terra-Satellite, con M massa della Terra ed m massa del satellite, l'energia potenziale è data da:

$$U = -\frac{GMm}{r}$$

8.2.3.1. Principio di conservazione dell'energia in campo astronomico:

$$E = K + U = cost$$

$$E = \frac{1}{2}mv^2 - \frac{GMm}{r}$$

8.2.3.2. Velocità di fuga

Un oggetto sfuggirà all'attrazione gravitazionale di un pianeta con massa M e raggio R, se la velocità con cui viene lanciato è non inferiore a quella di fuga calcolata dalla relazione:

$$v = \sqrt{\frac{2GM}{R}}$$

8.3. Esercizi

Keplero-Newton

1. Calcolo dell' accelerazione di gravità tenuto conto della rotazione terrestre e della latitudine.

Strategia-soluzione

Il caso mette in risalto il valore dell'accelerazione di gravità in funzione della rotazione terrestre intorno al suo asse con velocità angolare ω. Si può constatare come $\boldsymbol{g}$ vari tra il valore minimo all'equatore che risulta essere di 9,776 m/s^2 (θ=0) e 9,81 m/s^2 al polo, in cui l'accelerazione centripeta è nulla essendo $X = 0$.

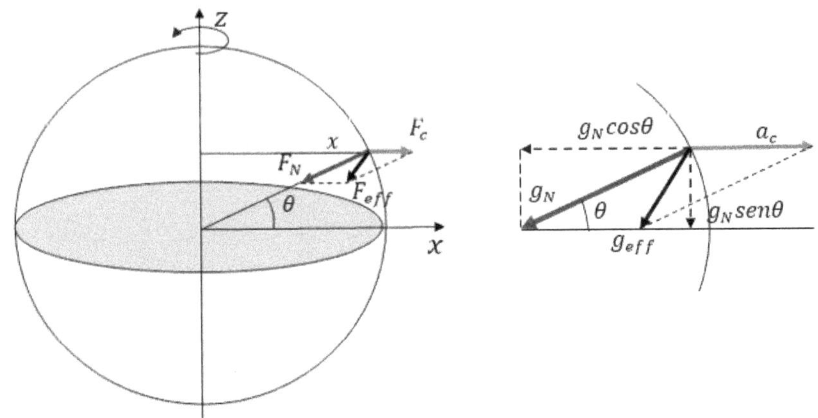

Figura 121

Il calcolo rigoroso porta a valori molto vicini a quello approssimato, pertanto generalmente si usa la forma approssimata.

$$\boxed{g_{eff} = g_N - \omega^2 R \cos\theta}$$

$$a_c = \omega^2 \cdot x = \omega^2 \cdot R \cdot \cos\theta \quad (1)$$

$$\vec{g}_N + \vec{a}_c = \vec{g}_{eff} \quad (2)$$

$$g^2{}_{eff} = (g_N \cos\vartheta - \omega^2 R \cdot \cos\theta)^2 + g_N{}^2 sen^2\theta \quad (3)$$

$$g_{eff} = \sqrt{(g_N \cos\theta - \omega^2 R \cdot \cos\theta)^2 + g_N{}^2 sen^2\theta} \quad (4)$$

Sviluppando il quadrato e semplificando si ha:

$$g_{eff} = \sqrt{g^2{}_N + (\omega^2 R \cdot \cos\theta)^2 - 2 \cdot g_N \omega^2 R \cos^2\theta} \cong \sqrt{g_N{}^2 + a_c{}^2 - 2 g_N \cdot a_c \cdot \cos\theta} \quad (5)$$

Ed essendo il termine $a_c{}^2$ trascurabile esso sarà:

$$g_{eff} \cong \sqrt{g_N{}^2 - 2 g_N \cdot a_c \cdot \cos\theta} \quad (6)$$

Nel caso in questione, ponendo l'angolo θ=20°, inserendo i dati nella (1) si determinerà a_c.

$$a_c = \omega^2 R \cdot \cos(20°) = \left(\frac{2\pi}{T}\right)^2 R \cdot \cos(20°) \quad (7)$$

$$a_c = \frac{4\pi^2}{(24 \cdot 3600)^2} 6{,}4 \cdot 10^6 \cdot \cos(20°) \cong 0{,}0318\, m/s^2 \quad (8)$$

Utilizzando la (6) si otterrebbe:

$$g_{eff} \cong \sqrt{9{,}81^2 - 2 \cdot 9{,}81 \cdot 0{,}0318 \cdot \cos(20°)} \cong 9{,}780\, m/s^2 \quad (9)$$

utilizzando la (5) (calcolo rigoroso) con i valori del problema si otterrebbe:

$$g_{eff} \cong \sqrt{9{,}81^2 + 0{,}0318^2 - 2 \cdot 9{,}81 \cdot 0{,}0318 \cdot \cos(20°)} \cong 9{,}782\, m/s^2 \quad (10)$$

con una differenza di due millesimi di m/s^2 [(26)]

[(26)] Per completezza riportiamo il valore di g all'equatore in cui θ=0°

$g_{eff} \cong \sqrt{g_N{}^2 + a_c{}^2 - 2 g_N \cdot a_c} = \sqrt{(g_N - a_c)^2} = g_N - a_c = g_N - \omega^2 \cdot R = 9{,}81 - 0{,}0338 \cong 9{,}776\, m/s^2$

2. Un satellite è posto nell'orbita terrestre a 1000 *km* più in alto dell'altitudine di un satellite geostazionario (come sappiamo l'altitudine di un satellite geostazionario è di circa 35800 *km*).

a) Il periodo di questo satellite e maggiore o minore di 24 ore?

b) Visto dalla superficie terrestre, il satellite si muove verso est o verso ovest? Giustifica la risposta.

c) Determina il periodo del satellite.

(Walker, 2010, p. 405)

Strategia-soluzione

a) A questo quesito si può rispondere determinando la relazione che ci da il periodo di rotazione confrontandola con quello del satellite geostazionario. Dalla legge della gravitazione universale di Newton e la seconda legge di Newton abbiamo che la forza di attrazione gravitazionale deve essere uguale a quella centripeta necessaria a tenere i satelliti in orbita intorno alla terra.

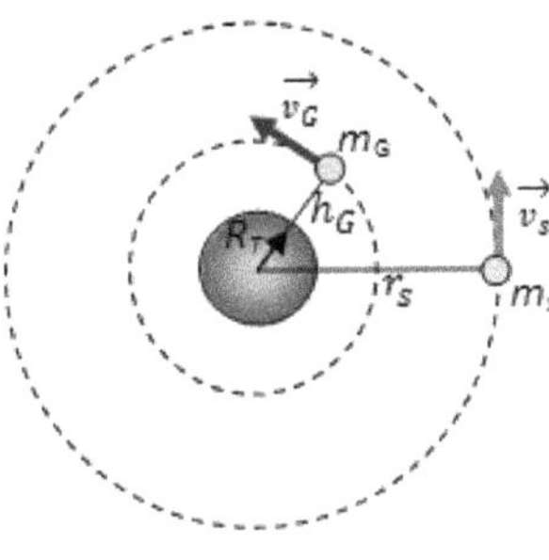

Figura 122

$$G\frac{M_T \cdot m_s}{{r_s}^2} = F_c = m_s\frac{{v_s}^2}{r_s} \tag{1}$$

Semplificando la (1) e risolvendo rispetto a v_s si ha:

$$v_s = \sqrt{\frac{G \cdot M_T}{r_s}} \tag{2}$$

Il periodo del satellite si determina dalla relazione tra spazio percorso (la circonferenza dell'orbita) e la velocità periferica:

$$T_s = \frac{2 \cdot \pi \cdot r_s}{v_s} = \frac{2 \cdot \pi \cdot r_s}{\sqrt{\frac{G \cdot M_T}{r_s}}} = \sqrt{\frac{4 \cdot \pi^2 {r_s}^3}{G \cdot M_T}} \quad (^{27}) \tag{3}$$

(27) Allo stesso risultato si poteva arrivare applicando la terza legge di Keplero

$$\frac{{T_s}^2}{{r_s}^3} = \frac{4 \cdot \pi^2}{G \cdot M_T} \quad \Rightarrow \quad T_s = \sqrt{\frac{4 \cdot \pi^2 {r_s}^3}{G \cdot M_T}}$$

Allo stesso modo si determina il periodo del satellite geostazionario (24 h)

$$T_G = \sqrt{\frac{4 \cdot \pi^2 r_G{}^3}{G \cdot M_T}} \tag{4}$$

Quindi essendo $r_s > r_G \quad \Rightarrow T_s > T_G$

b) Essendo il periodo del satellite maggiore di quello terrestre ($24h$), la velocità angolare sarà minore quindi descrive angoli minori nello stesso tempo. Pertanto un osservatore sulla superficie terrestre vedrà il satellite muoversi verso ovest.

c) Utilizzando la (3) si può determinare il periodo cercato:

$$T_s = \sqrt{\frac{4 \cdot \pi^2 r_s{}^3}{G \cdot M_T}} \tag{5}$$

$$r_s = (R_T + h_G + 1000)km = (6400 + 35800 + 1000)km = 4{,}32 \cdot 10^7 m$$

$$T_s = \sqrt{\frac{4 \cdot 3{,}14^2 \cdot (4{,}32 \cdot 10^7 m)^3}{6{,}67 \cdot 10^{-11} \frac{Nm^2}{kg^2} \cdot 5{,}97 \cdot 10^{24} kg}} \cong 89358\ s \cong \frac{89358\ s}{3600\ \frac{s}{H}} \cong 25H$$

3. Tre stelle identiche, situate ai vertici di un triangolo equilatero, orbitano intorno al loro centro di massa, come mostrato in figura. Determinare il periodo di questo moto orbitale in funzione del raggio R dell'orbita e della massa M di ciascuna Stella.
(Walker, 2010, p. 405)

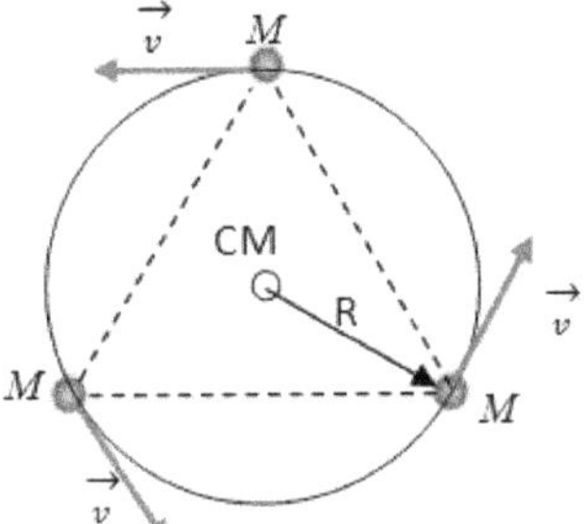

Figura 123

Strategia-soluzione

La forza di attrazione gravitazionale risultante su ognuna delle tre stelle di massa M è uguale per ognuna di esse, pertanto ne possiamo analizzare una qualunque.

Il problema pone le tre stelle sui vertici di un triangolo equilatero che chiameremo (1)-(2)-(3), i cui angoli sono di 60° ed il CM è il punto di incontro delle tre mediane, quindi l'angolo θ è uguale a 30°.

Prendendo in considerazione la *M (1)*, si ha:

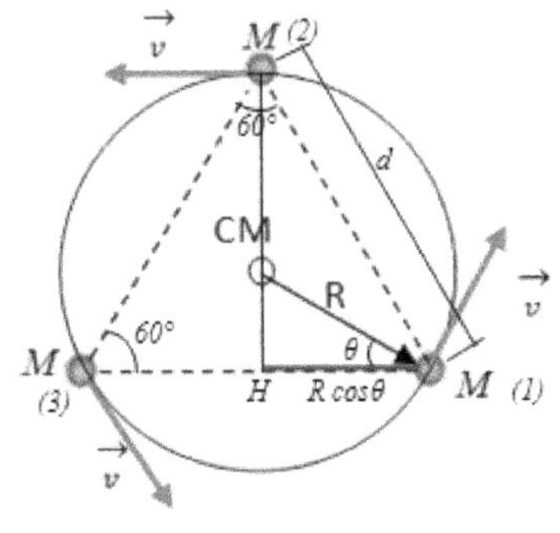

Figura 124

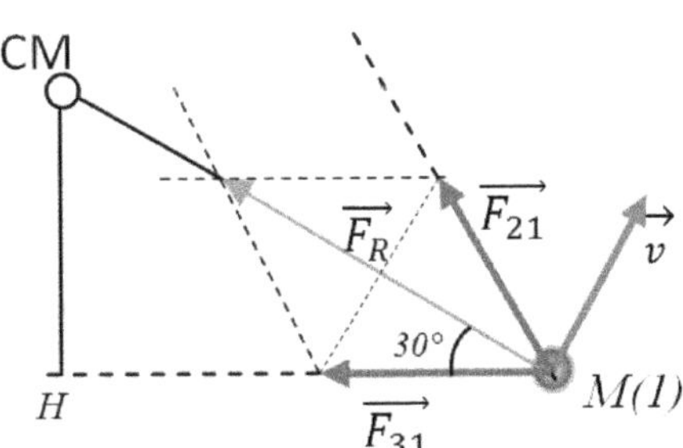

Figura 125

Dal punto di vista vettoriale $$\overrightarrow{F_R} = \overrightarrow{F_{21}} + \overrightarrow{F_{31}} \quad (1)$$

In cui $F_{31} e\ F_{21}$ sono le forze che la stella M(1) si scambia con la M(2) e M(3) e il modulo della risultante sarà:

$$F_R = F_{21}\cos(30°) + F_{31}\cos(30°) \quad (2)$$

Con

$$F_{21} = F_{31} = G \cdot \frac{M \cdot M}{d^2} \tag{3}$$

$$F_R = 2\,G \cdot \frac{M \cdot M}{d^2} \cos(\theta) \tag{4}$$

In cui

$$d = 2Rcos(\theta) \tag{5}$$

Affinché le tre stelle rimangano ad orbitare sulla circonferenza di raggio R occorre che la forza gravitazionale risultante agente sulle singole stelle, sia uguale a quella centripeta.

$$2G \cdot \frac{M^2}{\left(2Rcos(\theta)\right)^2} \cos(\theta) = M\frac{v^2}{R} = M\omega^2 R \tag{6}$$

$$2G \frac{M^2}{4 \cdot R^2 cos^2\theta} \cos(\theta) = M\omega^2 R = M\left(\frac{2\pi}{T}\right)^2 R \tag{7}$$

Semplificando

$$\frac{GM}{2 \cdot R^2 \cos(\theta)} = \frac{4\pi^2}{T^2} R \tag{8}$$

$$\frac{T^2}{R^3} = \frac{4\pi^2}{GM} 2\cos(\theta) \tag{9}$$

$$T = \sqrt{\frac{4\pi^2 R^3 2\cos(\theta)}{GM}} = \sqrt{\frac{4\pi^2 R^3 2\frac{\sqrt{3}}{2}}{GM}} = 2\pi\sqrt{\frac{R^3\sqrt{3}}{GM}} \tag{10}$$

4. I diametri di Marte e della Terra sono rispettivamente $d = 6{,}9 \cdot 10^3 km$ e $d_m = 1{,}3 \cdot 10^4 km$. La massa di Marte è 0.11 volte la massa della Terra.

a) Qual è il rapporto fra densità media di Marte e quella della Terra?

b) Qual è su Marte il valore di g?

c) Qual è la velocità di fuga da Marte?

(**dati:** $d = 6{,}9 \cdot 10^3 km$, $d_m = 1{,}3 \cdot 10^4 km$, $m_m = 0{,}11 m_t$, $m_t = 5{,}98 \cdot 10^{24} kg$)

(Halliday, Resnick, & Walker, 2001, p. 317)

Strategia-soluzione

a) Per risolvere il primo quesito occorre determinare la densità di Marte, pertanto si procederà con il calcolo sia della massa sia del volume del pianeta rosso:

$$m_m = 0{,}11 \cdot 5{,}98 \cdot 10^{24} Kg \cong 6{,}6 \cdot 10^{23} Kg \tag{1}$$

Per semplicità si assumerà come forma per ambedue i pianeti la sfera utilizzando il calcolo del volume della stessa per entrambi.

$$V - \frac{4}{3}\pi \cdot r^3 \tag{2}$$

$$V_m = \frac{4}{3}\pi \cdot (3{,}45 \cdot 10^3 Km)^3 = 1{,}72 \cdot 10^{11} Km = 1{,}72 \cdot 10^{14} m^3 \tag{3}$$

$$V_t = \frac{4}{3}\pi \cdot (6{,}5 \cdot 10^3 Km)^3 = 1{,}15 \cdot 10^{12} Km = 1{,}15 \cdot 10^{15} m^3 \tag{4}$$

La densità dei due pianeti sarà data da:

$$\delta = \frac{m}{V} \tag{5}$$

$$\delta_t = \frac{5{,}98 \cdot 10^{24} Kg}{1{,}15 \cdot 10^{15} m^3} = 5{,}20 \cdot 10^9 \frac{Kg}{m^3} \tag{6}$$

$$\delta_m = \frac{6{,}5 \cdot 10^{23} Kg}{1{,}72 \cdot 10^{14} m^3} = 3{,}78 \cdot 10^9 \frac{Kg}{m^3} \tag{7}$$

Il rapporto cercato è:

$$\frac{\delta_m}{\delta_t} = \frac{3{,}78 \cdot 10^9 \dfrac{Kg}{m^3}}{5{,}20 \cdot 10^9 \dfrac{Kg}{m^3}} = 0{,}73 \tag{8}$$

b) Per trovare il valore di g su Marte ci serviamo della relazione che definisce la gravitazione in prossimità della superficie terrestre:

$$g = G\frac{M}{r^2} \qquad \left(G = 6{,}67 \cdot 10^{-11}\frac{Nm^2}{Kg^2}\right) \tag{9}$$

$$g = 6{,}67 \cdot 10^{-11}\frac{Nm^2}{Kg^2} \cdot \frac{6.{,}6 \cdot 10^{23}\,Kg}{(3{,}45 \cdot 10^6\,m)^2} \cong 3{,}7\frac{m}{s^2}$$

c) Facendo riferimento alla relazione che definisce la velocità di fuga da un pianeta con massa M e raggio R si ha:

$$V_f = \sqrt{\frac{2GM}{r}} = \sqrt{2 \cdot 6.67 \cdot 10^{-11}\frac{Nm^2}{Kg^2}\frac{6.5 \cdot 10^{23}\,Kg}{3.45 \cdot 10^6\,m}} = 5 \cdot 10^3\,\frac{m}{s} = 5\,\frac{Km}{s} \tag{10}$$

5. Quale velocità V_i in *m/s* bisogna imprimere ad un satellite, lanciato dalla superficie della terra, per portarlo ad un'orbita $R = 20000 \cdot 10^3 m$ dal centro della terra?

(**dati:** $G = 6{,}67 \cdot 10^{-11} \frac{Nm^2}{kg^2}$; $M_T = 5{,}98 \cdot 10^{24} Kg$; $R_T = 6300 \cdot 10^3 m$; $V_i = 1{,}03 \cdot 10^3 m/s$)

Strategia-soluzione

Dal principio di conservazione dell'energia meccanica si ha che:

$$K + U = costante$$

$$K_i + U_i = K_f + U_f \qquad (1)$$

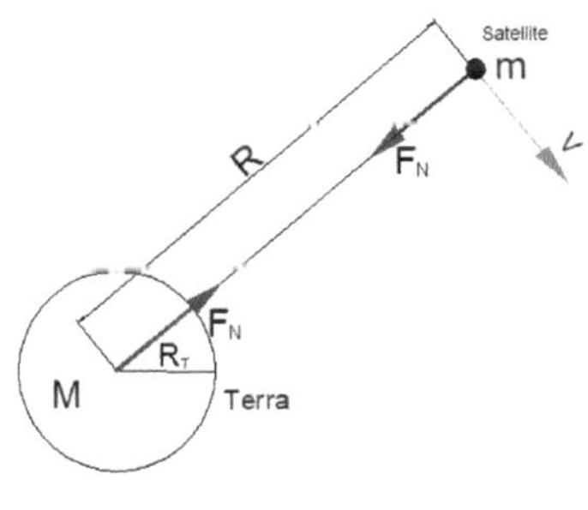

Figura 126

Nel caso in questione l'energia meccanica posseduta dal satellite nel momento del lancio, riferita alla superficie terrestre, è uguale a quella posseduta nell'orbita considerata.

$$\frac{1}{2}mv_i^2 + \left(-G\frac{Mm}{R_T}\right) = \frac{1}{2}mv_f^2 + \left(-G\frac{Mm}{R}\right) \qquad (2)$$

risolvendo rispetto alla velocità iniziale si ottiene

$$v_i^2 = v_f^2 + 2G \cdot M\left(\frac{1}{R_T} - \frac{1}{R}\right) \qquad (3)$$

La (3) sarà risolta una volta determinata la v_f..

La velocità V_f è quella che necessita al satellite per garantire l'uguaglianza tra la forza gravitazionale F_N e quella centripeta F_c.

$$F_N = F_c \qquad (4)$$

I soluzione

$$v_f^2 = G\frac{M}{R} = 6{,}67 \cdot 10^{-11}\frac{5{,}98 \cdot 10^{24}}{20 \cdot 10^6} = 1{,}99 \cdot 10^7 m^2/s^2 \qquad (5)$$

$$v_i^2 = 1{,}99 \cdot 10^7 + 2 \cdot 6{,}67 \cdot 10^{-11} \cdot 5{,}98 \cdot 10^{24}\left(\frac{1}{6{,}3 \cdot 10^6} - \frac{1}{20 \cdot 10^6}\right) \cong 1{,}068 \cdot 10^8 m^2/s^2 \qquad (6)$$

$$v_i = \sqrt{1{,}068 \cdot 10^8} \cong 1{,}03 \cdot 10^4 m/s \qquad (7)$$

II soluzione

$$v_i^2 = v_f^2 + 2G \cdot M\left(\frac{1}{R_T} - \frac{1}{R}\right) = G\frac{M}{R} + 2GM\left(\frac{1}{R_T} - \frac{1}{R}\right) = 2GM\left(\frac{1}{2R} + \frac{1}{R_T} - \frac{1}{R}\right) = \qquad (8)$$

$$= 2G \cdot M\left(\frac{1}{R_T} - \frac{1}{2R}\right) = 2 \cdot 6{,}67 \cdot 10^{-11} \cdot 5{,}98 \cdot 10^{24}\left(\frac{1}{6{,}3 \cdot 10^6} - \frac{1}{2 \cdot 20 \cdot 10^6}\right) \cong 1{,}068 \cdot 10^8 m^2/s^2$$

$$v_i = \sqrt{1{,}068 \cdot 10^8 m^2/s^2} \cong 1{,}03 \cdot 10^4 m/s \qquad (9)$$

FLUIDI

CAPITOLO 9

MECCANICA DEI FLUIDI

- STATICA DEI FLUIDI
- DINAMICA DEI FLUIDI

9. MECCANICA DEI FLUIDI

9.1. Introduzione

Lo studio della meccanica dei fluidi (liquidi e gas) trova grandi applicazioni in diversi campi, come nell'aeronautica, nell'ingegneria navale, nelle reti pubbliche e private di distribuzione idrica e di scarico, nonché nel campo medico con riferimento alla circolazione del sangue. Le basi della meccanica dei fluidi sono dovute alle leggi di grandi scienziati quali Archimede (III secolo a.C.), Pascal (1623-1662), Stevin (1548-1620), Torricelli (1608-1647) e Bernoulli (1700-1782).

Il capitolo si pone come obiettivo l'analisi dei fenomeni che regolano la statica e la dinamica dei fluidi attraverso le leggi dei grandi scienziati che le hanno formulate, proponendo una serie di problemi notevoli in cui si evidenziano tali leggi e le relative applicazioni.

Nella prima parte si affronta la statica dei fluidi con i concetti di pressione atmosferica, pressione in un liquido e le relative applicazioni attraverso l'esperienza di Torricelli, le leggi di Stevino, di Pascal e il concetto di spinta archimedea. Nella seconda parte si affrontano i problemi relativi alla dinamica dei fluidi tramite le equazioni di continuità e la legge di Bernoulli.

9.2. Richiami e formule

9.2.1. Massa volumica (densità assoluta)

Rapporto tra massa e volume di una data sostanza la cui unità di misura nel S.I. è il kg/m^3.

$$d = \frac{m}{V}$$

9.2.2. Pressione

Rapporto tra la forza e la superficie su cui è applicata la cui unità di misura nel S.I. è il $Pascal\ (Pa) = \frac{N}{m^2}$

$$1Pa = 1N/1m^2$$

$$p = \frac{F}{A}$$

9.2.3. Pressione atmosferica

Torricelli esegue un esperimento, schematizzato in figura, in cui trova che la pressione esercitata dall'atmosfera a livello del mare equivale a quella esercitata da una colonnina di mercurio alta 760*mm* equivalente a 760 *torr*. Considerando che un *torr* equivale alla pressione esercitata da una colonna di mercurio alta 1 *mm*, si conclude che la pressione a livello del mare è 1 atmosfera pari a 760 *torr*.

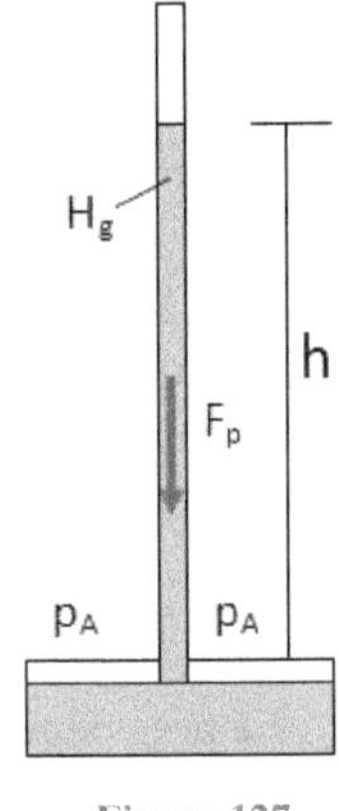

Figura 127

$$p = \frac{F_p}{A} = \frac{m_{Hg} \cdot g}{A} = \frac{d_{Hg} \cdot Vg}{A} = \frac{d_{Hg} \cdot Ahg}{A} = d_{Hg} \cdot hg$$

$$p = 13600 \frac{kg}{m^3} \cdot 0{,}76m \cdot 9{,}8 \frac{N}{kg} \cong 1{,}013 \cdot 10^5 \frac{N}{m^2} = 0{,}1013\, MPa$$

9.2.4. Legge di Stevino

La pressione esercitata da un fluido ideale di densità *d* è direttamente proporzionale all'altezza del fluido sovrastante:

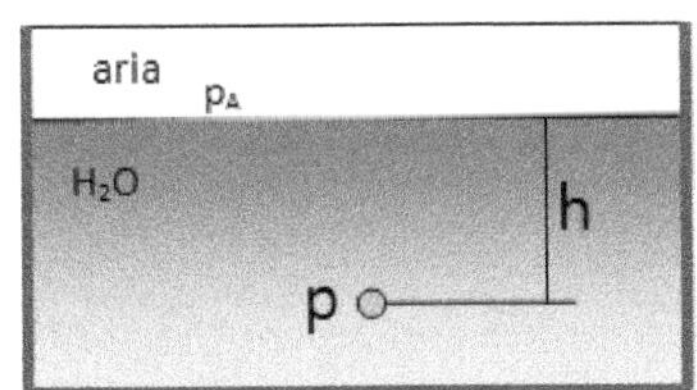

Figura 128

$$p = p_a + dgh$$

9.2.5. Manometro a "U" o a tubo aperto

Si tratta di un tubo ad "U" contenente del liquido e serve a misurare la pressione relativa di un gas.

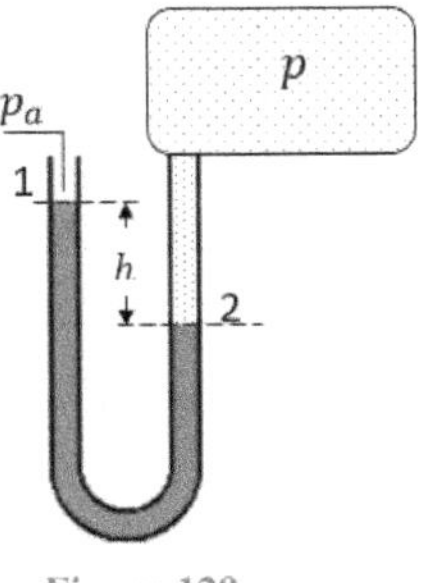

Figura 129

La pressione del liquido di altezza *h* del ramo di sinistra del tubo a "U" deve eguagliare quella di destra (sez. 2). Applicando Stevino deve risultare:

$$p_a + dgh = p$$

$$p - p_a = dgh$$

Pertanto nota la densità del liquido, misurato il dislivello tra i due rami, si determina la pressione relativa del gas/fluido.

9.2.6. Principio di Pascal

La variazione di pressione effettuata su di un punto di un fluido confinato si trasmette integralmente su ogni altro punto dello stesso fluido e sulle pareti del recipiente che lo contiene.

Torchio idraulico

La pressione che la forza F_A esercita sulla superficie del pistone A si trasmette in tutto il fluido e quindi anche sotto il pistone B che agendo sulla superficie A_B produce una forza che innalzerebbe il pistone, quindi per equilibrarla occorre una forza F_B uguale ed opposta tale da generare una pressione p_B in modo che risulti:

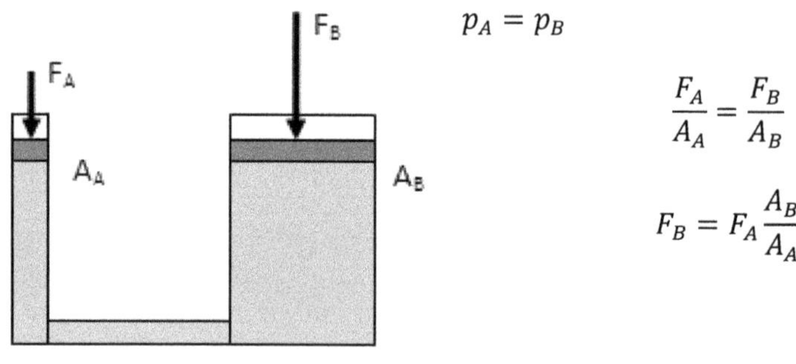

$$p_A = p_B$$

$$\frac{F_A}{A_A} = \frac{F_B}{A_B}$$

$$F_B = F_A \frac{A_B}{A_A}$$

Figura 130

F_B sarà maggiore di F_A in base al rapporto tra le superfici di A_B e A_A.

9.2.7. Principio di Archimede

Un corpo immerso in un fluido riceve una spinta F_A dal basso verso l'alto pari al peso di volume di fluido spostato.

$$F_A = d_f V_s g$$

$d_f = densità\ del\ fluido$

$V_s = volume\ spostato$
$g = accelerazione\ ddi\ gravità$

9.2.8. Equazione di continuità e portata

Dato un fluido ideale che scorre in una condotta con sezioni diverse A_1 e A_2 la velocità del fluido nelle due sezioni è inversamente proporzionale all'area delle sezioni:

$$A_1 \cdot v_1 = A_2 \cdot v_2$$

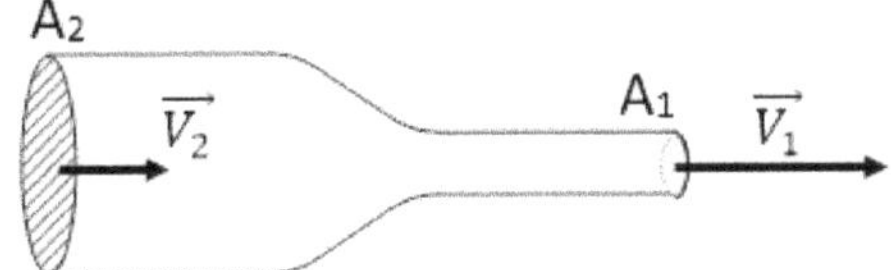

Figura 131

Data una condotta di sezione A in cui scorre un fluido a velocità v , il prodotto $A{\cdot}v$ si definisce portata Q della condotta la cui unità di misura nel sistema S.I. è il m^3/s.

9.2.9. Equazione di Bernoulli

Essa è la riformulazione del principio di conservazione dell'energia meccanica adattato ai fluidi.

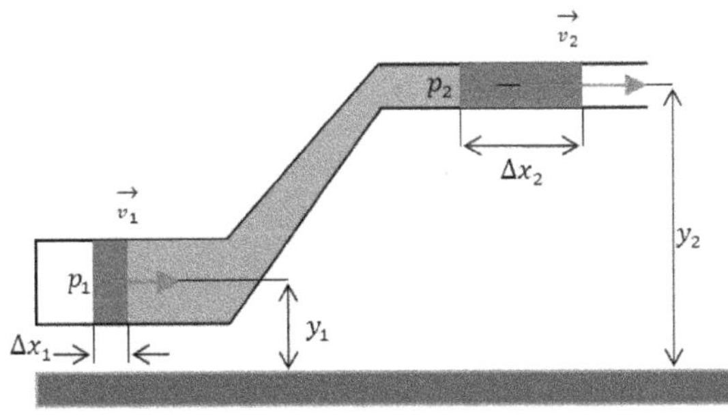

Figura 132

$$p + \frac{1}{2}dv^2 + dgy = costante$$

In un fluido ideale che scorre in una condotta chiusa, in una data sezione, la somma della pressione del fluido, più la pressione dovuta alla velocità del fluido, più la pressione piezometrica è uguale ad una costante.

Applicata alle sezioni 1 e 2 si ha:

$$p_1 + dgy_1 + \frac{1}{2}dv_1{}^2 = p_2 + dgy_2 + \frac{1}{2}dv_2{}^2$$

9.3. Esercizi

Pascal - Stevino

1. Un tubo di scarico dell'acqua piovana si ottura alla base e resta pieno fino al tetto. L'edificio è alto 20 *m*. Determinare la pressione idrostatica sul materiale che ottura il tubo.

Strategia-soluzione

Per determinare la pressione basta applicare la legge di Stevino:

$$p = p_a + dgh$$

$$p = 1{,}013 \cdot 10^5 \frac{N}{m^2} + 1000 \frac{kg}{m^3} 9{,}8 \frac{N}{kg} 20m = 2{,}97 \cdot 10^5 Pa$$

2. In un serbatoio alto $20m$ contenete un liquido la cui densità è d=1500 kg/m^3 si vuole conoscere:

a) La pressione nei punti a profondità 5,0 *m* e 10 *m*. (si approssimi g=10 N/kg);

b) La stessa in *atm*.

Strategia-soluzione

Chiamando i punti di calcolo 1 e 2 occorre applicare la legge di Stevino:

$$p = dgh$$

a) $p_1 = pa + 1000 \frac{kg}{m^3} 10 \frac{N}{kg} 5m =$

$= 10^5 Pa + 50000Pa = 150000Pa$

$p_2 = pa + 1000 \frac{kg}{m^3} 10 \frac{N}{kg} 10m =$

$= 10^5 Pa + 100000Pa = 200000Pa$

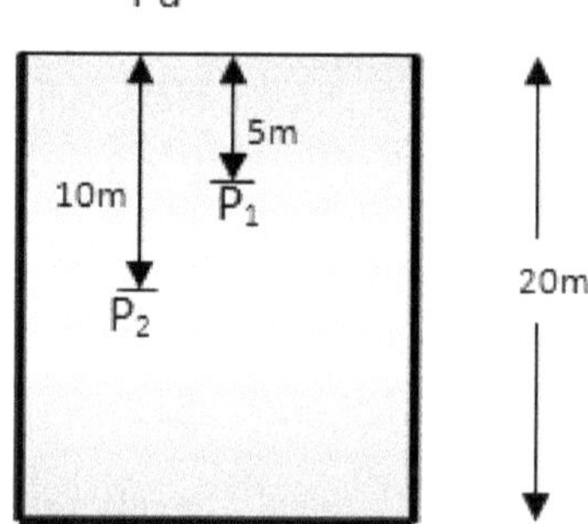

Figura 133

b) La pressione in atm è:

$$p_1 = 1{,}5 \cdot 10^5 Pa = \frac{1{,}5 \cdot 10^5 Pa}{10^5 \frac{Pa}{atm}} = 1{,}5\ atm$$

$$p_2 = 2{,}0 \cdot 10^5 Pa = \frac{2{,}0 \cdot 10^5 Pa}{10^5 \frac{Pa}{atm}} = 2\ atm$$

3. La massa di una slitta carica è 360 kg e l'area complessiva dei suoi pattini è 4500 cm^2. La pressione che essa esercita sulla neve è:

$$p = \frac{F}{S} = \frac{mg}{\frac{4500cm^2}{10000\frac{cm^2}{m^2}}} = \frac{360kg \cdot 9{,}8\frac{N}{kg}}{0{,}45m^2} = 7840Pa$$

4. Nell'acqua dolce a 100 m di profondità la pressione è circa? (esprimere in at)

Dalla legge di Stevino: $p_1 = pa + dgh$

$$p_1 = pa + 1000\frac{kg}{m^3}10\frac{N}{kg}100m = 10^5Pa + 10 \cdot 10^5Pa = 11 \cdot 10^5Pa$$
$$= 1{,}1Mpa$$

Considerato che il risultato è richiesto in at ed essendo 1 $at \approx 10^5$ Pa si ha:

$$p = 1{,}1 \cdot 10^6 Pa = \frac{11 \cdot 10^5 Pa}{10^5 \frac{Pa}{at}} = 11at$$

5. La pressione di 1200 torr espressa in atmosfere standard e in atmosfere tecniche (at) è:

Strategia-soluzione

Dall'esperienza di Torricelli la pressione a livello del mare esercitata da una colonna di mercurio alta 760mm è pari a 760 $torr$ ed equivale ad 1atm che è circa 1,033 $at \approx 1{,}01 \cdot 10^5$ Pa. Pertanto:

$$1200torr = \frac{1200torr}{760\frac{torr}{atm}} \cong 1{,}579\ atm$$

Inoltre

$$p = 1{,}579\ atm \cdot 1{,}033\frac{at}{atm} = 1{,}631at$$

6. Un meccanico deve sollevare una vettura la cui massa è m=1500 kg con un sistema idraulico (torchio idraulico) con pistoni aventi diametro D_1= 2 cm e D_2= 20 cm. Quale forza deve applicare sul pistone più piccolo? (si approssimi g=10 N/kg)

Strategia-soluzione

Prima determiniamo il peso della vettura e successivamente applichiamo Pascal.

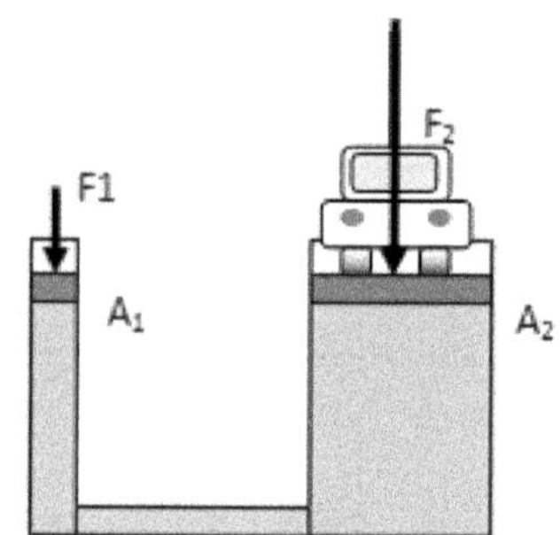

Figura 134

$$F_2 = F_p = mg = 1500\,kg \cdot 10\frac{N}{kg} = 15000\,N$$

Prima di applicare la legge di Pascal occorre determinare le superfici dei pistoni:

$$A_1 = \frac{\pi {D_1}^2}{4} = 3{,}14 \cdot \frac{(0{,}02m)^2}{4} = 3{,}14 \cdot 10^{-4}m^2$$

$$A_2 = \frac{\pi {D_2}^2}{4} == 3{,}14 \cdot \frac{(0{,}2m)^2}{4} = 3{,}14 \cdot 10^{-2}m^2$$

$$p_1 = p_2 \quad \Longrightarrow \frac{F_1}{A_1} = \frac{F_2}{A_2} \quad da\ cui$$

$$F_1 = \frac{F_2 . A_1}{A_2} = \frac{15000N \cdot 3{,}14 \cdot 10^{-4}m^2}{3{,}14 \cdot 10^{-2}m^2} = 150N$$

7. In un torchio idraulico con pistoni aventi superficie $S_b = 4S_a$ e esercitando una forza F_a=100N su S_a, quale sarà il valore della forza da applicare su S_b in modo da avere equilibrio?

Applichiamo la legge di Pascal:

$$p_a = p_b \quad \Longrightarrow \frac{F_a}{S_a} = \frac{F_b}{S_b} \quad \Longrightarrow \quad F_b = \frac{F_a . S_b}{S_a} = \frac{100N \cdot 4S_a}{S_a} = 400N$$

8. Sul fondo di un serbatoio pieno di un liquido la cui densità è 1200 kg/m^3 viene inserito un cilindro con relativo pistone di diametro $d = 3cm$ che spinge una molla di costante elastica $k = 500\ N/m$. Determinare l'accorciamento della molla sapendo che l'altezza del liquido è $10m$.

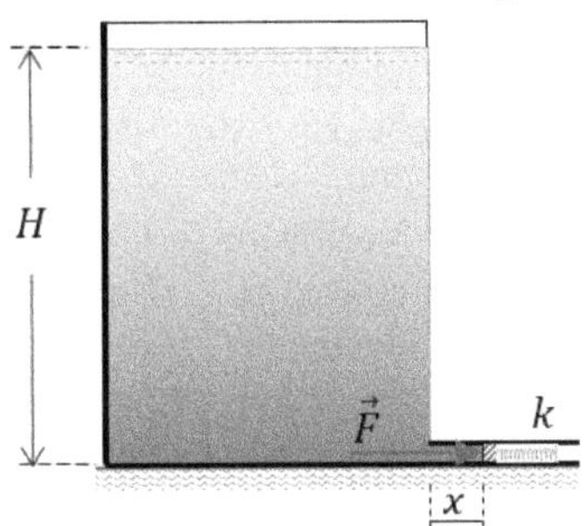

Figura 135

Strategia-soluzione

Per determinare di quanto la molla si contrae occorrerà ricorrere alla legge di Hooke, calcolando precedentemente la forza dovuta alla pressione del liquido che spinge il pistone, per il quale utilizzeremo la legge di Stevino.

Dalla legge di Hooke

$$F_e = -k \cdot x \tag{1}$$

$$x = \frac{F}{k} \tag{2}$$

Dove F è uguale ed opposta alla forza elastica che la molla oppone.
La forza F che spinge il pistone di area S sarà data dalla relazione:

$$F = p \cdot S \tag{3}$$

Dalla legge di Stevino:

$$p = p_a + dgH \tag{4}$$

Sostituendo nella (3) si ha:

$$F = (p_a + dgH) \cdot \frac{\pi d^2}{4} \tag{5}$$

Sostituendo nella (2):

$$x = \frac{(p_a + dgH) \cdot \frac{\pi d^2}{4}}{k} \tag{6}$$

$$x = \frac{\left(1{,}013 \cdot 10^5 Pa + 1200 \frac{kg}{m^3} \cdot 9{,}8 \frac{N}{kg} \cdot 10m\right) \cdot \frac{3{,}14(3 \cdot 10^{-2} m)^2}{4}}{500 \frac{N}{m}} \cong 0{,}31m$$

9. Dovendo realizzare un bacino di accumulo di acqua di altezza $50m$ si deve costruire una diga in calcestruzzo a forma trapezoidale con dimensioni: altezza $60m$, larghezza base all'appoggio $35m$, larghezza in sommità $17m$, lunghezza di sbarramento di $L=200m$.

a) Verificare se il muro così come concepito risulti idoneo a contenere le sollecitazioni dovute all'acqua, sia orizzontali che di ribaltamento;

b) Nell'ipotesi che **a)** sia verificata determinare quale sarà la massima altezza che l'acqua può raggiungere in cui bisogna inserire uno scolmatoio.

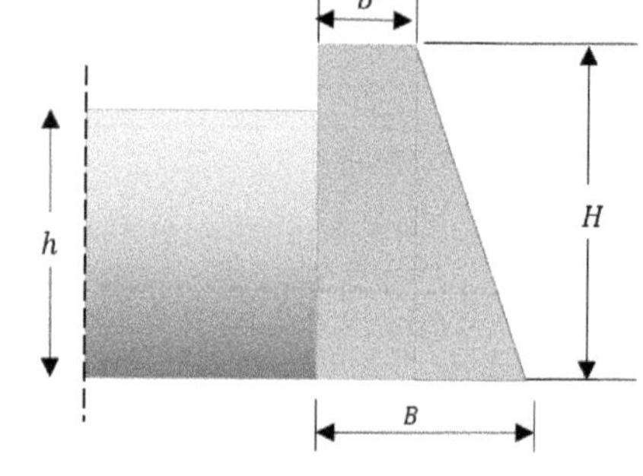

Figura 136

(**dati:** densità del cls $d = 2500\frac{kg}{m^3}$, $coeff\ attr.statico\ terra\ cemento\ \mu = 0{,}40$)

Strategia-soluzione

Per verificare le condizioni richieste occorre valutare:

I. se la forza di attrito è maggiore o al più uguale alla spinta dovuta alla pressione dell'acqua;
II. se il momento che la spinta genera rispetto al punto O è equilibrato da quello della forza peso del muro.

Bisogna determinare: la spinta S, il peso del muro ed il suo baricentro, la forza di attrito terra muro e i momenti generati dalle forze applicate.

Calcolo della spinta

La spinta è la forza che la pressione genera sulla parete di sbarramento avete superficie pari ad A

$$S = p \cdot A \tag{1}$$

Per il calcolo della pressione applicheremo la legge di Stevino:

$$p = p_0 + dgh \tag{2}$$

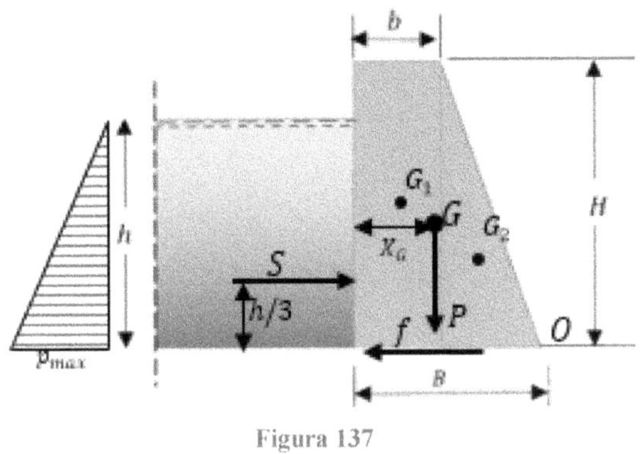

Figura 137

Nel calcolo non terremo conto della pressione atmosferica p_0 in quanto essa agisce su entrambi i lati del muro annullandosi.

La pressione aumenta con la profondità con la legge lineare, come in Figura 137, pertanto possiamo affrontare il calcolo in duplice modo: determinando dal diagramma triangolare della pressione una pressione media da utilizzare nella spinta, o affidarci al calcolo differenziale[28] (*per completezza li faremo entrambi*).

Primo modo

$$p_{max} = d_a \cdot g \cdot h \quad \Rightarrow \quad p_m = \frac{p_{max} + 0}{2} = \frac{1}{2} \cdot d_a \cdot g \cdot h \tag{3}$$

$$S = p_m \cdot A = \frac{1}{2} d_a g h(hL) = \frac{1}{2} d_a g L h^2 =$$
$$= \frac{1}{2} 1000 \frac{kg}{m^3} 9{,}8 \frac{N}{kg} 200m \cdot (50m)^2 = 2{,}45 \cdot 10^9 N \tag{4}$$

Secondo modo

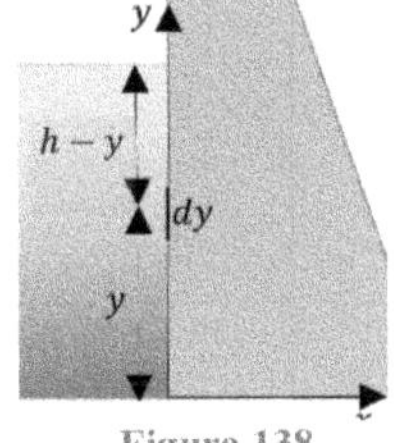

Figura 138

Assumendo come sistema di riferimento verticale l'asse y, con origine alla base della diga, per calcolare la spinta sul muro determiniamo la forza esercitata sulla striscia infinitesimale del muro a profondità $(h - y)$ ed integrando la funzione sull'altezza h si ha:

$$dS = p(h - y) \cdot dA \tag{5}$$

$$p(h - y) = d_a g(h - y) \quad \Rightarrow \quad dS = d_a g(h - y) \cdot L dy \tag{6}$$

---

[28] Se si sono già affrontati gli integrali

$$S = \int_0^h d_a g(h-y)\cdot L dy = d_a g L\left(\int_0^h h dy - \int_0^h y dy\right) = d_a g L\left(h^2 - \frac{1}{2}h^2\right) =$$
$$= \frac{1}{2} d_a g L h^2$$

(7)

Calcolo del peso del muro

Indicando con A_s la sezione trasversale del muro il peso sarà dato da:

$$P = Mg = d_M V g = d_M (A_s L) g = d_M g L\left(\frac{b+B}{2}H\right) \quad (8)$$

$$P = 2{,}5\cdot 10^3 \frac{kg}{m^3} 9{,}8 \frac{N}{kg} 200m \cdot \left(\frac{17+35}{2}60\right) m^2 \cong 7{,}64\cdot 10^9 N$$

Calcolo del baricentro del muro

Ai fini delle verifiche richieste occorrerà determinare solo la distanza orizzontale tra il baricentro del muro e il punto O di rotazione. Essendo il muro di materiale omogeneo e assumendo g costante su tutta la sua estensione, G coinciderà con il suo centro di massa, quindi determineremo il c.d.m. del muro scomponendo il muro a sezione trapezoidale in un sistema puntiforme composto da un parallelepipedo a sezione rettangolare ed uno a sezione triangolare di cui si conoscono i relativi c.d.m.:

indicando con m_1 e m_2 le masse dei due solidi avremo:

$$m_1 = d_M V_1 \qquad m_2 = d_M V_2 \quad (9)$$

$$m_1 = d_M bHL \qquad m_2 = d_M \frac{(B-b)H}{2} L$$

(10)

Il c.d.m. è data dalla relazione[29]:

---

[29] Nel nostro caso può essere determinata anche dalla relazione: $X_G = \frac{b^2+B^2+bB}{3(b+B)}$

$$X_G = \frac{m_1 x_1 + m_2 x_2}{m_1 + m_2} = \frac{b\frac{b}{2} + \left(\frac{B-b}{2}\right)\left(b + \frac{B-b}{3}\right)}{b + \left(\frac{B-b}{2}\right)} =$$

$$= \frac{\frac{(17m)^2}{2} + \frac{(35-17)m}{2} \cdot \left[17m + \frac{(35-17)}{3} m\right]}{17m + \frac{(35-17)m}{2}} \cong 13{,}52m \quad (11)$$

Calcolo della forza di attrito terra muro

La forza di attrito è data dalla nota relazione:

$$f = \mu_s N = \mu_s P = 0{,}4 \cdot 7{,}64 \cdot 10^9 N = 3{,}06 \cdot 10^9 N \quad (12)$$

Verifica a scorrimento

$$f > S \quad \Rightarrow \frac{f}{S} \cong 1{,}25 \ \ (verificato)$$

Verifica al ribaltamento

Calcolo del momento ribaltante rispetto ad O dovuto alla spinta dell'acqua:

$$M_R = S \cdot \frac{h}{3} = 2{,}45 \cdot 10^9 N \cdot \frac{50}{3} m \cong 4{,}1 \cdot 10^{10} Nm \quad (13)$$

Calcolo del momento stabilizzante rispetto ad O dovuto al peso del muro:

$$M_S = P \cdot (B - X_G) = 7{,}64 \cdot 10^9 N \cdot (35 - 13{,}52)m \cong 1{,}64 \cdot 10^{11} Nm \quad (14)$$

$$M_S > M_R \quad \Rightarrow \frac{M_S}{M_R} \cong 4{,}0 \ \ (verificato)$$

Calcolo della massima altezza *h*' che l'acqua può raggiungere e in cui inserire uno scolmatoio.

Ricaviamo *h*' utilizzando la (4) in cui inseriremo la forza massima di attrito che il muro può opporre allo slittamento; inoltre occorrerà verificare anche il ribaltamento:

$$h' = \sqrt{\frac{2f}{d_a g L}} = \sqrt{\frac{2 \cdot f}{1000\frac{kg}{m^3}9{,}8\frac{N}{kg}200m}} \cong 55{,}9m \qquad (15)$$

$(per\ sicurezza\ si\ assume\ h = 55m)$

Calcoliamo la nuova spinta dell'acqua

$$S' = \frac{1}{2}1000\frac{kg}{m^3}9{,}8\frac{N}{kg}200m \cdot (55m)^2 = 2{,}96 \cdot 10^9 N \qquad (16)$$

Verifica a ribaltamento

Non modificando le dimensioni del muro determiniamo il nuovo M_R

$$M_R = S \cdot \frac{h}{3} = 2{,}96 \cdot 10^9 N \cdot \frac{55}{3}m \cong 5{,}43 \cdot 10^{10} Nm \qquad (17)$$

$$M_R < M_S \qquad \Rightarrow \frac{M_S}{M_R} \cong 3{,}0 \ \ (verificato)$$

Si assumerà come massima altezza che l'acqua può raggiungere h=55 m

Principio di Archimede

10. L'immersione di un oggetto di rame (d =8930 kg/m^3) sposta un volume di acqua di 280 cm^3. Determinare il peso apparente dell'oggetto.

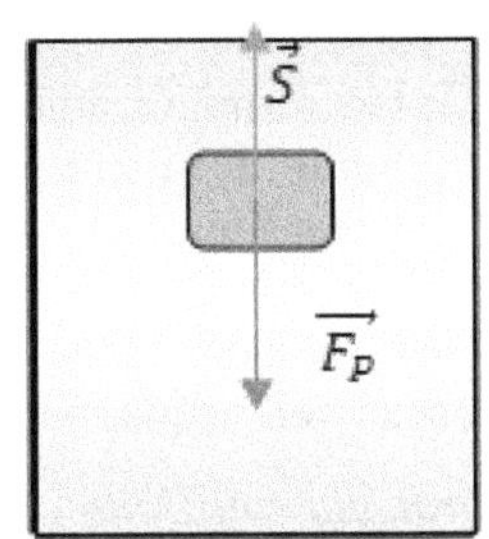

Figura 139

Strategia-soluzione

Il peso apparente è dato dalla differenza tra il peso dell'oggetto in aria e la spinta di Archimede.

Il peso dell'oggetto in aria è:

$$P = mg = dVg = 8930\frac{kg}{m^3}280 \cdot 10^{-6}m^3 \cdot 9{,}8\frac{N}{kg}$$
$$= 24{,}50N$$

la spinta è data da: $S = d_l V_c g = 1000\frac{kg}{m^3}280 \cdot 10^{-6}m^3 \cdot 9{,}8\frac{N}{kg} = 2{,}74N$

$$P_A = P - S = (24{,}50 - 2{,}74)N = 21{,}76N$$

11. Una chiatta le cui dimensioni di base sono 5,0m x 2,0m e altezza di bordo 1,0m trasporta un carico di sabbia su un fiume; essendo il valore della parte immersa di 0,5m determinare il valore del peso complessivo (barca+carico) .

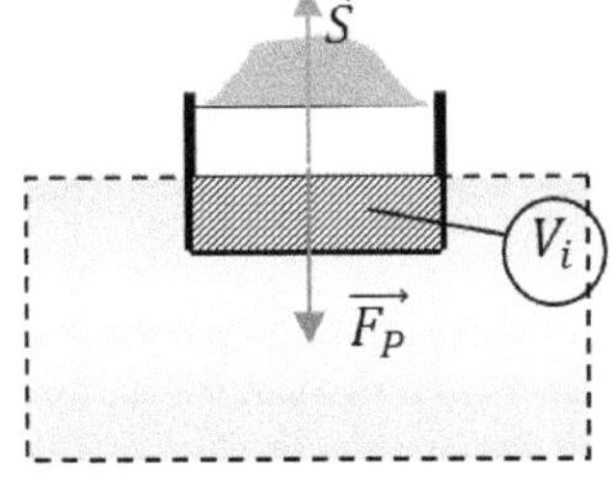

Figura 140

Strategia-soluzione

Nella condizione di galleggiamento la spinta è uguale al peso complessivo; determinando tale spinta si avrà anche la risposta al problema. Si applica pertanto il **principio di Archimede**

La spinta che un corpo riceve non dipende dalla natura del corpo, ma dal peso del volume di fluido spostato che nel caso in questione è rappresentato da Vi, il volume immerso della chiatta.

La spinta è data da:

$$S = d_l V_i g = 1000\frac{kg}{m^3}(5{,}0m \cdot 2{,}0m \cdot 0{,}5m) \cdot 9{,}8\frac{N}{kg} = 49000\ N$$

$$F_p = S = 49000\ N = 5000\ kgp = 5\ ton$$

12. Un sommozzatore deve recuperare una cassa di massa m posizionata nel fondo del mare; decide di usare un pallone da gonfiare con le bombole. Determinare il diametro che deve avere il pallone per riportare la cassa in superficie.

(**dati**: volume della cassa V=0,14m^3, m=200kg, densità dell'acqua marina d =1,025 kg/m^3).

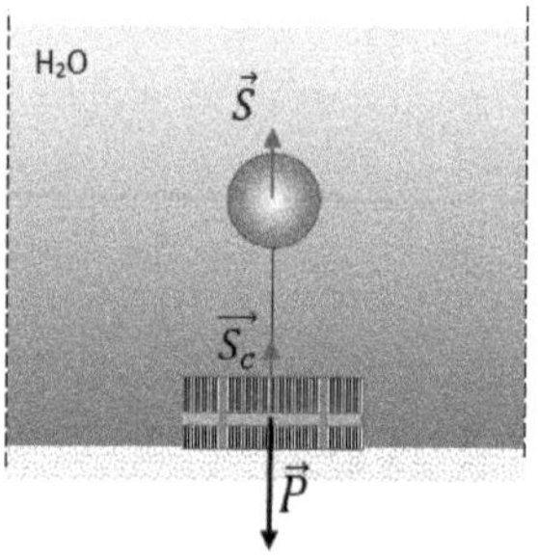

Strategia-soluzione

Per rispondere al quesito necessita determinare la spinta $\boldsymbol{S}$ che il pallone deve applicare per eguagliare il peso apparente della cassa e poi noto il volume sarà possibile ricavarne il diametro.

Figura 141

Nelle condizioni di equilibrio deve risultare:

$$S + (S_{cassa} - mg) = 0 \quad (1)$$

Dal principio di Archimede $S = dgV$ (2)

$$d_l g V_p + d_l g V_{cassa} - mg = 0 \quad (3)$$

Risolvendo rispetto a V_p:

$$V_p = \frac{m\not{g}}{d_l\not{g}} - V_{cassa} = \frac{200kg}{1025\frac{kg}{m^3}} - 0{,}14m^3 \cong 0{,}06m^3 \quad (4)$$

Nota la relazione per il calcolo del volume di una sfera il diametro del pallone potrà essere ricavato dalla formula inversa:

$$V_p = \frac{4}{3}\pi\left(\frac{D}{2}\right)^3 \Rightarrow D = 2 \cdot \sqrt[3]{\frac{3 \cdot V_p}{4 \cdot \pi}} \cong 0{,}49m = 49cm \quad (5)$$

13. Una sfera di legno (densità d_s=400 kg/m^3) è immersa in acqua di mare (densità d_a=1025 kg/m^3) ed è trattenuta da un filo alla profondità h=2,0 m. Tagliando il filo la sfera risale in superficie e fuoriesce dall'acqua fino ad una altezza h_1. Trascurando le resistenze che la sfera trova nel risalire dovute all'attrito, ecc., determinare l'altezza che essa raggiunge sopra il livello dell' acqua.

Strategia - soluzione

Per determinare l'altezza richiesta dobbiamo far riferimento al moto che la sfera avrà una volta tagliato il filo, sia in acqua che in aria. Il suo moto sarà rettilineo uniformemente accelerato. In acqua con accelerazione a positiva, mentre in aria con accelerazione $-g$ e velocità iniziale v. Nel salire la sua energia cinetica si trasforma in potenziale gravitazionale, pertanto ai fini del calcolo della quota raggiunta si applicherà il principio di conservazione dell'energia meccanica. L'accelerazione che la sfera avrà appena tagliato il filo e per la fase in acqua, sarà impressa dalla differenza tra la spinta archimedea S e il suo peso P; dopodiché nella fase di ascesa in aria sarà soggetta alla sola forza peso.

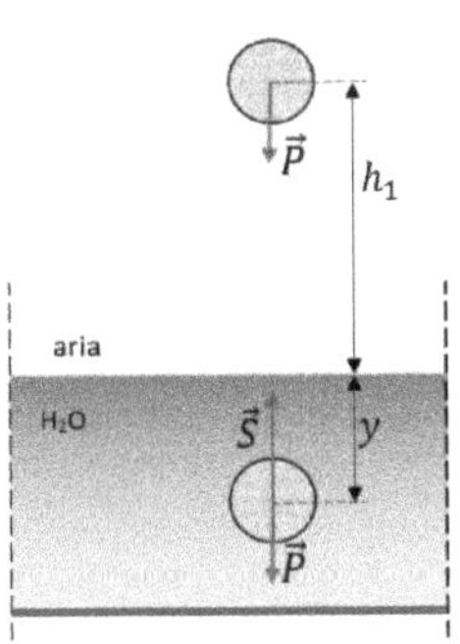

Figura 142

Determineremo principalmente l'accelerazione a e quindi la velocità v; l'altezza sarà ottenuta applicando il principio di conservazione dell'energia meccanica tra il punto in cui lascia l'acqua e il momento in cui si ferma raggiunta la massima altezza.

Dalla seconda legge di Newton:

$$\sum F_Y = ma \tag{1}$$

$$S - P = ma \tag{2}$$

$$a = \frac{S-P}{m} = \frac{d_a g V_s - d_S V_s g}{d_S V_s} = \frac{\cancel{V_s} g(d_a - d_S)}{d_S \cancel{V_s}} = g\left(\frac{d_a}{d_S} - 1\right)$$

$$a = 9{,}8\frac{m}{s^2}\left(\frac{1025\frac{kg}{m^3}}{400\frac{kg}{m^3}} - 1\right) \cong 15{,}3\ \frac{m}{s^2} \tag{3}$$

Durante la fase in acqua (y = 2m) valgono le equazioni del moto rettilineo uniformemente accelerato:

$$\begin{cases} v = v_0 + at \\ y = y_0 + v_0 t + \frac{1}{2}at^2 \end{cases} \quad (\text{con } v_0 = 0 \; e \; y_0 = 0) \tag{4}$$

$$v = at \tag{5}$$

e dalla seconda della (4):

$$t = \sqrt{2y/a} \tag{6}$$

$$v = a\sqrt{\frac{2y}{a}} = \sqrt{2ya} = \sqrt{2 \cdot 2m \cdot 15{,}3 \; \frac{m}{s^2}} \cong 7{,}8 \; m/s \tag{7}$$

Assunta come posizione iniziale quella del pelo libero dell'acqua e che la velocità finale in h_1 è zero, il principio di conservazione dell'energia meccanica diventa:

$$\frac{1}{2}mv^2 = mgh_1 \tag{8}$$

Risolvendo rispetto ad h_1 si ha:

$$h_1 = \frac{v^2}{2g} = \frac{\left(7{,}8 \; \frac{m}{s}\right)^2}{2 \cdot 9{,}8 \frac{m}{s^2}} \cong 3{,}1m \tag{9}$$

Equazioni di continuità - Bernoulli

14. Nel tubo orizzontale di Figura 143 scorre acqua che sarà liberata in atmosfera a velocità 15 *m/s*. Il diametro delle sezioni è rispettivamente di 5,0 *cm* e 3,0 *cm*.

a) Che volume di acqua sarà liberata in 10 minuti?

b) Qual è la velocità di flusso dell'acqua nella sez. di sinistra?

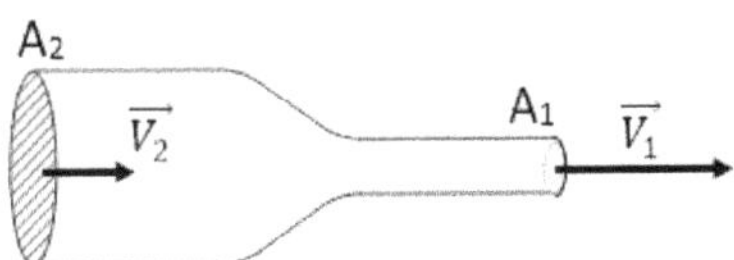

Figura 143

Strategia-soluzione

a) Calcolo del volume di acqua che esce dalla sezione A_1 in 10' tramite la relazione della portata Q.

$$Q = \vec{A} \cdot \vec{V} \text{ (prodotto scalare)}^{30} \quad (1)$$

Il volume *V* sarà dato da:

$$V = Q \cdot t = A_1 \cdot V_1 \cdot t = \frac{\pi {d_1}^2}{4} 15 \, \frac{m}{s} \cdot \left(10 \, min \cdot 60 \, \frac{s}{min}\right) =$$

$$= \frac{3{,}14 \cdot \left(3 \cdot 10^{-2}\right)^2}{4} m^2 \cdot 15 \, \frac{m}{s} \cdot \left(10 \, min \cdot 60 \, \frac{s}{min}\right) \cong 6{,}36 \, m^3 \quad (2)$$

b) Per il calcolo della velocità di efflusso utilizziamo l'equazione di continuità:

$$A_1 \cdot V_1 = A_2 \cdot V_2 \quad (3)$$

Da cui:

$$V_2 = \frac{A_1 \cdot V_1}{A_2} \quad (4)$$

$$V_2 = \frac{\frac{\pi {d_1}^2}{4}}{\frac{\pi {d_2}^2}{4}} \cdot V_1 = \frac{{d_1}^2}{{d_2}^2} \cdot V_1$$

$$V_2 = \frac{(3 \cdot 10^{-2})^2}{(5 \cdot 10^{-2})^2} \cdot 15 \frac{m}{s} = \frac{9}{25} \cdot 15 \frac{m}{s} = 5{,}4 \, m/s \quad (5)$$

---

[30] $\vec{A_1} \cdot \vec{V_1} = A_1 \cdot V_1 \cdot \cos(0) = A_1 \cdot V_1$

15. Dato il serbatoio riempito di liquido come in Figura 144

a) Si dimostri attraverso l'equazione di Bernoulli che la velocità di efflusso dal foro del liquido di densità ρ è uguale a quella di caduta libera;

b) Calcolare la portata in volume per la sezione di efflusso di diametro $d = 1{,}5\ cm$ se il foro è ad $h = 10m$ dal pelo libero.

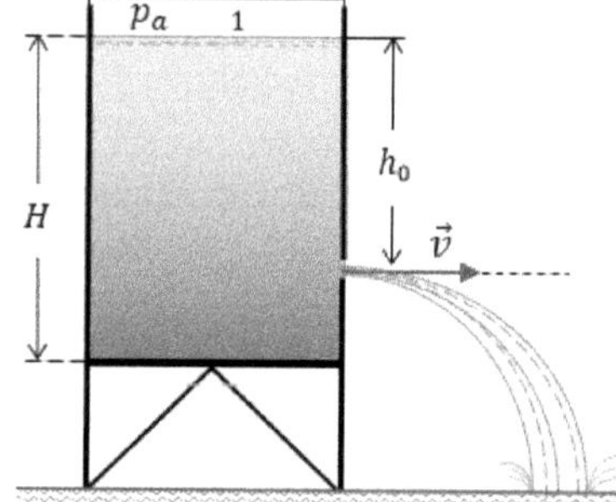

Figura 144

Strategia-soluzione

a) La velocità di caduta libera per un'altezza pari ad h_0 è:

$$v = \sqrt{2gh_0}$$

Posto il riferimento verticale con lo zero coincidente al foro e considerato che il serbatoio è aperto, la pressione nella sezione ad altezza $y = h_0$ e $y = h = 0$ è uguale a quella atmosferica p_a. Inoltre la velocità del liquido sulla sommità del serbatoio è trascurabile rispetto a quella di efflusso, quindi possiamo porre $v_1^2 \approx 0$. Dall'equazione di Bernoulli:

$$p_a + \rho g h_0 + \frac{1}{2}\rho {v_1}^2 = p_a + \rho g(0) + \frac{1}{2}\rho v^2 \qquad (1)$$

Eliminando i termini nulli si ha:

$$\rho g h_0 = \frac{1}{2}\rho v^2 \quad \Rightarrow \quad 2\,\not{\rho} g h_0 = \not{\rho} v^2 \quad \Rightarrow v = \sqrt{2gh_0} \qquad (2)$$

(c.d.d.)

b) Indicando con Q la portata per la sezione di efflusso possiamo determinarla tramite la relazione $Q = v \cdot S$, dove v è la velocità di efflusso e S l'area della sezione di efflusso.

$$Q = v \cdot \frac{\pi d^2}{4} = \sqrt{2gh_0} \cdot \frac{\pi d^2}{4} = \sqrt{2 \cdot 9{,}8\frac{m}{s^2} \cdot 10m} \cdot \frac{3{,}14 \cdot (1{,}5 \cdot 10^{-2})^2 m^2}{4} =$$

$$= 14\frac{m}{s} \cdot 1{,}77 \cdot 10^{-4} m^2 \cong 2{,}5 \cdot 10^{-3}\ \frac{m^3}{s} \cong 2{,}5\ lt/s \qquad (3)$$

16. Un serbatoio è riempito di acqua per un'altezza *H* in cui viene praticato un foro ad una profondità *h* dal pelo libero. Si ha una fuoriuscita di acqua con velocità orizzontale $\vec{v}$ avente traiettoria parabolica come in Figura 145.

a) Si dimostri che la distanza *x* a cui tocca terra l'acqua è data dalla relazione:

$$x = 2\sqrt{h(H-h)}$$

b) Determinare se è possibile fare un altro foro ad una profondità diversa in modo da avere la stessa gittata di *h*. Se si, determinare tale profondità;

c) A quale profondità si dovrebbe praticare il foro per avere la massima gittata?

(Halliday, Resnick, & Walker, 2001, p. 339)

Strategia-soluzione

Per la dimostrazione della relazione proposta in **a)** si ricorrerà all'equazione di Bernoulli; prendendo come punti iniziale e finale il pelo libero dell'acqua e la quota del foro, denominati rispettivamente sezione 1 e sezione 2. (vedi figura). Alla **b)** e **c)** si può rispondere sia con metodo grafico che analitico. Analizzeremo la funzione *x = f(h)*.

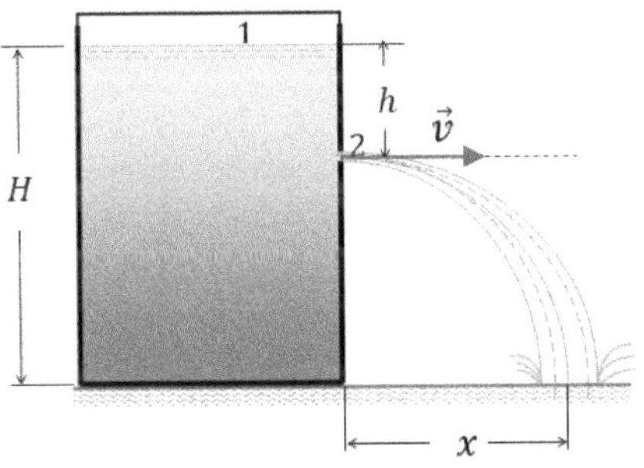

Figura 145

a) Dall'equazione di Bernoulli applicata tra le sezioni 1 e 2:

$$p_1 + dgH + d\frac{{v_1}^2}{2} = p_2 + dg(H-h) + d\frac{{v_2}^2}{2} \quad (1)$$

ed essendo $p_1 = p_2 = p_a\ (pressione\ atmosferica)\ e \quad v_1 = 0$ la (1) diventa:

$$\cancel{d}gH = +\cancel{d}g(H-h) + \cancel{d}\frac{{v_2}^2}{2} \quad (2)$$

Dividendo tutto per la densità *d* e risolvendo rispetto a v_2 otteniamo:

$$v_2 = \sqrt{2gh} \quad (3)$$

Il moto dei filetti è un moto parabolico; considerando gli assi x e y su cui avviene le equazioni sono:

$$\begin{cases} x = x_0 + v_{x0}t \\ y = y_0 + v_{y0}t + \frac{1}{2}a_y t^2 \end{cases} \quad (4)$$

essendo: $x_0 = 0,\ \ y_0 = 0,\ \ v_{y0} = 0,\ \ v_{x0} = v_2,\ \ a_y = g$

sostituendoli nelle (4)

$$\begin{cases} x = v_2 t \\ y = \frac{1}{2}gt^2 \end{cases} \quad (5)$$

Sostituendo nella prima delle (5) la (3) e ricavando il tempo t dalla seconda delle (5) si ha:

$$\begin{cases} x = \sqrt{2gh} \cdot t \\ t = \sqrt{\dfrac{2y}{g}} = \sqrt{\dfrac{2(H-h)}{g}} \end{cases}$$

(6)

Sostituendo t nella prima delle (6) otteniamo:

$$x = \sqrt{2gh}\sqrt{\frac{2(H-h)}{g}} = 2\sqrt{\frac{\not{g}h(H-h)}{\not{g}}} = 2\sqrt{h(H-h)} \qquad (c.d.d.)$$

(7)

b) Considerando il grafico della funzione $x = f(h)$ (7), si osserva che la gittata massima si ha in $H/2$. Infatti il grafico di Figura 146 è simmetrico e

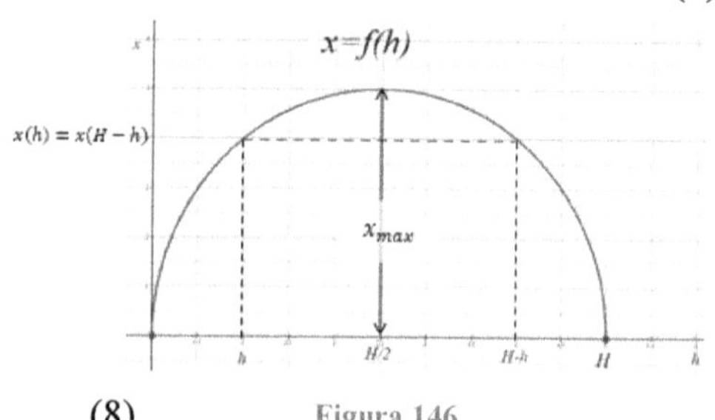

Figura 146

$$x = 0 \quad in\ due\ valori \quad \begin{cases} h = 0 \\ h = H \end{cases} \quad (8)$$

Ossia se il foro fosse effettuato al pelo libero dell'acqua o sul fondo del serbatoio.

Dal grafico si evince l'esistenza di due valori di h per i quali si ha la stessa x, per cui la risposta è **SI** e la profondità richiesta è $(H - h)$.

Dal punto di vista analitico:

$$x(h) = 2\sqrt{h(H - h)} \tag{9}$$

$$x(H - h) = 2\sqrt{(H - h)[H - (H - h)]} =$$

$$= 2\sqrt{(H - h)(\cancel{H} - \cancel{H} + h)} = 2\sqrt{h(H - h)} \tag{10}$$

c) Analizzando nuovamente il grafico $x = f(h)$ si evince che la gittata massima si ha per $x(h/2)$. [31]

[31] In alternativa si potrebbe determinare la derivata prima $\frac{dx(h)}{dh}$ e porla uguale a zero.

17. [32]Dato il venturimetro di figura:

a) Dimostrare che la velocità di flusso v del liquido all'entrata è:

$$v = a\sqrt{\frac{2(\rho'-\rho)gh}{\rho(A^2-a^2)}}$$

ρ' densità monometrica
ρ densità del liquido

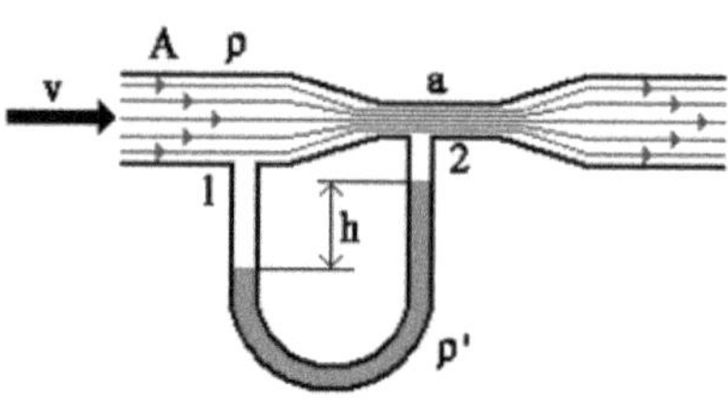

Figura 147

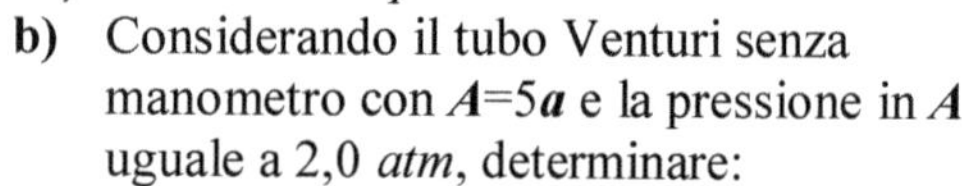

b) Considerando il tubo Venturi senza manometro con A=5a e la pressione in A uguale a 2,0 *atm*, determinare:

I. i valori delle velocità nelle sezioni A e a tali che la pressione in a risulti nulla;

II. la portata corrispondente sapendo che il diametro in A è di 5 *cm*.

Strategia-soluzione

Nel tubo Venturi si verifica una differenza di pressione ΔP tra la sezione A più grande e quella a più piccola del tubo, rilevabile tramite un manometro ad "U", dovuta all'aumento di velocità nella sezioni più piccola a rispetto a quella maggiore A. Si potrà dimostrare l'equazione data rilevando la misura della differenza di altezza manometrica e quindi calcolare la differenza di pressione ΔP utilizzando l'equazione di Bernoulli e l'equazione di continuità applicate tra i punti 1 e 2.

a) Applicando l'equazione di Bernoulli tra i punti 1 e 2 si ha:

$$P_1 + \rho g h_1 + \frac{1}{2}\rho v^2 = P_2 + \rho g h_2 + \frac{1}{2}\rho V^2 \tag{1}$$

Considerato che le due sezioni sono alla stessa quota i termini $\rho g h_1$ e $\rho g h_2$ relativi ad esse sono uguali e possono essere semplificati. In tal modo si ha un'equazione a due incognite con le velocità v e V. È possibile determinare una relazione tra le due applicando la legge di continuità:

$$vA = Va \rightarrow V = \frac{A}{a}v \tag{2}$$

Andando a sostituire il valore nella (1)

---

[32] *Ispirato all'esercizio n. 61P p.340 del libro Fondamenti di fisica" (Halliday, Resnick, Walker vol 1- 2001), integrato con altri quesiti.*

$$P_1+\frac{1}{2}\rho v^2=P_2+\frac{1}{2}\rho\frac{A^2}{a^2}v^2 \tag{3}$$

E risolvendo rispetto a v si ha:

$$v=a\sqrt{\frac{2(P_1-P_2)}{\rho(A^2-a^2)}} \tag{4}$$

La differenza di pressione $P_1 - P_2$ si può calcolare con il manometro; considerando il livello dell'interfaccia B e trascurando la parte inferiore dove la pressione nei due bracci è uguale, come in Figura 148, essendo essi collegati dallo stesso liquido di densità ρ', la pressione nei due rami sarà uguale, quindi:

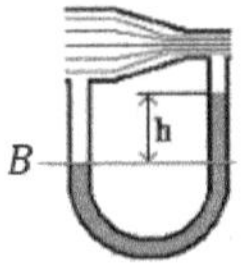

Figura 148

$$P_{sx}=P_{dx} \tag{5}$$

Esplicitando con la legge di Stevino si ha:

$$P_1+\rho gh=P_2+\rho' gh \tag{6}$$

Da questa espressione si può calcolare la differenza di pressione

$$\Delta P = P_1 - P_2 = gh(\rho' - \rho) \tag{7}$$

che sostituita nella (4) sarà:

$$v=a\sqrt{\frac{2(\rho'-\rho)gh}{\rho(A^2-a^2)}} \quad \text{c.v.d.}$$

b) Per rispondere al punto **b)** prendiamo in considerazione la Figura 149.

I. Per calcolare i valori delle velocità v e V tali che Pa=0 possiamo utilizzare l'equazione di continuità tra le sezioni ***A*** e ***a*** (con **Q** indicheremo la portata):

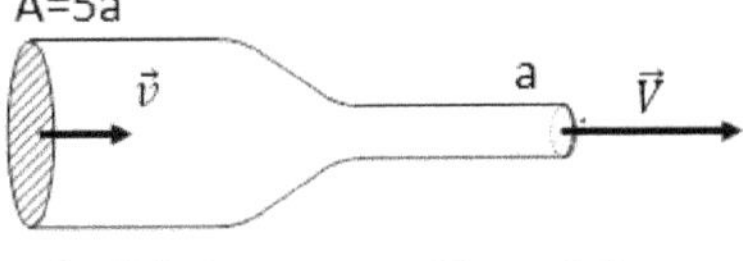

Figura 149

$$Q_A = Q_a \quad \Longrightarrow \quad v \cdot A = V \cdot a \tag{8}$$

$$v \cdot 5a = V \cdot a \quad \Rightarrow \quad V = 5v \tag{9}$$

Applicando l'equazione di Bernoulli (1) al caso in questione e considerato che le sezioni hanno la stessa h si ha:

$$P_A - P_a = \frac{1}{2}\rho(V^2 - v^2) = \frac{1}{2}\rho(25v^2 - v^2) = \frac{24}{2}\rho v^2 \quad (10)$$

imponendo che $P_a = 0$ e risolvendo rispetto a v si ha:

$$v^2 = \sqrt{\frac{P_A}{12\rho}} = \sqrt{\frac{2{,}0\cdot 10^5 Pascal}{12\cdot 10^3 kg/m^3}} \cong 4{,}1\ m/s \quad (11)$$

$$V = 5v \cong 5 \cdot 4{,}1\frac{m}{s} \cong 20{,}5\ m/s \quad (12)$$

Essendo il diametro di *A* d=5 *cm* e l'area $\boldsymbol{A} = \frac{1}{4}\pi d^2$ la portata corrispondente sarà:

$$Q_A = v \cdot A = 4{,}1\frac{m}{s} \cdot \frac{3{,}14 \cdot 0{,}05^2 m^2}{4} \cong 8 \cdot 10^{-3}\frac{m^3}{s} \cong 8\ lt/s$$

18. [33]Il tubo di Pitot, ideato nel XVIII secolo dallo scienziato Henri Pitot, viene comunemente impiegato per misurare la velocità relativa di un corpo in movimento e l'aria; ad esempio in un velivolo, in un'auto, ecc. (*di cui uno schema è riportato in figura)*. Dimostrare che la velocità dell'aereo è data dalla relazione:

$$v = \sqrt{\frac{2\rho g h}{\rho_{aria}}}$$

(con ρ=densità del liquido manometrico)

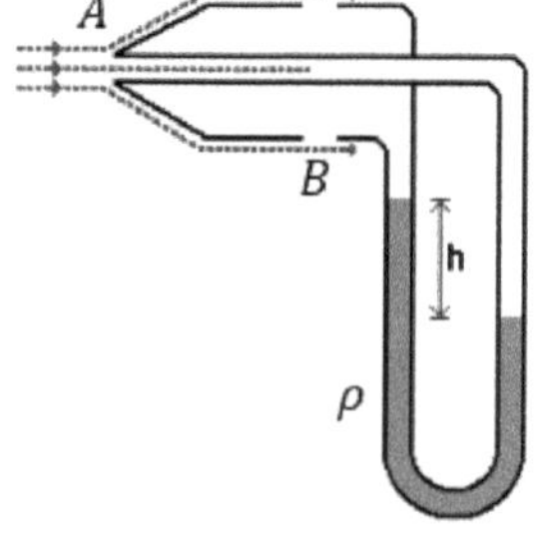

Figura 150

Strategia-soluzione

Per dimostrare quanto richiesto utilizzeremo l'equazione di Bernoulli e la legge di Stevino. Bisogna considerare che l'aria può entrare dai fori laterali B e frontale A, tuttavia per ovvie ragioni dinamiche l'aria che entra nel foro A e spinge il liquido manometrico viene

---

[33] *Ispirato all'esercizio n. 64P p.340 del libro Fondamenti di fisica" (Halliday, Resnick, Walker vol 1- 2001), integrato con altri quesiti.*

equilibrata dall'aria che penetra attraverso i fori B; in queste condizioni di equilibrio l'aria in A diventa stagnante e la sua velocità sarà nulla.

Applicando la legge di Bernoulli nei punti A e B si ha:

$$P_A + \rho_{aria} g h_A + \frac{1}{2}\rho_{aria} v_A{}^2 = P_B + \rho_{aria} g h_B + \frac{1}{2}\rho_{aria} v_B{}^2 \qquad (1)$$

Siccome la differenza di quota tra le sezioni A e B è trascurabile, i termini $\rho_{aria} g h_A$ e $\rho_{aria} g h_B$, relativi ad esse, sono uguali e possono essere semplificati. Inoltre siccome abbiamo già detto che l'aria nella sezione A si ferma, il termine relativo alla velocità in essa $1/2 \cdot \rho_{aria} \cdot v_A{}^2$ è nullo; la (1) diventa:

$$P_A = P_B + \frac{1}{2}\rho_{aria} v_B{}^2 \qquad (2)$$

In questa equazione si hanno due incognite le due pressioni P_A e P_B che sono determinabili attraverso il manometro applicando Stevino. Nel ramo sinistro connesso alle aperture laterali B si trova la cosiddetta **pressione statica** della corrente gassosa, mentre l'imboccatura del ramo destro è ortogonale al moto della corrente gassosa, per cui in esso si rileva la pressione di arresto detta **totale**. Applicando la legge di Stevino è possibile scrivere la seguente relazione:

$$P_A = P_B + \rho g h \qquad (3)$$

Dove ρ è la densità del liquido manometrico.

Sottraendo la (2) con la (3) si ricava che

$$\frac{1}{2}\rho_{aria} v_B{}^2 = \rho g h \qquad (4)$$

E risolvendo rispetto a v_B si avrà:

$$v_B = \sqrt{\frac{2\rho h}{\rho_{aria}}} \qquad (c.d.d.)$$

19. Un aereo in volo orizzontale in cui la velocità dell'aria sulla superficie inferiore di una delle ali è di 110 *m/s* e considerato che tra le superfici dell'ala vi è una differenza di pressione pari a 900 Pa determinare:

a) Quale sarà la velocità di flusso sulla superficie superiore dell'ala;
b) Se ogni ala ha superficie S= 20 m^2 qual è la portanza alare;
c) La massa dell'aereo.

(*densità dell'aria* $d = 1{,}3\ kg/m^3$)

Strategia-soluzione

Il problema potrà essere affrontato con l'equazione di Bernoulli applicata tra le superfici inferiore e superiore dell'ala; per la portanza alare va ricordato che essa è la forza verticale ottenuta moltiplicando l'area per la differenza di pressione tra le superfici.

a) Indicando con 1 e 2 rispettivamente le superfici inferiore e superiore dell'ala applicando Bernoulli si ha:

$$p_i + dgh_i + d\frac{{v_i}^2}{2} = p_s + dgh_s + d\frac{{v_s}^2}{2} \qquad (1)$$

$$p_i - p_s = dg(h_s - h_i) + d\frac{{v_s}^2}{2} - d\frac{{v_i}^2}{2} \qquad (2)$$

la differenza di quota $(h_s - h_i)$ tra le superfici superiore ed inferiore dell'ala è circa zero quindi la possiamo trascurare. Dalla (2) risolvendo rispetto a v_s si ha:

$$v_s = \sqrt{\frac{2}{d}(p_i - p_s) + {v_i}^2} = \sqrt{\frac{2 \cdot 900Pa}{1{,}3\frac{kg}{m^3}} + \left(110\frac{m}{s}\right)^2} \cong 116\ m/s \qquad (3)$$

b) La portanza sarà:

$$F = 2(p_i - p_s) \cdot S = 2 \cdot 900Pa \cdot 20m^2 = 3{,}6 \cdot 10^4 N$$

c) Considerato che siamo in condizioni di equilibrio dovrà risultare che

$$F = mg$$

La massa dell'aereo sarà:

$$m = \frac{F}{g} = \frac{3{,}6 \cdot 10^4 N}{9{,}8\frac{m}{s^2}} \cong 3673kg$$

20. Per estrarre l'acqua da un serbatoio si utilizza un tubo a sifone con diametro costante. Determinare:

a) La velocità di efflusso nella sezione C posta ad y sotto il pelo libero del serbatoio;

b) Quale altezza massima può avere il punto più alto del sifone rispetto al pelo libero dell'acqua del serbatoio;

c) Il tempo occorrente per fare in modo che il livello del serbatoio raggiunga la quota di pescaggio $(y - h_1)$.

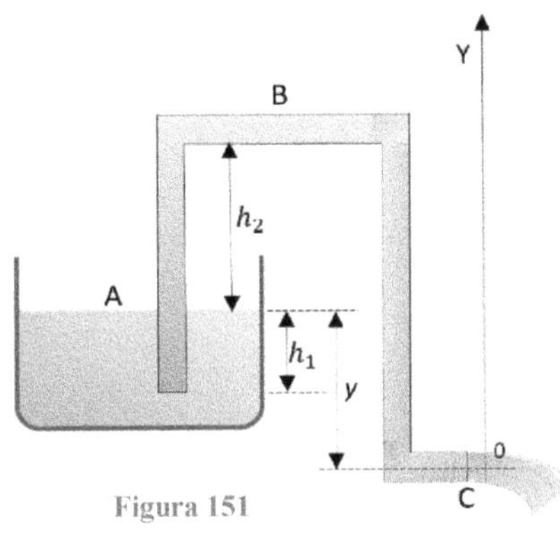

Figura 151

(**dati**: $y_0 = 3m,\ \ h_1 = 1{,}5m,\ \ d = 5\ cm,\ \ D = 4m,\ \ \delta = densit\grave{a}\ del\ fluido$)

Strategia-soluzione

Per rispondere alla **a)** si può ricorrere all'equazione di Bernoulli tra le sezioni A e C; per la **b)** oltre all'equazione di Bernoulli si utilizzerà l'equazione di continuità; essendo il tubo a sezione costante la velocità del fluido nella sezione B deve essere uguale a quella di C. Per la domanda **c)** occorrerà determinare la portata di efflusso del sifone e il volume d'acqua da prelevare dal serbatoio per arrivare alla quota designata. Va tuttavia tenuto conto che la velocità di efflusso non è costante, ma è in funzione della *y*; quindi da esso dipenderà anche il tempo richiesto, per far ciò determineremo prima i valori istantanei delle grandezze menzionate.

a) Preso come quota zero il punto C applichiamo Bernoulli tra le sezioni A e C:

$$p_A + \delta g y_0 + \delta \frac{{v_A}^2}{2} = p_C + \delta g(0) + \delta \frac{{v_C}^2}{2} \tag{1}$$

La pressione nelle sezioni A e C è uguale a quella atmosferica p_0. Inoltre la velocità nella sezione A è zero, quindi:

$$p_0 + \delta g y_0 = p_0 + \delta \frac{{v_C}^2}{2} \tag{2}$$

$$v_C = \sqrt{2gy_0} = \sqrt{2 \cdot 9{,}8 \frac{N}{kg} \cdot 3m} \cong 7{,}67 m/s \tag{3}$$

b) Per determinare l'altezza massima che il tubo può assumere rispetto ad A applichiamo di nuovo l'equazione di Bernoulli tra le sezioni B e C:

$$p_B + \delta g(y_0 + h_2) + \delta \frac{{v_B}^2}{2} = p_C + \delta g(0) + \delta \frac{{v_C}^2}{2} \quad (4)$$

Inoltre per la costanza della portata tra le sezioni B e C si ha:

$$v_B = v_C \quad (5)$$

$$p_B = -\delta g(y_0 + h_2) - \cancel{\delta \frac{{v_B}^2}{2}} + p_0 + \cancel{\delta \frac{{v_B}^2}{2}} \quad (6)$$

$$p_B = p_0 - \delta g y_0 - \delta g h_2 \quad (7)$$

Dato che $p_B \geq 0$ la (7) sarà:

$$p_0 - \delta g y_0 - \delta g h_2 \geq 0 \quad (8)$$

$$h_2 \leq \frac{p_0}{\delta g} - y_0 = \frac{1{,}013 \cdot 10^5 Pa}{10^3 \frac{kg}{m^3} 9{,}8 \frac{N}{kg}} - 3m = (10{,}34 - 2)m \cong 7{,}34m$$

c) Va considerato che raggiunta la quota $(y - h_1)$ il sifone smetterà di funzionare. Trattandosi di valori variabili determiniamo la variazione di volume *dV* prelevato nell'istante *t* che per continuità è uguale a quello di efflusso. Indicando con *Q* la portata del tubo, con *S* la superficie del serbatoio, con ***a*** la superficie del tubo e *y(t)* la quota istantanea possiamo scrivere:

$$Q = -\frac{dV}{dt} \quad \Rightarrow dV = -Qdt \quad (9)$$

Da cui:

$$\frac{dV}{dt} = S\frac{dy}{dt} = -a \cdot v_C = -a \cdot \sqrt{2gy(t)} = -a \cdot \sqrt{2g} \cdot y(t)^{\frac{1}{2}} \quad (10)$$

$$S \cdot dy = -a \cdot \sqrt{2g} \cdot y(t)^{\frac{1}{2}} \cdot dt \quad (11)$$

Risolvendo rispetto a *dt* otteniamo

$$dt = -\frac{S}{a\sqrt{2g}} \cdot y(t)^{-\frac{1}{2}} dy \quad (12)$$

Integrando tra posizione iniziale e finale si ha:

$$\int_{t_0}^{t} dt = -\frac{S}{a\sqrt{2g}} \cdot \int_{y_0}^{y_0-h_1} y(t)^{-\frac{1}{2}}\, dy$$

(13)

$$t - t_0 = -\frac{S}{a\sqrt{2g}}\left[2y(t)^{\frac{1}{2}}\right]_{y_0}^{y_0-h_1}$$

$$t = -\frac{2S}{a\sqrt{2g}}\left(\sqrt{y_0-h_1} - \sqrt{y_0}\right) = \frac{2S}{a\sqrt{2g}}\left(\sqrt{y_0} - \sqrt{(y_0-h_1}\right)$$

(14)

Sostituendo $S = \frac{\pi D^2}{4}$ e $a = \frac{\pi d^2}{4}$ si ottiene:

$$t = \frac{\frac{2\cdot\pi D^2}{4}}{\frac{\pi d^2}{4}\cdot\sqrt{2g}}\left(\sqrt{y_0} - \sqrt{y_0-h_1}\right) = 2\cdot\frac{D^2}{d^2}\left(\sqrt{y_0} - \sqrt{(y_0-h_1)}\right)$$

(15)

$$t = 2\left(\frac{4m}{5\cdot 10^{-2}m}\right)^2 \cdot \frac{1}{\sqrt{2\cdot 9{,}8\frac{m}{s^2}}} \cdot \left(\sqrt{3m} - \sqrt{(3-1{,}5)m}\right) \cong 1467s$$

Nota: *In termini medi potremmo considerare il fenomeno come un deflusso ottenuto attraverso una portata media*[34] *e quindi una velocità media* v_{Cm}:

$$Q_m = \frac{V}{t} = \frac{\frac{\pi D^2}{4}h_1}{t} = \frac{18{,}85\ m^3}{1467\ s} \cong 0{,}0128\frac{m^3}{s}$$

(16)

---

[34] Portata iniziale: $Q_i = av_c = \frac{\pi d^2}{4}7{,}67\frac{m}{s} = 1{,}963\cdot 10^{-3}m^2\cdot 7.67\frac{m}{s} \cong 0{,}0131\frac{m^3}{s}$

Portata finale: $Q_f = av_{c'} = \frac{\pi d^2}{4}\sqrt{2g(y_0-h_1)} = 1{,}963\cdot 10^{-3}m^2\cdot 5{,}42\frac{m}{s} \cong 0{,}0106\frac{m^3}{s}$

Essendo $a = \frac{\pi d^2}{4} = 1{,}963 \cdot 10^{-3} m^2$ la velocità media sarebbe:

$$v_m = \frac{Q_m}{a} = \frac{0{,}0128 \frac{m^3}{s}}{1{,}963 \cdot 10^{-3} m^2} \cong 6{,}52 \frac{m}{s}$$

(17)

La velocità si otterrà utilizzando la (3) e sostituendo $(y_0 - h_1)$ a y_0; indicando la velocità con v'_C si ha

$$v'_C = \sqrt{2g(y_0 - h_1)} \cong 5{,}42 \frac{m}{s} \quad (18)$$

$$v'_C < v_m < v_C)$$

CAPITOLO 10

OSCILLAZIONI

- MOTO ARMONICO SEMPLICE
- CONSERVAZIONE DELL'ENERGIA
- PENDOLI
- MOTO ARMONICO SMORZATO

10. OSCILLAZIONI

10.1. Introduzione

Il capitolo si pone come obiettivo l'analisi di alcuni problemi notevoli sulle oscillazioni, in particolare quelle del moto armonico semplice dove il moto periodico è una funzione sinusoidale del tempo. Inoltre si analizzeranno alcuni esercizi che riguardano: l'oscillatore armonico semplice, evidenziando come la seconda legge di Newton la si ritrovi sotto forma della legge di Hooke; la conservazione dell'energia, nonché il moto pendolare, sia per quello semplice che per il pendolo reale.

10.2. Richiami e formule

10.2.1. <u>Moto armonico semplice</u>

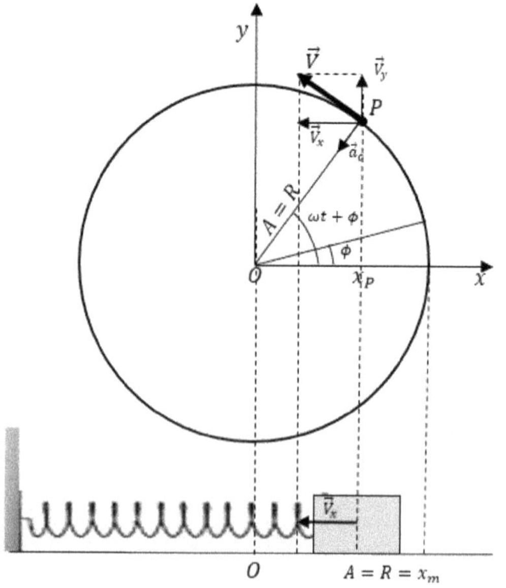

Figura 152

Un moto armonico semplice, come quello di un oscillatore armonico in Figura 152, può essere studiato partendo dal moto di un punto materiale che si muove di moto circolare uniforme, proiettando posizione, velocità tangenziale, accelerazione centripeta, su uno degli assi, ad esempio asse orizzontale x. In effetti all'osservatore la proiezione del moto apparirà come un'oscillazione rispetto al punto O di ampiezza massima A= R=Xm, che descrive esattamente quello che avviene per la massa m e la molla. Si possono determinare le grandezze del punto P posizione, velocità e accelerazione in funzione del tempo attraverso le proiezioni sull'asse x.

Tra le grandezze coinvolte nel moto armonico una delle più importanti è la frequenza ovvero il numero di oscillazioni compiute nell'unità di tempo che nel sistema S.I. è espressa in *Hz* (1 *Hz*= 1 oscillazione al secondo); altra grandezza è il periodo ovvero il tempo impiegato ad effettuare un'oscillazione completa che nel S.I. ha come unità di misura il secondo. Tra periodo e frequenza vi è la relazione:

$$T = \frac{1}{f}$$

Con riferimento alle figure 152, 153 e 154 possiamo scrivere le equazioni delle grandezze cinematiche: *x(t); v(t); a(t)* del moto circolare uniforme[35] tramite le sue proiezioni sull'asse x.

Legge oraria: $$x(t) = R\cos(\omega t + \Phi) \qquad (1)$$

Velocità:

$$v(t) = -V \cdot sen\,(\omega t + \Phi) = -\omega R \cdot sen\,(\omega t + \Phi) \qquad (2)$$

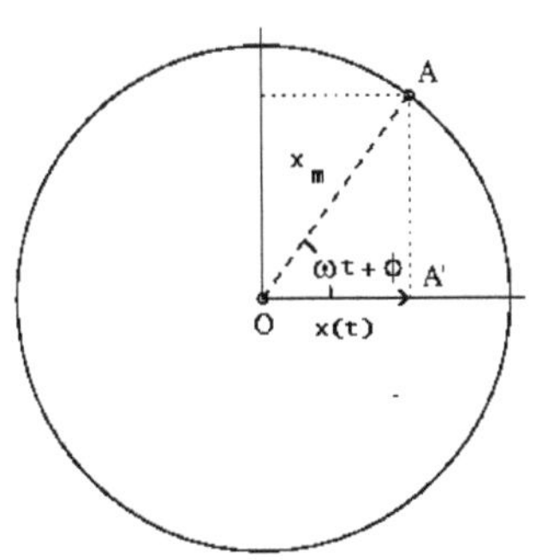

Figura 153

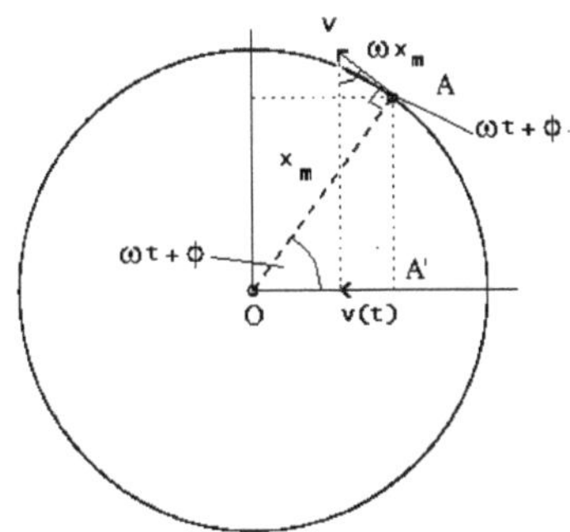

Figura 154

[35] Il problema si potrà affrontare anche con la matematica differenziale, quando essa sarà svolta. Si riporta per completezza:
$v(t) = \frac{dx(t)}{dt} = -\omega R\; sen\,(\omega t + \Phi)$; $a(t) = \frac{dv(t)}{dt} =) = -\omega^2 R\; cos\,(\omega t + \Phi) = -\omega^2\, x(t)$

Accelerazione:

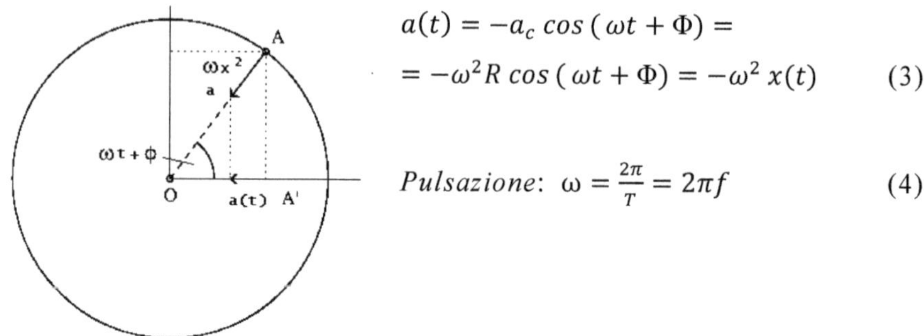

$$a(t) = -a_c \cos(\omega t + \Phi) =$$

$$= -\omega^2 R \cos(\omega t + \Phi) = -\omega^2 x(t) \quad (3)$$

$$Pulsazione: \; \omega = \frac{2\pi}{T} = 2\pi f \quad (4)$$

Figura 155

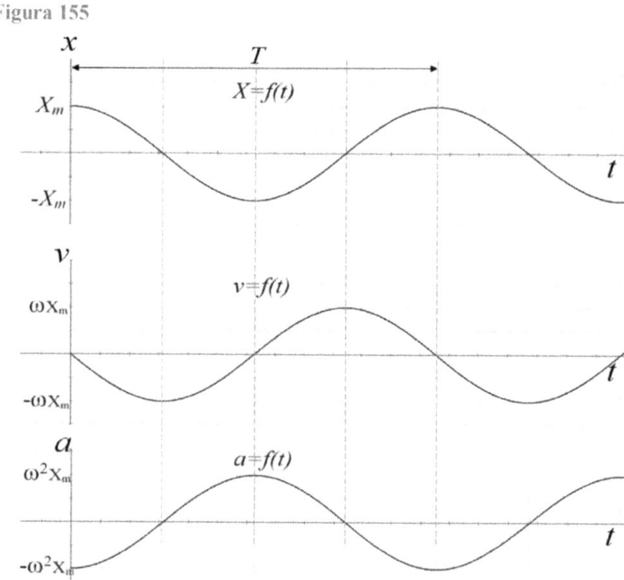

Figura 156

10.2.2. Oscillatore armonico lineare

Si tratta di una massa *m* collegata ad una molla, vedi Figura 152, che una volta perturbata per una elongazione *Xm* rispetto ad un punto di riposo O, oscilla con un moto armonico intorno ad O.
Combinando la seconda legge di Newton con la (3), che rappresenta l'accelerazione di un moto armonico semplice ideale, si ha:

$$F = ma = -m \cdot \omega^2 \, x(t) \quad (5)$$

La forza elastica che una molla oppone alla sua perturbazione $x(t)$ è data dalla legge di Hooke:

$$F = -Kx(t) \quad (6)$$

Pertanto la (5) si può scrivere:

$$-K \cdot x(t) = -m \cdot \omega^2 \, x(t) \quad (7)$$

Da cui

$$K = m \cdot \omega^2 \quad (8)$$

La **pulsazione** ω sarà:

$$\omega = \sqrt{\frac{K}{m}} \quad (9)$$

Il **periodo** di oscillazione sarà dato combinando la (4) con la (9)

$$\frac{2\pi}{T} = \sqrt{\frac{K}{m}} \quad \Rightarrow \quad T = 2\pi \cdot \sqrt{\frac{m}{K}} \quad (10)$$

10.2.3. Caso di molla verticale

Una massa appesa ad una molla verticale ne produce un allungamento fino alla posizione di equilibrio; posizione che si raggiunge quando la molla produce una forza elastica pari al peso della massa applicata, ma di verso opposto.

Risulta:

$$-Ky_0 = -mg \quad (11)$$

quindi si allungherà di:

$$y_0 = \frac{mg}{K} \quad (12)$$

Perturbando l'equilibrio la massa oscillerà rispetto ad esso.

Per tutti gli altri aspetti le oscillazioni sono perfettamente uguali a quella di una molla orizzontale.

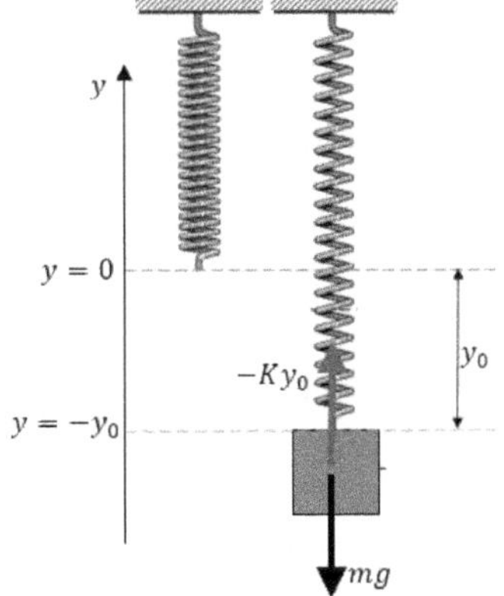

Figura 157

10.2.4. Conservazione dell'energia nel moto oscillatorio

In un sistema ideale (assenza di attrito o altre forze non conservative) l'energia totale si conserva. Come nell'oscillatore meccanico orizzontale l'energia totale del sistema, cinetica più potenziale elastica, si conserva.

Nel caso in questione l'energia potenziale del sistema è legata interamente alla deformazione della molla ossia a $x(t)$; essa è data da[36]:

$$E_p(t) = \frac{1}{2}K \cdot x(t)^2 \tag{13}$$

L'energia cinetica del sistema è interamente associata alla massa m del blocco, quindi dipende dalla velocità del blocco $v(t)$ ed è data da:

$$E_c(t) = \frac{1}{2}m \cdot v(t)^2 \tag{14}$$

Tenuto conto delle equazioni (1) e (2) e ponendo l'ampiezza massima $R = X_m$ possiamo scrivere:

$$E_p(t) = \frac{1}{2}K \cdot {X_m}^2 \cos^2(\omega t + \Phi) \tag{15}$$

Analogamente

$$E_c(t) = \frac{1}{2}m[-\omega X_m \cdot sen\,(\omega t + \Phi)]^2 = \frac{1}{2}m(-\omega X_m)^2 sen^2\,(\omega t + \Phi) =$$

$$= \frac{1}{2}m\omega^2 {X_m}^2 sen^2\,(\omega t + \Phi) \tag{16}$$

Sostituendo ω^2 in virtù della (8) la (16) diventa:

$$E_c(t) = \frac{1}{2}\cancel{m}\frac{K}{\cancel{m}} \cdot {X_m}^2 sen^2\,(\omega t + \Phi) = \frac{1}{2}K \cdot {X_m}^2 sen^2\,(\omega t + \Phi) \tag{17}$$

Tenuto conto di quanto già introdotto nel capitolo 4 possiamo scrivere:

$$E_p(t) + E_c(t) = costante \tag{18}$$

$$E_p(t) + E_c(t) = \frac{1}{2}K \cdot {X_m}^2 \cos^2(\omega t + \Phi) + \frac{1}{2}K \cdot {X_m}^2 sen^2\,(\omega t + \Phi) =$$

$$= \frac{1}{2}K \cdot {X_m}^2[\cos^2(\omega t + \Phi) + sen^2\,(\omega t + \Phi)] = \frac{1}{2}K \cdot {X_m}^2 \cdot 1 = \frac{1}{2}K \cdot {X_m}^2 \tag{19}$$

---

[36] Grandezze trattate nel capitolo 4

In effetti il termine $\frac{1}{2}K \cdot {X_m}^2$ è proprio una costante.

In Figura 158 riportiamo le equazioni precedenti su un sistema cartesiano Energia-Spostamento.

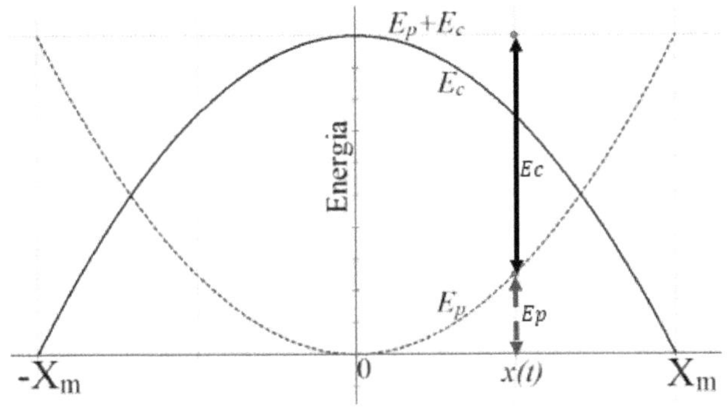

Figura 158

Si osserva chiaramente come la somma delle energie per una qualsiasi ascissa $x(t)$ sia una costante.

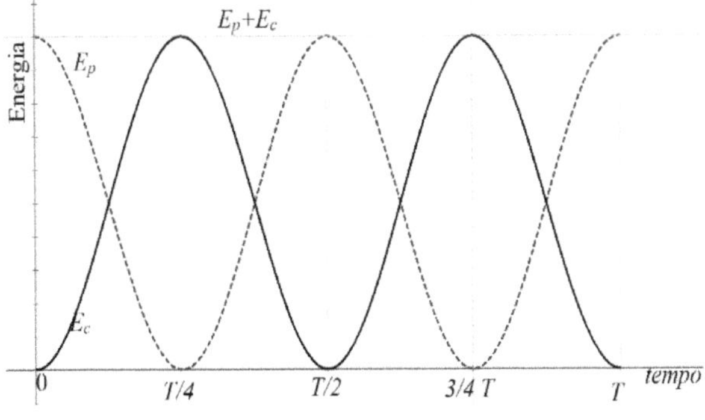

Figura 159

Nel grafico Energia-tempo è riportato l'andamento di entrambe le energie in funzione del tempo; si osserva che dove $E_p(t)$ è massima $E_c(t)$ è minima.

Inoltre il valore massimo vale per entrambe le energie

$$E_{max} = \frac{1}{2}K \cdot {X_m}^2 \tag{20}$$

10.2.5. Il pendolo semplice

Il pendolo semplice è un apparato composto da una massa ***m*** *appesa ad un filo o un'asta non estensibile di lunghezza* ***L*** *e di massa trascurabile, capace di oscillare rispetto ad un punto situato sulla verticale di aggancio. Il moto del pendolo per piccole oscillazioni è armonico semplice; presenta periodi uguali per lunghezze uguali e in esso la componente elastica è affidata alla forza di gravità.*

Il pendolo semplice ha come elemento inerziale la massa $\boldsymbol{m}$ mentre l'elemento elastico è la forza gravitazionale tra la massa e la terra. Se consideriamo l'energia potenziale del sistema variabile tra la posizione di riposo $\boldsymbol{\theta = 0}$ e la posizione che assume per un angolo generico θ, essa è assimilabile a quella di una molla gravitazionale che oscilla con la medesima elongazione.

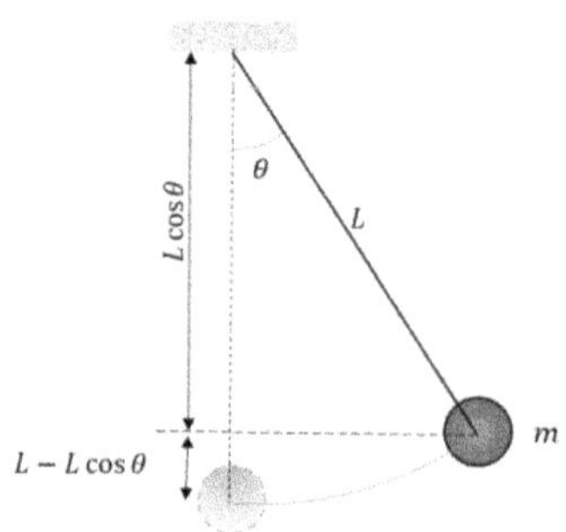

Figura 160

Consideriamo le forze agenti sul sistema in esame dove la componente tangenziale della forza peso è forza di richiamo e il segno negativo indica che agisce sempre in verso opposto allo spostamento. Dalla seconda di Newton:

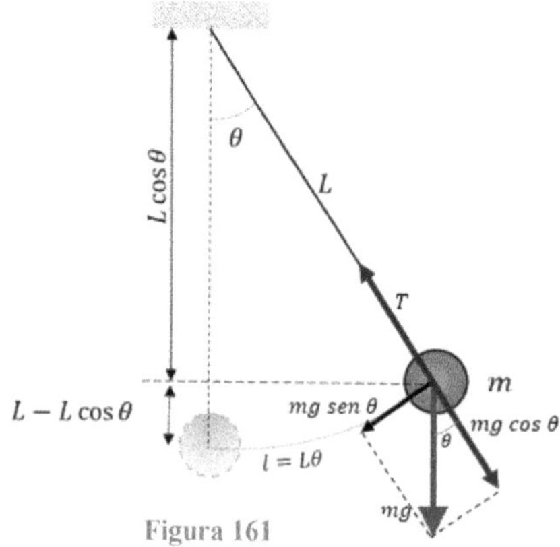

Figura 161

$$F = -mg\,sen\,\theta \tag{19}$$

Tenuto conto che per angoli piccoli si ha:

$$sen\,\theta \cong \theta\ (in\ radianti)$$

la (19) diventa:

$$F = -mg\,\theta \tag{20}$$

Inoltre l'arco disegnato dalla massa rispetto al punto di equilibrio è legato all'angolo da $l = L\Theta$; ricavato Θ e sostituito nella (20) si ha:

$$F = -\frac{mg}{L}l \tag{21}$$

Confrontando la (21) con la (6) ritroviamo nuovamente la legge di Hooke in cui lo spostamento x è rappresentato dalla lunghezza l e il termine $\frac{mg}{L}$ è valore analogo alla costante elastica $\boldsymbol{K}$.

Il periodo di oscillazione sarà dato dalla (10) sostituendo alla costante elastica il valore $\frac{mg}{L}$

$$T = 2\pi \cdot \sqrt{\frac{m}{K}} = 2\pi \cdot \sqrt{\frac{m}{\frac{mg}{L}}} = 2\pi \cdot \sqrt{\frac{mL}{mg}} = 2\pi \cdot \sqrt{\frac{L}{g}} \quad (22)$$

$$T = 2\pi \cdot \sqrt{\frac{L}{g}} \quad (23)$$

Allo stesso risultato si poteva giungere utilizzando le relazioni differenziali della seconda legge di Newton; la (19) si può anche scrivere:

$$-mg\ sen\ \theta = ma_t \quad (24)$$

Essendo inoltre $a_t = \alpha L$ si ha:

$$-mg\ sen\ \theta = m\alpha L \quad (25)$$

Semplificando m e risolto rispetto ad $\alpha = \frac{d^2\theta}{dt^2}$ si ha:

$$\frac{d^2\theta}{dt^2} = -\frac{g}{L}\ sen\ \theta \quad (26)$$

Inoltre per angoli piccoli si può porre:

$$sen\ \theta \cong \theta\ (in\ radianti)$$

$$\omega = \sqrt{\frac{g}{L}}$$

La (26) diventa:

$$\frac{d^2\theta}{dt^2} = -\left(\frac{g}{L}\right)\ \theta = -\omega^2\theta \quad (27)$$

Si tratta di un'equazione differenziale non lineare. Essa rappresenta l'equazione di un moto armonico che ha come soluzione generale

$$\theta(t) = \theta_0 \text{sen}(\omega t + \phi) \quad (28)$$

Dove θ_0 è l'ampiezza (angolo massimo raggiunto nelle oscillazioni) e ϕ la fase iniziale. Nel limite di piccole oscillazioni il pendolo ha periodo

$$T = \frac{2\pi}{\omega} = 2\pi \cdot \sqrt{\frac{L}{g}} \qquad (29)$$

Identico alla (23).

Nota: *la relazione* (23) *mette in evidenza come il periodo sia indipendente dall'ampiezza di oscillazione. Questo è vero soltanto per piccole ampiezze di oscillazioni, come tuttavia si è supposto nella trattazione.*

Inoltre il periodo di oscillazione determinato è indipendente dalla massa del pendolo e la ragione di ciò è la stessa di quella per cui tutti i corpi con masse diverse cadono nel vuoto con la stessa accelerazione; cioè fornisce un'ulteriore prova del principio di ***equivalenza*** *fra* ***massa inerziale*** *e* ***massa gravitazionale****. Una massa maggiore ha un grado di opposizione al moto maggiore quindi tenderebbe a muoversi più lentamente; d'altra parte sarebbe soggetta ad una forza gravitazionale maggiore. Questi effetti si compensano sia nella caduta libera che nel pendolo.*

10.2.6. Pendolo fisico o reale

Il pendolo semplice può essere considerato un caso ideale di un oggetto fisico chiamato pendolo fisico o reale costituito da un corpo rigido vincolato ad un punto di sospensione O soggetto al proprio peso Mg applicato al suo centro di massa C. Spostato il pendolo di un angolo θ da una delle parti, tenuto conto del momento d'inerzia ***I*** rispetto al centro di rotazione O e la distanza ***d*** tra il centro di massa ed il centro di rotazione O, la forza peso[37] genererà un momento rispetto ad O che tende a riportare il pendolo in posizione di equilibrio verticale ed è:

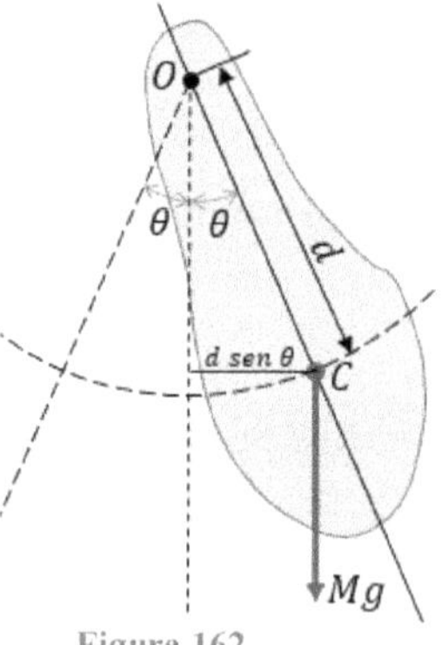

Figura 162

$$\tau = -Mg \cdot d\, sen\, \theta \qquad (30)$$

Ricordando la seconda legge di Newton nella forma angolare $\sum \tau = I\alpha$ si ha:

$$-Mg \cdot d\, sen\, \theta = I\alpha = I \cdot \frac{d^2\theta}{dt} \qquad (31)$$

---

[37] Non consideriamo la reazione vincolare del punto di sospensione in quanto il suo momento è nullo rispetto ad O.

Limitando l'osservazione alle piccole oscillazioni ($sen\, \theta \cong \theta$) la (31) si semplifica e l'equazione del moto sarà:

$$\frac{d^2\theta}{dt} + \left(\frac{Mgd}{I}\right)\theta = 0 \tag{32}$$

La (32) è un'equazione differenziale del tutto analoga alla (27), la cui soluzione generale è data da:

$$\theta(t) = \theta_0 \cos\left[\sqrt{\left(\frac{Mgd}{I}\right)} \cdot t + \phi\right] \qquad \text{dove} \qquad \sqrt{\frac{Mgd}{I}} = \omega \tag{33}$$

Il periodo di oscillazione (sempre per piccole oscillazioni) sarà ancora:

$$T = \frac{2\pi}{\omega} = 2\pi \cdot \sqrt{\frac{I}{Mgd}} \tag{34}$$

<u>Nota:</u> un pendolo fisico di massa M e distanza d tra il centro di massa e il punto di sospensione ha il periodo uguale ad un pendolo semplice che ha lunghezza $L = \frac{I}{Mg}$.

10.2.7. <u>Moto armonico semplice smorzato</u>

Si ha un moto armonico smorzato quando un oscillatore viene rallentato da una forza esterna, ad esempio una forza d'attrito; questo è il caso di ogni oscillazione reale. Consideriamo il caso di un oscillatore armonico soggetto ad una forza smorzante del tipo

$$\vec{F}_{sm} = -b\vec{v} \quad (dove\ b\ \text{è}\ una\ costante\ di\ smorzamento)$$

La seconda legge di Newton sarà:

$$-Kx(t) - bv = ma \tag{35}$$

L'equazione del moto sarà:

$$-Kx(t) - bv = ma \tag{36}$$

$$\frac{d^2x(t)}{dt} + b\frac{dx}{dt} + Kx(t) = 0 \tag{37}$$

La (37) è un'equazione differenziale la cui soluzione generale è data da:

$$x(t) = x_m e^{-bt/2m} \cos(\omega t + \phi) \tag{38}$$

Con pulsazione:

$$\omega = \sqrt{\frac{K}{m} - \left(\frac{b}{2m}\right)^2} \tag{39}$$

Nota: se $b=0$, cioè con assenza di smorzamento, la (39) si riduce alla (9) caso di oscillatore non smorzato. Possiamo considerare che l'ampiezza di oscillazione diminuisce con termine esponenziale $x_m e^{-bt/2m}$ come grafico di Figura 163. Anche l'energia diminuirà nel tempo e sarà data da:

$$E(t) = \frac{1}{2} K\, {x_m}^2 e^{-bt/m}$$

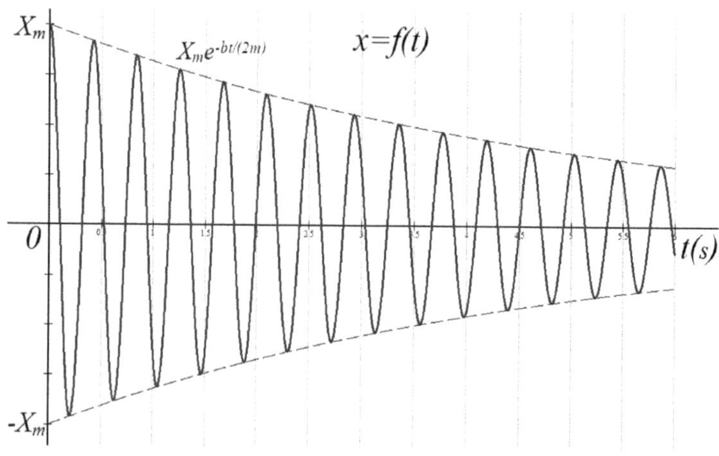

Figura 163

10.3 Esercizi

Moto armonico semplice

1. Un oscillatore armonico oscilla con periodo T=0,73s e ampiezza 5,4 cm. Assumendo che la massa parta da una posizione $x_m = A$ al tempo $t=0$ scrivere l'equazione $x(t)$; $v(t)$; $a(t)$.

Strategia-soluzione

Le equazioni di un moto armonico semplice sono quelle riportate nei richiami (1-2-3)

$$\begin{cases} x(t) = A\,cos(\omega t + \Phi) \\ v(t) = -\omega A \cdot sen\,(\omega t + \Phi) \\ a(t) = -\omega^2 x(t) \end{cases} \quad (1)$$

Ponendo $\boldsymbol{\Phi = 0}$ ed essendo $\boldsymbol{\omega - 2\pi/T}$ e A=0,054m si ha:

$$x(t) = 0{,}054m \cdot cos\left[\left(8{,}6\frac{rad}{s}\right) \cdot t\right] \quad (2)$$

$$v(t) = -8{,}6\frac{rad}{s} \cdot 0{,}054m \cdot sen\left[\left(8{,}6\frac{rad}{s}\right) \cdot t\right] \quad (3)$$

$$a(t) = -\left(8{,}6\frac{rad}{s}\right)^2 \cdot 0{,}054m \cdot cos\left[\left(8{,}6\frac{rad}{s}\right) \cdot t\right] \quad (4)$$

Dal punto di vista grafico:

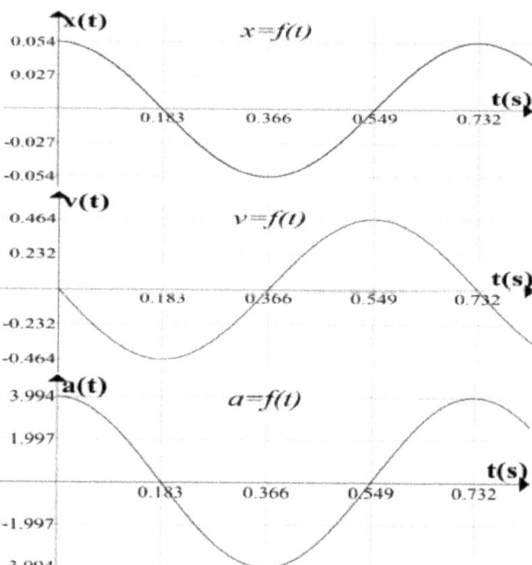

Figura 164

2. Su una superficie orizzontale priva di attrito è sistemata una massa $m_1 = 5kg$ collegata ad una molla di costante elestica $K = 250N/m$; sopra di essa viene posta una seconda massa $m_2 = 2,5kg$ e tra le due masse il coefficiente di attrito statico è $\mu_s = 0,5$. Deformata la molla di una certa ampiezza e lasciato libero il sistema, determinare:

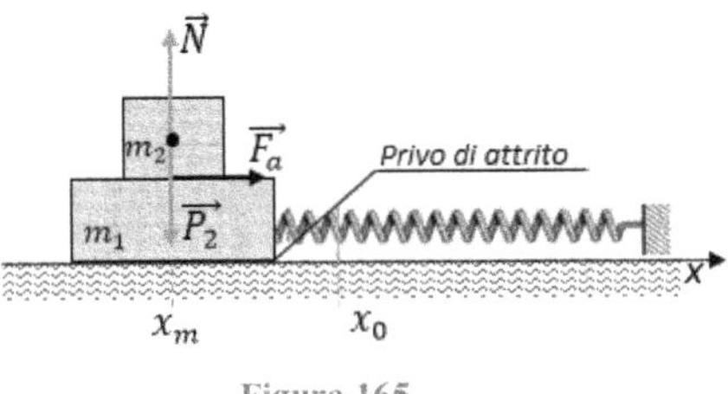

Figura 165

a) La massima ampiezza del moto armonico affinché la massa m_2 non scivoli;

b) La frequenza di tale moto.

Strategia-soluzione

Si tratta di un oscillatore armonico quindi il moto del sistema sarà armonico semplice, per cui occorrerà determinare la massima accelerazione che il blocco 1 può trasmettere al blocco 2 tale che non si verifichi slittamento tra i due blocchi.[38]

a) La massima forza F che la massa 1 può trasmettere alla massa 2 non deve essere maggiore della forza di attrito ed è data da:

$$F_a = \mu_s m_2 g \geq F \tag{1}$$

la seconda legge di Newton $F=ma$ per l'oscillatore armonico applicata alla massa 1 sarà

$$F_a = m_2 \cdot \omega^2 x_m \tag{2}$$

$$\mu_s m_2 g = m_2 \cdot \omega^2 x_m \tag{3}$$

La pulsazione ω è quella del sistema quindi delle due masse; possiamo scrivere:

$$\omega^2 = \frac{K}{m_1 + m_2}$$

Semplificando e risolvendo rispetto ad x_m si ha:

[38] Il problema potrebbe anche essere affrontato con le relazioni del capitolo 4, tuttavia è preferibile utilizzare quelle del moto armonico semplice.

$$x_m = \frac{\mu_s g}{\omega^2} = \frac{\mu_s g}{K}(m_1 + m_2) = \frac{0{,}5 \cdot 9{,}8 \frac{N}{kg}}{250 \frac{N}{m}}(5 + 2{,}5)kg \cong 0{,}15m \qquad (4)$$

b) La frequenza sarà data da:

$$f = \frac{\omega}{2\pi} = \frac{1}{2\pi}\sqrt{\frac{K}{m_1+m_2}} = \frac{1}{6{,}28rad}\sqrt{\frac{250\frac{N}{m}}{7{,}5\ kg}} \cong 0{,}92\ Hz \qquad (5)$$

3. Una molla di costante elastica 69*N/m* è collegata a una massa di 0,57 *kg*. Assumendo che l'ampiezza del moto sia 3,1 *cm* determinare:
a) La pulsazione;
b) La velocità massima del blocco;
c) Il periodo.
(Walker, 2010, p. 437)

Strategia-soluzione

Come nell'esercizio precedente si tratta di un oscillatore armonico, quindi il moto del sistema sarà armonico semplice, per cui si utilizzeranno le equazioni di tale moto.

a) La pulsazione sarà data da:

$$\omega = \sqrt{\frac{K}{m}} = \sqrt{\frac{69\frac{N}{m}}{0{,}57\ kg}} = 11\ rad/s$$

b) Nota l'ampiezza del moto, la velocità massima è data dalla relazione

$$V_{max} = \omega x_m = 11\frac{rad}{s}0{,}031m \cong 0{,}34\ m/s$$

c) Il periodo sarà:

$$T = 2\pi \cdot \sqrt{\frac{m}{K}} = \frac{2\pi}{\omega} = \frac{6{,}26\ rad}{11\frac{rad}{s}} = 0{,}57\ s$$

4. Un corpo di massa m=0,350 kg è attaccato a due molle identiche, per le quali K=$100N/m$, come in Figura 166.
Calcolare:
a) La pulsazione;
b) Il periodo e la frequenza di oscillazione;
c) L'accelerazione massima che si avrebbe per una elongazione di 9 cm.

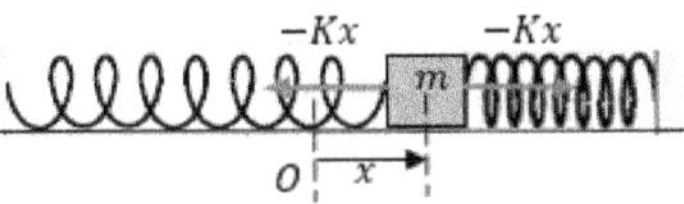

Figura 166

Strategia – soluzione

Il moto del corpo è armonico semplice; per ogni spostamento x che il corpo subisce la molla di sinistra si allunga di x e quella di destra si accorcia della stessa quantità e ogni molla eserciterà sul corpo una forza elastica di modulo uguale, come se il corpo fosse attaccato ad una sola molla con costante elastica $2K$. Possiamo quindi applicare la seconda legge di Newton da cui desumere la pulsazione e successivamente il periodo.

a) Scriviamo la seconda legge di Newton $F=ma$ per l'oscillatore armonico[39]:

$$-2K \cdot x(t) = -m \cdot \omega^2 x(t) \tag{1}$$

Semplificando e risolvendo rispetto ad ω^2 si ha:

$$\omega^2 = \frac{2K}{m} \quad \Rightarrow \quad \omega = \sqrt{\frac{2K}{m}} = \sqrt{\frac{2 \cdot 100\frac{N}{m}}{0,350kg}} \cong 23,9\, rad/s \tag{2}$$

b) Il periodo è dato dalla nota relazione per il moto armonico semplice:

$$T = \frac{2\pi}{\omega} = \frac{2 \cdot 3,14\, rad}{23,9\frac{rad}{s}} = 0,083s \tag{3}$$

La frequenza sarà: $f = \frac{1}{T} \cong 12,0\, Hz$

c) L'accelerazione massima si ha in corrispondenza dell'elongazione massima ed è data da:

$$a = -\omega^2 x_m = -\left(23,9\frac{rad}{s}\right)^2 0,09m \cong 51,4\, m/s^2 \tag{4}$$

---

[39] Si sarebbe potuto anche applicare la II di Newton nella forma differenziale:
$$-2Kx(t) = m\frac{d^2x(t)}{dt} \qquad in\ cui\ x(t) = x_m \cos(\omega t + \Phi)\ e \quad \frac{d^2x(t)}{dt} = -\omega^2 x(t)$$

5. Un blocco di massa m=1,36 kg fissato a una molla con $k=10^2 N/m$ è trascinato a una distanza x = -0,1m dalla sua posizione di equilibrio $x=0$ su una superficie priva di attrito e lasciato libero, da fermo, all'istante $t=0$. Determinare:

a) La pulsazione, la frequenza ed il periodo dell'oscillazione risultante;

b) L'ampiezza risultante;

c) La massima velocità del blocco oscillante;

d) La massima accelerazione del blocco;

e) L'energia totale del sistema.

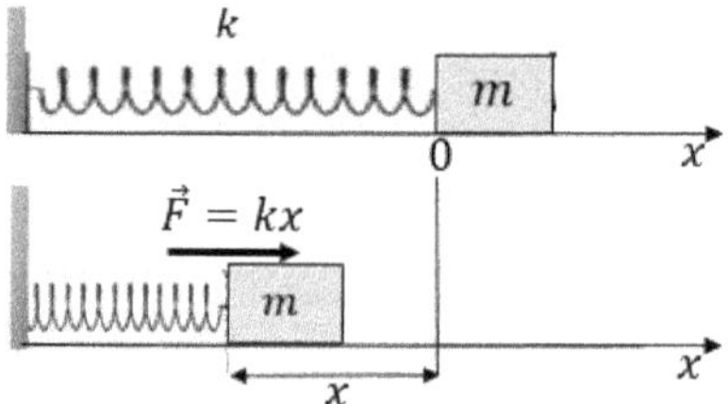

Figura 167

Strategia-soluzione

Il moto del blocco è un moto armonico semplice, per cui facendo riferimento ai richiami di questo capitolo, considerando che l'equazione del moto è del tipo $x(t) = A\,cos(\omega t + \Phi)$ la pulsazione si deduce dalla (9) dei richiami. Imponendo le condizioni iniziali alle equazioni del moto si potranno dedurre le risposte **b) c)** e **d)**; per l'ultimo quesito si farà riferimento ai criteri energetici dell'oscillatore armonico.

a) La pulsazione è data da:

$$\omega = \sqrt{\frac{K}{m}} = \sqrt{\frac{1 \cdot 10^2 \frac{N}{m}}{1\,kg}} = 10\,rad/s \qquad (1)$$

La frequenza sarà:

$$f = \frac{1}{T} = \frac{1}{2\pi}\sqrt{\frac{k}{m}} = \frac{\omega}{2\pi} = \frac{10\frac{rad}{s}}{2\pi} = 1{,}59\,Hz \qquad (2)$$

Il periodo sarà: $$T = \frac{1}{f} = \frac{1}{1{,}59}Hz \cong 0{,}63\,s \qquad (2')$$

b) L'ampiezza del moto è data dalla condizione t=0:

$$\begin{cases} x(0) = A\,cos(\omega 0 + \Phi) = -0{,}10 \\ v(0) = -\omega A sen(\omega 0 + \Phi) = 0 \end{cases} \qquad (3)$$

Dalla prima delle (3) si ha: $A\,cos(\Phi) = -0{,}10$

Dalla seconda: $A\,sen(\Phi) = 0 \quad \Rightarrow \begin{cases} \Phi = 0; \\ A = -0{,}10\ m \end{cases}$

c) La velocità massima sarà data dall'equazione:

$$v(t) = -\omega A\, sen(\omega t) \qquad (4)$$

ed è massima per $sen(\omega t) = 1$ quindi sarà:

$$v(t) = -\omega A = -10\frac{rad}{s}(-0{,}10m) = 1{,}0\ m/s \qquad (5)$$

L'accelerazione massima è data dalla relazione:

$$a(t) = -\omega^2 A\, cos\,(\omega t) = -\omega^2 A = -\left(10\ \frac{rad}{s}\right)^2(-0.10m) = 10{,}0\ m/s^2 \qquad (6)$$

L'energia totale del sistema si potrà determinare utilizzando la (20) dei richiami e formule:

$$E_{max} = \frac{1}{2}K\cdot A^2 = \frac{1}{2}10^2\frac{N}{m}(0{,}10m)^2 = 5{,}0\,J \qquad (7)$$

6. Su di una molla verticale viene appesa una massa di 0,5 *kg* che si allunga di 15 *cm*. Quale massa bisogna appendere alla molla per avere un periodo di oscillazione di 0,75 *s*?
(Walker, 2010, p. 437)

Strategia-soluzione

Dallo schema di Figura 168 la molla sottoposta al peso del corpo si allunga di y_0 e per la legge di Hooke si può determinare la costante elastica della molla per inserirla nella relazione del periodo.

Dalla legge di Hooke:

$$mg = Ky_0 \quad \Rightarrow \quad K = mg/y_0 \qquad (1)$$

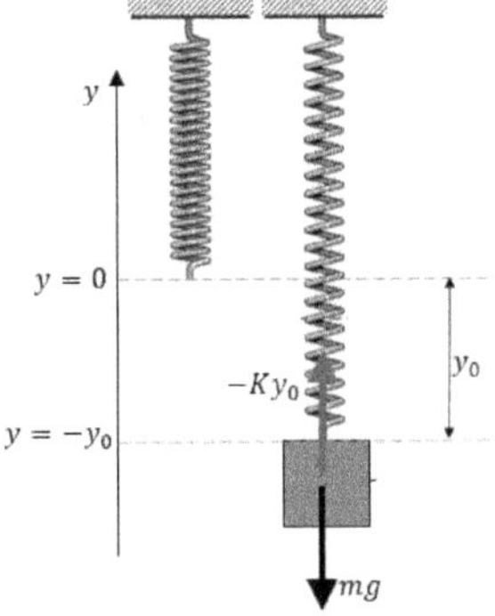

Figura 168

Il periodo di oscillazione è legato alla relazione:

$$T = 2\pi\cdot\sqrt{\frac{m}{K}} \qquad (2)$$

Sostituendo e risolvendo rispetto ad *m* si ha:

$$m = T^2 \frac{mg}{y_0} \frac{1}{4\pi^2} = (0{,}75s)^2 \cdot \frac{0{,}5kg \cdot 9{,}8\frac{N}{kg}}{0{,}15m} \cdot \frac{1}{4 \cdot 3{,}14^2} \cong 0{,}47kg$$

7. Una massa di 50 *g* appesa ad una molla verticale è messa in oscillazione. Se la massima velocità raggiunta dalla massa è di 15 *cm/s* e il periodo 0.500*s* determinare:

a) La costante elastica della molla;
b) L'ampiezza del moto;
c) La frequenza di oscillazione.

Strategia-soluzione

Lo schema è del tutto analogo a quello dell'esercizio precedente, tuttavia per rispondere alla prima domanda possiamo utilizzare la relazione del periodo del moto, per la seconda la relazione tra pulsazione e velocità ed infine la relazione tra periodo e frequenza.

a) Dalla relazione del periodo di un moto armonico semplice si ha:

$$T = 2\pi \cdot \sqrt{\frac{m}{K}} \quad \Rightarrow \quad K = 4\pi^2 \frac{m}{T^2} = 4 \cdot (3{,}14rad)^2 \frac{\cdot 5 \cdot 10^{-2}kg}{(5 \cdot 10^{-1}s)^2} = 7{,}9\ N/m \qquad (1)$$

b) Essendo $v_{max} = \omega x_m$ si ha:

$$x_m = v_{max} \cdot \sqrt{\frac{m}{K}} = 0{,}15\frac{m}{s} \cdot \sqrt{\frac{5 \cdot 10^{-2}kg}{7{,}9\frac{N}{m}}} = 0{,}0119\ m \cong 1{,}19\ cm \qquad (2)$$

La frequenza è data dal reciproco del periodo:

$$f = \frac{1}{T} = \frac{1}{2\pi} \cdot \sqrt{\frac{K}{m}} = \frac{1}{6{,}28\ rad}\sqrt{\frac{7{,}9\frac{N}{m}}{5 \cdot 10^{-2}kg}} = 2{,}0\ Hz$$

(3)

8. Un corpo puntiforme di massa *60 g* viene attacca ad una molla verticale di costante elastica k=3 *N/m* la cui lunghezza a riposo è $l_0 = 0{,}6\,m$. Inizialmente il corpo viene lasciato libero e si trova in condizioni di equilibrio statico in posizione y_{eq}. In un secondo momento il corpo viene lasciato dalla medesima posizione di riposo e lasciato oscillare libero in direzione verticale. Calcolare in un sistema di riferimento y orientato verso il basso:

a) La posizione di equilibrio iniziale del corpo y_{eq};

b) L'equazione del moto del corpo per $t > 0$ con velocità iniziale nulla;

c) La legge oraria del moto oscillatorio del corpo tenendo conto delle condizioni al tempo $t = 0$.

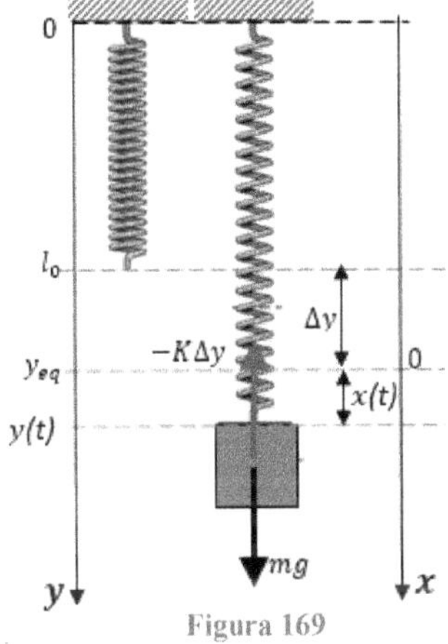

Figura 169

Strategia-soluzione

Il sistema massa-molla nella condizione di equilibrio statico ($a_y = 0$) è soggetto alla forza peso e forza elastica, la cui risultante è zero e da cui si potrà desumere la posizione cercata in **a)** applicando la seconda legge di Newton. Per il quesito **b)** si potrà ricorrere alla seconda di Newton nella forma differenziale, cambiando il sistema di riferimento *y* con *x* in cui l'origine coincide con la posizione di equilibrio. Per il quesito **c)** occorrerà determinare tutti i termini che compaiono nell'equazione *x(t)* .

a) La posizione di equilibrio statico sarà data sommando a quella iniziale a riposo l'allungamento che la molla subisce per effetto della forza peso. La II legge di Newton nelle condizioni di equilibrio iniziali sarà:

$$mg = K\Delta y \qquad \Rightarrow \Delta y = mg/K \tag{1}$$

$$\Delta y = 0{,}06kg \cdot \frac{9{,}8\frac{N}{kg}}{3\frac{N}{m}} = 0{,}196m \cong 0{,}2m$$

$$y_{eq} = l_0 + \Delta y = (0{,}60 + 0{,}2)m = 0{,}80m$$

b) Dalla II legge di Newton si ha:

$$\sum F = ma(t) \tag{2}$$

$$mg - K[y(t) - l_0] = m\frac{d^2y(t)}{dt^2} \tag{3}$$

$$mg - Ky(t) + Kl_0 = m\frac{d^2y(t)}{dt^2} \tag{4}$$

Passando al sistema di riferimento x si potrà scrivere:

$$-kx(t) = mg - Ky(t) + Kl_0 \tag{5}$$

$$x(t) = -\frac{mg}{K} + y(t) - l_0 = y(t) - \left(\frac{mg}{K} + l_0\right) \tag{6}$$

$$x(t) = y(t) - y_{eq} \tag{7}$$

Si può facilmente verificare che sia la derivata prima che la derivata seconda di *y(t)* e *x(t)* siano uguali. L'equazione del moto in funzione di x per $t>0$ è:

$$-kx(t) = m\frac{d^2x(t)}{dt^2} \tag{8}$$

La (8) rappresenta un moto armonico con pulsazione

$$\omega = \sqrt{\frac{K}{m}} = \sqrt{\frac{3\frac{N}{m}}{0,06kg}} = 7,07\ rad/s \tag{9}$$

La soluzione dell'equazione è del tipo:

$$x(t) = Acos(\omega t + \emptyset) \tag{10}$$

In funzione di y dalla (7) si ha:

$$y(t) = x(t) + y_{eq}$$
$$y(t) = Acos(\omega t + \emptyset) + y_{eq} \tag{11}$$

c) La legge oraria si otterrà ricordando la (7) e ponendo le condizioni iniziali alla (10) e/o (11)

$$\text{Per } t = 0 \ si\ ha: \begin{cases} y(0) = l_0 = 0,60\ m\ \ e\ v_{y0} = 0 \\ x(0) = l_0 - y_{eq}\ e\ \ v_{x0} = \ v_{y0} = 0 \end{cases} \tag{12}$$

Imponendo le condizioni iniziali alla (10) si ha:

$$Acos(\omega \cdot 0 + \emptyset) = (0,60 - 0,80)m = -0,2m \tag{13}$$

Derivando rispetto al tempo la (6) otteniamo l'equazione della velocità:

$$v_x(t) = -A\omega \cdot sen(\omega t + \emptyset) \tag{14}$$

Imponendo le condizioni iniziali alla (14) si ha:

$$v_x(0) = -A\omega \cdot sen(\emptyset) = 0 \tag{15}$$

Da cui ne deriva che:

$$sen(\emptyset) = 0 \qquad \Rightarrow \emptyset = 0 \tag{16}$$

Dalla (13) si ottiene l'ampiezza A

$$A = -\frac{0{,}2m}{\cos(0)} = -0{,}2m \tag{17}$$

Sostituendo i valori determinati nella (7) la legge oraria cercata sarà:

$$y(t) = -0{,}2 \cdot cos(7{,}07 \cdot t) + 0{,}80 \tag{18}$$

Con periodo:

$$T = 2\pi\sqrt{\frac{m}{K}} = 0{,}89s$$

Il grafico rappresenta la (18) $y = f(t)$

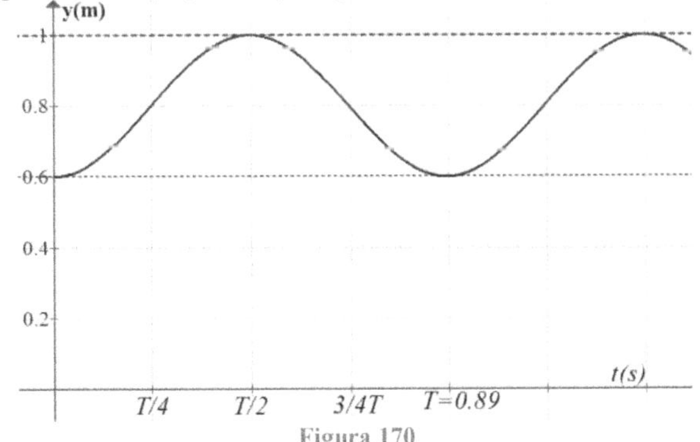

Figura 170

9. Ad una carrucola ideale di massa trascurabile, tramite una fune anche essa di massa trascurabile, viene appesa da un lato una massa m=0,2 kg dall'altro lato una molla di costante elastica k=98 N/m a cui è collegata la massa M=0,5 kg. Tirando la massa M leggermente verso il basso e poi rilasciata, il sistema si metterà in moto con oscillazione armonica. Determinare:

a) Il periodo di oscillazione;

b) La posizione del centro di oscillazione.

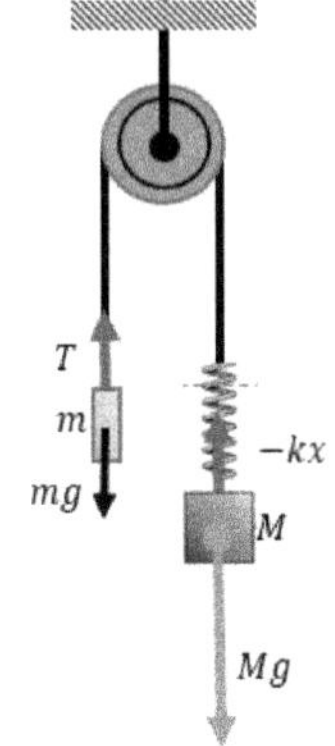

Figura 171

Strategia-soluzione

Per rispondere ai quesiti formulati si può ricorrere alle equazioni del moto armonico semplice dopo aver scritto la seconda legge di

Newton applicata al sistema. Si potranno analizzare separatamente le due masse e poi metterle in relazione. Per il quesito **b)** ci si potrà riferire alle condizioni dell'accelerazione nel centro di oscillazione.

a) Assumendo come verso positivo il moto verso il basso applichiamo la seconda legge di Newton ai due corpi tenendo conto che la massa *M* è sottoposta alla forza elastica di richiamo esercitata dalla molla

$$Mg - kx = Ma \tag{1}$$

$$-T + mg = -ma \tag{2}$$

Essendo $T = kx$ sommando la (1) alla (2) si ha:

$$Mg - kx - kx + mg = Ma - ma \tag{3}$$

$$(M - m)a = -2kx + (M + m)g \tag{4}$$

Risolvendo rispetto ad a e ricordando che $a = \frac{d^2x}{dt}$ si ha:

$$\frac{d^2x}{dt} + \frac{2k}{(M-m)}x - \frac{(M+m)}{(M-m)}g = 0 \tag{5}$$

La (5) rappresenta un'equazione differenziale con soluzione del tipo:

$$x = Acos(\omega t + \emptyset) - \frac{B}{\omega^2} \tag{6}$$

Con $$\omega^2 = \frac{2k}{(M-m)} \qquad e\ B = \frac{(M+m)}{(M-m)}g \tag{7}$$

Il periodo *T* sarà:

$$T = \frac{2\pi}{\omega} = 2\pi\sqrt{\frac{M-m}{k}} = 2\pi\sqrt{\frac{(0{,}5-0{,}2)kg}{2\cdot 98\frac{N}{m}}} \cong 0{,}25s \tag{8}$$

b) Nel centro di oscillazione l'accelerazione è zero per cui la (5) sarà

$$a = -\frac{2k}{(M-m)}x + \frac{(M+m)}{(M-m)}g = 0 \tag{9}$$

$$x = \frac{M+m}{2k}g = \frac{(0{,}5+0{,}2)\text{kg}}{2\cdot 98\frac{\text{N}}{\text{m}}}9{,}8\frac{\text{N}}{\text{kg}} = 0{,}035\text{m} \tag{10}$$

10. Un corpo puntiforme di massa $m=5\ kg$ pende verticalmente essendo attaccato all'estremità inferiore di una molla verticale di costante elastica $K=100\ N/m$ e lunghezza a riposo $l_0=0{,}6m$. Inizialmente il corpo si trova in condizioni di equilibrio statico. All'istante $t = 0$ il corpo subisce un impulso di intensità $I_0=12{,}5kgm/s$ agente in direzione verticale e rivolto verso l'alto. Calcolare in un sistema di riferimento y orientato verso il basso:

(UniVr-esame, 2007)

a) La posizione di equilibrio iniziale del corpo;

b) L'equazione del moto del corpo per $t > 0$;

c) La legge oraria del moto oscillatorio del corpo tenendo conto delle condizioni al tempo $t = 0$.

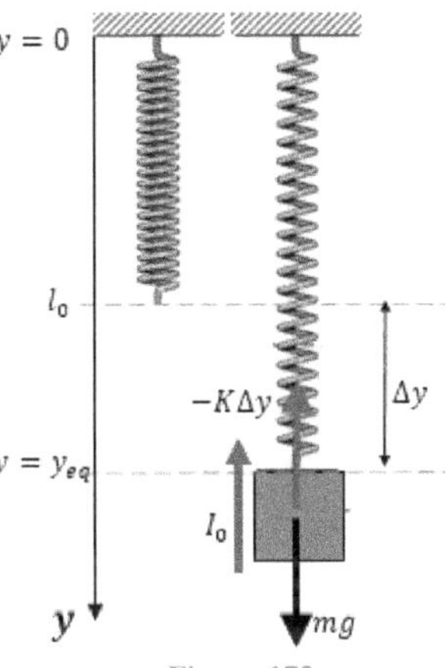

Figura 172

Strategia-soluzione

Il sistema massa-molla nella condizione di equilibrio statico è soggetto alla forza peso e a quella elastica la cui risultante è zero, per cui si potrà desumere la posizione cercata in **a)** applicando la seconda legge di Newton. Per il quesito **b)** si potrà ricorrere alla seconda di Newton nella forma differenziale tenuto conto del sistema di riferimento scelto. Per il quesito **c)** occorrerà determinare tutti i termini che compaiono nell'equazione $x(t)$ con $t=0$ a partire dall'impulso impresso.

a) La II legge di Newton nelle condizioni di equilibrio iniziale sarà:

$$mg = K\Delta y \qquad \Rightarrow \Delta y = mg/K \tag{1}$$

$$\Delta y = 5kg \cdot \frac{9{,}8\frac{N}{kg}}{100\frac{N}{m}} = 0{,}49m$$

$$y_{eq} = l_0 + \Delta y = (0{,}60 + 0{,}49)m = 1{,}09m$$

b) Se poniamo che la $y(t)$ abbia origine nella posizione l_0 dalla II legge di Newton si ha:

$$\sum F = ma(t) \tag{2}$$

$$mg - K[y(t) - l_0] = m\frac{d^2y(t)}{dt^2} \tag{3}$$

Sviluppando e semplificando per m si ha:

$$g - \frac{K}{m} y(t) + \frac{K}{m} l_0 = \frac{d^2 y(t)}{dt^2} \tag{4}$$

$$\frac{d^2 y(t)}{dt^2} + \frac{K}{m} y(t) - \left(\frac{K}{m} l_0 + g\right) = 0 \tag{5}$$

Inoltre ricordando che $\omega = \sqrt{\frac{K}{m}}$ e ponendo $\left(\frac{K}{m} l_0 + g\right) = B$ la (5) diventa:

$$\frac{d^2 y(t)}{dt^2} + \omega^2 y(t) - B = 0 \tag{6}$$

Equazione differenziale non lineare non omogenea la cui soluzione è del tipo:

$$y(t) = Acos(\omega t + \emptyset) + B/_{\omega^2} \tag{7}$$

essendo $\boldsymbol{B/_{\omega^2} = y_{eq}}$ la (7) si potrà scrivere:

$$y(t) = Acos(\omega t + \emptyset) + y_{eq} \tag{7'}$$

c) Per scrivere la legge oraria, tenuto conto delle condizioni dettate dall'ipotesi e dell'impulso iniziale a cui è soggetto il corpo, occorre determinare le grandezze mancanti nell'equazione (7).

Per $v(0)=v_f$ occorre partire dall'impulso impresso che mette in moto e quindi in oscillazione il sistema.
Dalla relazione $I_0 = \Delta P$ possiamo determinare la velocità finale della massa.

$$I_0 = mv_f - mv_i = 12{,}5\ kgm/s \tag{8}$$

$$v_f = \frac{12{,}5\frac{kgm}{s}}{5\ kg} = 2{,}5\ m/s \tag{9}$$

Derivando rispetto al tempo la (7) otteniamo l'equazione della velocità:

$$v(t) = -A\omega \cdot sen(\omega t + \emptyset) \tag{10}$$

Imponendo le condizioni iniziali alla (7) e (10) per $t = 0$ *si ha*:

$$y\,(0) = y_{eq} = 1{,}09\,m \quad e \quad v_{y0} = -2{,}5m/s$$

Si hanno inoltre:

$$y(0) = Acos(\emptyset) + y_{eq} = 1{,}09m \tag{11}$$

$$v(0) = -A\omega \cdot sen(\emptyset) = 2{,}5\ m/s \tag{12}$$

Dalla (11)

$$A \cdot cos(\emptyset) = 1{,}09m - 1{,}09m = 0 \quad \Rightarrow \emptyset = \pi/2 \tag{13}$$

Ricordando che $\omega = \sqrt{\frac{K}{m}} = \sqrt{\frac{100\frac{N}{m}}{5kg}} = 4{,}47 rad/s$

dalla (12) si ha:

$$A = -\frac{2{,}5\frac{m}{s}}{\omega \cdot sen\left(\frac{\pi}{2}\right)} = -\frac{2{,}5\frac{m}{s}}{4{,}47\frac{rad}{s} \cdot 1} \cong -0{,}56\, m \qquad (14)$$

La legge oraria cercata sarà:

$$y(t) = -0{,}56 \cdot cos\left(4{,}47 \cdot t + \frac{\pi}{2}\right) + 1{,}09$$

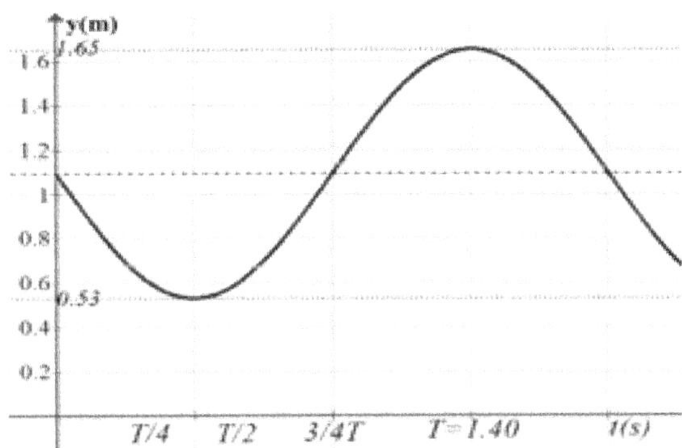

Figura 173

$$v(t) = -0{,}56 \cdot 4.47 \cdot sen\left(,47 \cdot t + \frac{\pi}{2}\right)$$

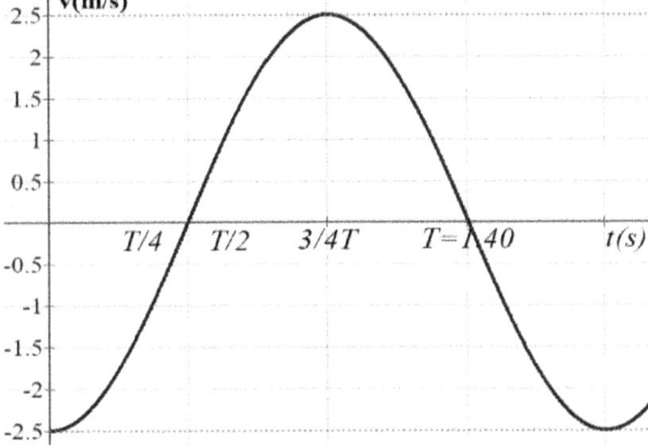

Figura 174

Criteri energetici

11. Un corpo di massa m attaccato ad una molla di costante elastica K oscilla orizzontalmente in assenza di attrito. Se la massa viene spostata dal punto di equilibrio di un valore x_m e poi lasciata libera, determinare:

a) La velocità massima del corpo;

b) La sua velocità nel punto $x(t)$=4 cm;

c) L'accelerazione massima del corpo nel punto $x(t)$=4,0 cm.

(**dati**:$m = 0{,}3\ kg; K = 9\frac{N}{m};\ \ x_m = 6\ cm$)

Strategia – soluzione

Il moto del corpo è armonico semplice; per le risposte **a)** e **b)** possiamo applicare il principio di conservazione dell'energia. Inoltre per il funzionamento di tale sistema la velocità massima si ha nel punto di riposo cioè per $x=0$; per altre x si ricava dal principio di conservazione citato. Per il punto **c)** possiamo utilizzare la seconda legge di Newton.

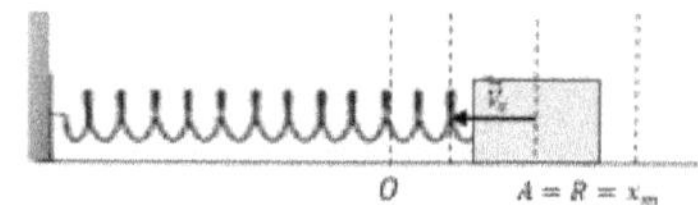

Figura 175

a) Il principio di conservazione dell'energia per un punto x generico è:

$$\frac{1}{2}K\,{x_m}^2 = \frac{1}{2}m\,v^2 + \frac{1}{2}K\,x^2 \tag{1}$$

Da cui:

$$v = \sqrt{\frac{K}{m}({x_m}^2 - x^2)} \tag{2}$$

Considerato che la velocità massima, come evidenziato sopra, si ha per $x=0$, sostituendo i valori dati nella (2) si ha:

$$v = \sqrt{\frac{9\frac{N}{m}}{0{,}3kg}(0{,}06^2 - 0)m^2} \cong 0{,}329m/s \tag{3}$$

b) Anche in questo caso applichiamo la (2):

$$v = \sqrt{\frac{9\frac{N}{m}}{0{,}3kg}(0{,}06^2 - 0{,}04^2)m^2} \cong 0{,}245\ m/s$$

c) Applicando la seconda legge di Newton $F = -Kx(t)$

$$-Kx(t) = ma \tag{4}$$

$$a = -\frac{K}{m}x(t) \tag{5}$$

Il valore massimo di a si ha per la massima elongazione $x_m = 6\,cm$, quindi applichiamo la (5) :

$$a = -\frac{9\frac{N}{m}}{0{,}3kg} 0{,}06m = 1{,}8\, m/s^2 \qquad (6)$$

Per $x(t) = 4\,cm$ si ha:

$$a = -\frac{9\frac{N}{m}}{0{,}3kg} 0{,}04m = 1{,}2\, m/s^2 \qquad (7)$$

12. [40]Un blocco di massa *M* fermo su una superficie orizzontale priva di attrito è attaccato a una molla allo stato di riposo con costante elastica *k*. Un proiettile di massa *m* urta il blocco fermo e penetra nello stesso dopo la collisione, provocando un accorciamento della molla pari a *x*.

a) Qual era la velocità iniziale del proiettile?

b) Determina l'equazione in funzione del tempo dello spazio *x* durante le oscillazioni della molla dopo la massima compressione;

c) Determina la pulsazione e il periodo di oscillazione.

(Halliday, Resnick, & Walker, 2001)

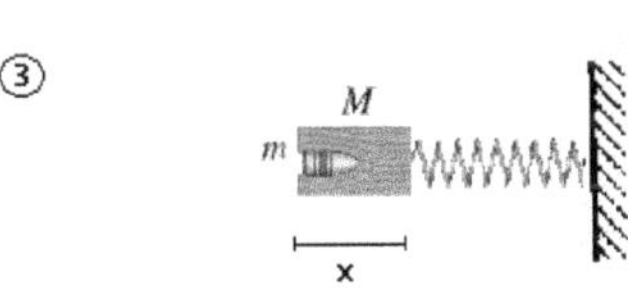

Figura 176

Strategia-soluzione

a) Per rispondere alla prima domanda occorre fare alcune considerazioni: tra gli istanti 1 e 2, che rappresentano un urto anelastico, si verifica quello che è il principio di conservazione della quantità di moto $p_2 = p_1$. Tra gli istanti 2 e 3 invece si assiste a un fenomeno regolato dalla legge di conservazione dell'energia meccanica; nello specifico l'energia cinetica del sistema proiettile-blocco si trasforma in energia potenziale elastica della molla $E_{p3} = E_{c2}$. Partendo da quest'ultima, e mediante la conservazione della quantità di moto, si può risalire alla velocità iniziale del proiettile. Esplicitando si ha:

[40] Pur essendo tratto da: D. Halliday, R. Resnick, J. Walker, *Fondamenti di fisica – Meccanica, Zanichelli editore*, Il problema è stato integrato con altri quesiti.

$$E_{p3} = E_{c2} \tag{1}$$

$$\frac{1}{2}kx^2 = \frac{1}{2}(M+m){v_f}^2$$

$$v_f = \sqrt{\frac{kx^2}{M+m}} = x\sqrt{\frac{k}{M+m}} \tag{1'}$$

A questo punto si può procedere:

$$p_2 = p_1$$

$$(M+m)v_f = mv_i \tag{2}$$

$$v_i = \frac{(M+m)v_f}{m}$$

b) Per rispondere alla richiesta bisogna considerare che quello della molla che oscilla è definito come moto armonico semplice, il quale è assimilabile alla proiezione di un moto circolare uniforme su un diametro del cerchio su cui tale moto si svolge.
La Figura 177 mostra la proiezione A' della particella di riferimento A in moto circolare uniforme a velocità angolare ω su un cerchio detto cerchio di riferimento di raggio x_m che è uguale all'accorciamento massimo della molla x. Per qualsiasi valore t del tempo la posizione angolare della particella è $\omega t + \phi$, dove ϕ è la sua posizione angolare iniziale. Proiettiamo ora A sull'asse x; la sua proiezione sarà il punto A' che immaginiamo rappresenti un'altra particella. La posizione di P in funzione del tempo sarà:

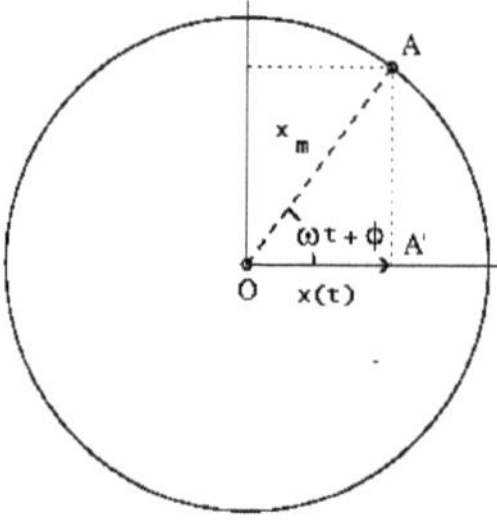

Figura 177

$$x(t) = x_m \cos(\omega t + \Phi) \tag{3}$$

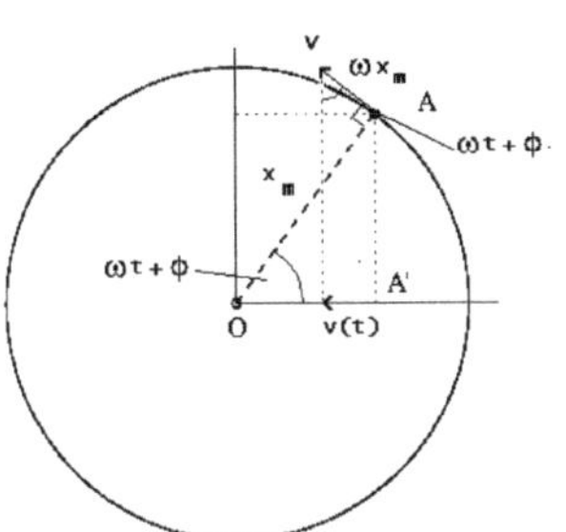

Figura 178

Caso analogo per la velocità:

l'ampiezza del vettore velocità è infatti ωx_m, come da relazione tra grandezze lineari e grandezze angolari, e la sua proiezione sull'asse x è:

$$v(t) = -\omega x_m sen\,(\omega t + \Phi) \qquad (4)$$

Per quanto riguarda l'accelerazione l'ampiezza del vettore è

$$\frac{v^2}{x_m} = \frac{\omega^2 x_m^2}{x_m} = \omega^2 x_m$$

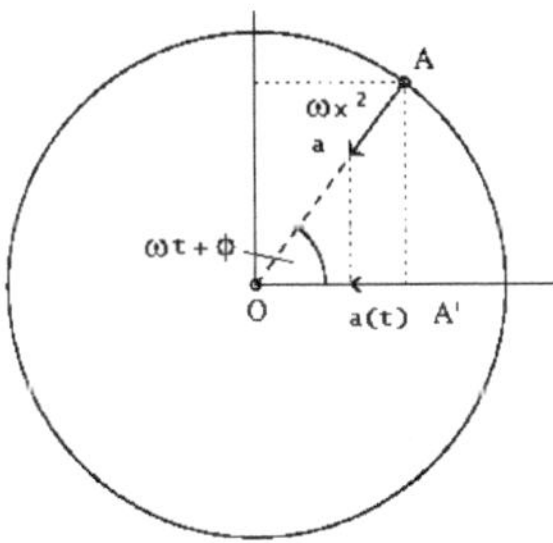

Figura 179

la sua proiezione sull'asse x è data da:

$$a(t) = -\omega^2 x_m \cos\,(\omega t + \Phi) \qquad (5)$$

c) La pulsazione sarà data da:

$$\omega = \frac{v_m}{x_m} = \frac{\cancel{x_m} \cdot \sqrt{\frac{k}{(M+m)}}}{\cancel{x_m}} = \sqrt{\frac{k}{(M+m)}} \qquad (6)$$

$$T = \frac{2\pi}{\omega} = \frac{2\pi}{\sqrt{\frac{k}{(M+m)}}} \qquad (7)$$

13. Una massa m è appesa all'estremità di una molla verticale di costante elastica k. Una seconda massa m è appesa, mediante un filo, alla parte inferiore della prima massa, come mostrato in figura. Entrambe le masse si muovono di moto armonico semplice verticale di ampiezza A. Nell'istante in cui l'accelerazione delle masse è massima verso l'alto, il filo che unisce le masse si rompe, lasciando cadere la massa più bassa verso terra. Determinare:

a) La nuova ampiezza del moto della sola massa rimasta appesa;

b) Il periodo riferito ad **a)** se m=0,08 kg e k=3,06 N/m;

c) La velocità massima che esso assume con i dati di **b)**.

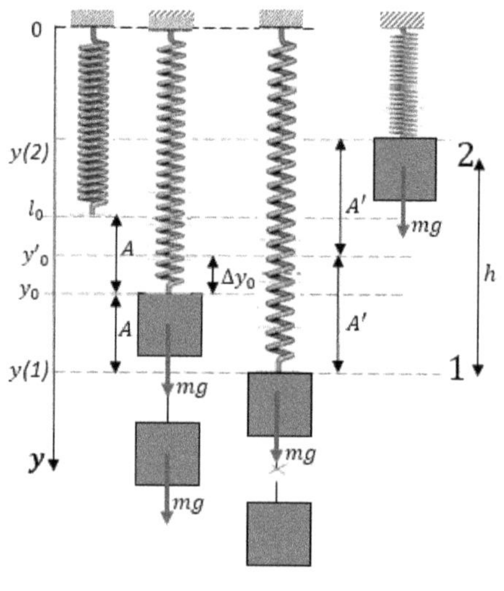

Figura 180

Strategia-soluzione

Attraverso l'analisi delle varie fasi (riportate in figura) si può constatare che la posizione di equilibrio y_0, ottenuta con le due masse, si modifica in y'_0 quando rimarrà una sola massa, per cui la nuova ampiezza varierà proprio di questa differenza. Il problema si può anche risolvere applicando il principio di conservazione dell'energia ai punti 1, quando viene staccata una delle masse, e 2 quando il corpo si ferma per poi ricadere, valore della minima ordinata y.

a) Caso 1

Determiniamo le posizioni di equilibrio nelle due condizioni, rispettivamente con 2 masse e con 1 massa.

All'equilibrio dovranno equipararsi la forza peso dei corpi e quella elastica della molla.

<u>Con 2 masse</u>

$$-k(y_0 - l_0) + 2mg = 0 \tag{1}$$

$$y_0 - l_0 = \frac{2mg}{k} = A \tag{2}$$

<u>Con una sola massa</u> la (1) diventa:

$$y'_0 - l_0 = \frac{mg}{k} \tag{3}$$

Sottraendo membro a membro la (2) e la (3) si ha:

$$\Delta y_0 = y_0 - {y'}_0 = \frac{mg}{k} \tag{4}$$

La nuova ampiezza sarà:

$$A' = A + \Delta y_0 = A + \frac{mg}{k} \tag{5}$$

Considerando che A è data dalla (2), la (5) si potrà scrivere anche nella forma:

$$A' = \frac{2mg}{k} + \frac{mg}{k} = 3\frac{mg}{k} \tag{6}$$

Caso 2

Assumiamo il punto 1 come posizione in cui il corpo oltre ad avere (come dal testo) la massima accelerazione, ha velocità nulla e allungamento della molla pari a 2A mentre il punto 2 come posizione in cui il corpo avrà di nuovo velocità nulla. Applichiamo il principio di conservazione dell'energia tra i due punti 1 e 2 (vedi figura) assumendo come punto a potenziale gravitazionale zero la posizione 1.

$$\cancel{E_{p1}} + \cancel{E_{c1}} + E_{e1} = E_{p2} + \cancel{E_{c2}} + E_{e2} \tag{7}$$

$$\frac{1}{2}k(2A)^2 = mgh + \frac{1}{2}kA^2 \tag{8}$$

Risolvendo rispetto ad h otteniamo:

$$h = \frac{2kA^2}{mg} - \frac{kA^2}{2mg} = 3A^2\frac{k}{2mg} = \frac{3A^2}{A} = 3A \tag{9}$$

$$h = 2A' = 3A \tag{10}$$

da cui:

$$A' = \frac{3}{2}A = \frac{3}{2}\frac{2mg}{k} = 3\frac{mg}{k} = A + \frac{mg}{k} \tag{11}$$

Del tutto identico alla (6).

b) Il periodo sarà:

$$T = 2\pi\sqrt{\frac{m}{k}} = 2\pi\sqrt{\frac{0{,}08kg}{3{,}06\frac{N}{m}}} \cong 1{,}016s \tag{12}$$

c) La velocità massima si ha nel punto di equilibrio $\boldsymbol{{y'}_0}$ in cui c'è solo energia cinetica; applichiamo il principio di conservazione dell'energia tra il punto di massima elongazione 1 e ${y'}_0$, prendendo quest'ultimo come punto a potenziale gravitazionale 0.

$$\frac{1}{2}kA'^2 - mgA' + 0 = 0 + 0 + \frac{1}{2}mv^2 \tag{13}$$

$$v^2 = \frac{k}{m}A'^2 - 2gA' = \frac{k}{m}\left(\frac{3}{2}A\right)^2 - 2g\frac{3}{2}A \tag{14}$$

$$v^2 = \frac{k}{m}\frac{9}{4}\frac{4m^2g^2}{k^2} - 2g\frac{3}{2}\frac{2mg}{k} = 3g^2\frac{m}{k} \tag{15}$$

$$v = g\sqrt{3\frac{m}{k}} = 9{,}8\frac{m}{s^2}\sqrt{3\cdot\frac{0{,}08kg}{3.06\frac{N}{m}}} \cong 2{,}74m/s \tag{16}$$

14. Un blocco fissato a una molla su una superficie priva di attrito si muove di moto armonico semplice con pulsazione $\boldsymbol{\omega}$ e ampiezza A rispetto alla sua posizione di equilibrio $x=0$. Dimostrare che la velocità del blocco in una generica posizione x è data dalla seguente espressione:

$$v = \omega\sqrt{A^2 - x^2}$$

Strategia-soluzione

Dal principio di conservazione dell'energia applicato in un punto generico x otteniamo

$$\frac{1}{2}K\,A^2 = \frac{1}{2}m\,v^2 + \frac{1}{2}K\,x^2$$

E ricordando che $\omega^2 = k/m$ si ha:

$$v = \sqrt{\frac{k}{m}(A^2 - x^2)} = \omega\sqrt{A^2 - x^2}$$

c.d.d.

15. Due masse rispettivamente di *2kg* e *0,5kg* sono agganciate ad una molla di costante elastica *k=1000 N/m* e si trovano in posizone di riposo su di un piano orizzontale senza attrito; sono soggette ad una forza elastica prodotta da una seconda molla di costante elastica $k_1 = 2 \cdot 10^4 N/m$ ma bloccate da un filo che le matiene ferme (vedi figura). Ad certo istante il filo viene tagliato e la massa m_1 si muoverà con velocità 6 *m/s*, la seconda rimane vincolata alla molla la comprime e successivamente oscillerà di moto armonico semplice. Determinare:

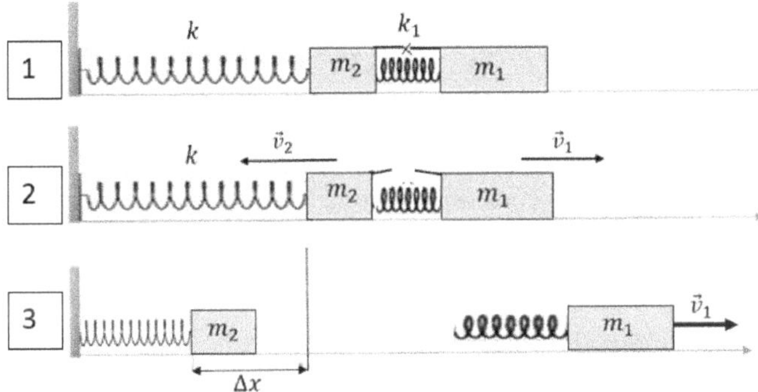

Figura 181

a) La massima compressione della prima molla;
b) L'energia totale appena dopo il taglio del filo;
c) L'energia potenziale elastica e la compressione iniziale della seconda molla.

Strategia-soluzione

La massima compressione della molla 1 si avrà quando la massa 2 avrà convertito tutta la sua energia cinetica iniziale in energia elastica della molla, pertanto occorrerà determinare la velocità iniziale della massa 2 ed essendo in un sistema isolato soggetto a sole forze conservative, ci serviremo del principio di conservazione della quantità di moto e successivamente del principio di conservazione dell'energia meccanica.

a) Il principio di conservazione della quantità di moto tra gli istanti 1 prima del taglio del filo e 2 appena dopo il taglio, sarà:

$$m_1 v_1 = m_2 v_2 \quad (1)$$

$$v_2 = \frac{m_1 v_1}{m_2} \quad (2)$$

Applichiamo il principio di conservazione dell'energia meccanica della massa 2 tra gli istanti 2 e 3:

$$\frac{1}{2} m_2 {v_2}^2 + 0 = \frac{1}{2} k \Delta x^2 + 0 \quad (3)$$

Da cui:

$$\Delta x = v_2\sqrt{\frac{m_2}{k}} = \frac{m_1 v_1}{m_2}\sqrt{\frac{m_2}{k}} = v_1 m_1\sqrt{\frac{1}{k m_2}} =$$

$$= 6\frac{m}{s}2{,}0\,kg\sqrt{\frac{1}{0{,}5\cdot 10^3\frac{N}{m}}} = 0{,}53\,m \tag{4}$$

b) L'energia totale sarà ottenuta sommando l'energia cinetica delle due masse appena dopo il taglio del filo (istante 2).

$$\frac{1}{2}m_2 v_2{}^2 + \frac{1}{2}m_1 v_1{}^2 = E_t \tag{5}$$

$$E_t = \frac{1}{2}m_2\left(\frac{m_1 v_1}{m_2}\right)^2 + \frac{1}{2}m_1 v_1{}^2 = \frac{1}{2}m_1 v_1{}^2\left(1+\frac{m_1}{m_2}\right) = 180J$$

c) L'energia potenziale elastica della seconda molla è uguale all'energia totale appena dopo il taglio.

$$\frac{1}{2}k_1 \Delta x_1{}^2 = E_t = 180J$$

Da cui la sua compressione iniziale è:

$$\Delta x_1 = \sqrt{\frac{2\cdot 180J}{2\cdot 10^4\frac{N}{m}}} = 0{,}134m$$

Il periodo di oscillazione della molla 1 sarà:

$$T = 2\pi\sqrt{\frac{m_2}{k}} = 6{,}28\,rad\sqrt{\frac{0{,}5kg}{10^3\frac{N}{m}}} = 0{,}14s$$

Pendoli

16. All'equatore un pendolo di lunghezza l=5,00 m viene fatto oscillare e utilizzato per effettuare una misurazione di precisione dell'accelerazione di gravità; avendo misurato il periodo del pendolo che risulta di T_e=4,49 s determinare:

a) Il valore dell'accelerazione di gravità;

b) L'accelerazione di gravità ai poli;

c) Il periodo ai poli.

(**dati**: $M_T = 5{,}97 \cdot 10^{24}\,kg,\;\; R_{Te} = 6{,}37839 \cdot 10^6 m,\;\; R_{TP} = 6{,}35599\, \cdot 10^6\, m$)

Strategia-sviluppo

Si tratta di affrontare il problema come un pendolo semplice, quindi utilizziamo le equazioni relative per il calcolo del periodo. Per il punto **b)** si può giungere alla soluzione in duplice modo: determinando prima l'accelerazione di gravità ai poli tramite la legge della gravitazione universale e poi determinando il periodo o determinando il rapporto tra i raggi e i rispettivi periodi.

a) Applicando la relazione per il periodo di un pendolo semplice si ha:

$$T_e = 2\pi\sqrt{\frac{l}{g_e}} \tag{1}$$

Da cui:

$$g_e = \frac{4\pi^2 l}{{T_e}^2} = \frac{4 \cdot \pi^2 \cdot 5{,}00m}{(4{,}49s)^2} = 9{,}79\; m/s^2 \tag{2}$$

b) Per completezza determiniamo il valore cercato in entrambi i modi.

Primo modo: ricordando la legge della gravitazione universale di Newton:

$$F_g = G\frac{M_T m}{{R_T}^2} \tag{3}$$

Applicata ai poli il valore di ***g*** sarà:

$$g_P = G\frac{M_T}{{R_{TP}}^2} = 6{,}67 \cdot 10^{-11}\frac{Nm^2}{kg^2}\frac{5{,}97 \cdot 10^{24}\,kg}{(6{,}35599\, \cdot 10^6\, m)^2} = 9{,}86 m/s^2 \tag{4}$$

Applicando la (1) ai poli si ha:

$$T_P = 2\pi\sqrt{\frac{l}{g_P}} = 2\pi\sqrt{\frac{5{,}00m}{9{,}86m/s^2}} = 4{,}47s$$

(5)

<u>Secondo modo</u>: scriviamo il rapporto tra le accelerazioni di gravità utilizzando la (4) per entrambe:

$$\frac{g_P}{g_e} = \frac{G\dfrac{M_T}{{R_{TP}}^2}}{G\dfrac{M_T}{{R_{Te}}^2}} = \frac{{R_{Te}}^2}{{R_{TP}}^2}$$

(6)

da cui:

$$g_P = \frac{{R_{Te}}^2}{{R_{TP}}^2} g_e = \frac{{R_{Te}}^2}{{R_{TP}}^2} \cdot \frac{4\pi^2 l}{{T_e}^2} = \frac{4\pi^2 l}{{T_P}^2}$$

(7)

semplificando la (7) e risolvendo rispetto a T_P si ha

$$T_P = \sqrt{\frac{{R_{TP}}^2}{{R_{Te}}^2} \cdot {T_e}^2} = \frac{R_{Tp}}{R_{Te}} \cdot T_e = \frac{6{,}35599 \cdot 10^6\, m}{6{,}37839 \cdot 10^6 m} 4{,}49s = 4{,}47\ s$$

(8)

17. [41]Consideriamo il pendolo semplice di figura. La sfera metallica attaccata ad un filo di lunghezza L viene lasciata libera di oscillare; ponendo un fermo al filo tramite un chiodo, tale che la lunghezza di oscillazione si riduca a l (come in figura), determinare:

a) Il periodo di oscillazione per la nuova lunghezza l e definire se è maggiore, minore o uguale a quello iniziale;

b) Periodo per L=1,0m ed l=0,25m.

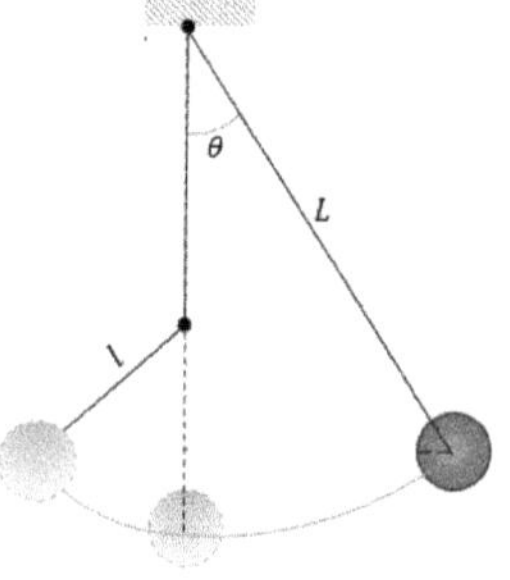

Figura 182

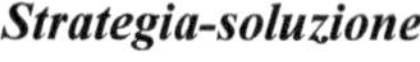

Strategia-soluzione

---

[41] Liberamente ispirato all'esercizio n.66 pag. 439 del Walker, 2010.

Si può affrontare il problema ricorrendo alla relazione (23) dei richiami e formule del capitolo, indicando con T_0 il periodo del pendolo con lunghezza L e T_1 il periodo per la lunghezza ridotta.

a) Il periodo del pendolo semplice se la lunghezza fosse L per l'intera oscillazione sarebbe:

$$T_0 = 2\pi \cdot \sqrt{\frac{L}{g}} \tag{1}$$

Per la nuova lunghezza l sarà:

$$T_1 = 2\pi \cdot \sqrt{\frac{l}{g}} \tag{2}$$

$$T_1 = T\sqrt{\frac{l}{L}} \tag{3}$$

da cui risulta che $T_1 < T_0$ per cui con lunghezza minore oscillerà più rapidamente. IL periodo cercato sarà dato dalla somma della metà dei due periodi:

$$T = \pi \cdot \sqrt{\frac{L}{g}} + \pi \cdot \sqrt{\frac{l}{g}} = \pi\left(\sqrt{\frac{L}{g}} + \sqrt{\frac{l}{g}}\right) \tag{4}$$

b) Utilizzando la (4) con i dati forniti il periodo sarà:

$$T = \pi\left(\sqrt{\frac{1{,}0m}{9{,}8\ m/s^2}} + \sqrt{\frac{0{,}25m}{9{,}8\ m/s^2}}\right) = 1{,}50\ s$$

18. Se un pendolo semplice lungo 1,50 m compie 72,0 oscillazioni in 180 s, qual è il valore locale dell'accelerazione di gravità?

Strategia-soluzione

Per determinare l'accelerazione di gravità cercata si può ricorre alla relazione del periodo di un pendolo semplice, una volta determinata la frequenza.

$$T = 2\pi \cdot \sqrt{\frac{L}{g}} = 1/f \tag{1}$$

da cui:

$$g = 4\pi^2 f^2 L \tag{2}$$

$$f = \frac{72{,}0}{180\ s} = 0{,}4\ Hz \tag{3}$$

sostituendo nella (2) si ha:

$$g = 4\pi^2 (0{,}4\ Hz)^2 1{,}5\ m = 9{,}47\ m/s^2$$

19. Un pendolo è formato da un disco omogeneo di raggio 0,10m e massa 0,50kg fissato, come in Figura 183, ad un'asticella uniforme di lunghezza 0,50 m e massa 0,270 kg. Calcolare il periodo di oscillazione.
(Halliday, Resnick, & Walker, 2001, p. 362)

Strategia-soluzione

Per il periodo si potrà utilizzare la relazione (34) scritta nei richiami del presente capitolo.

$$T = \frac{2\pi}{\omega} = 2\pi \cdot \sqrt{\frac{I}{Mgd}} \tag{1}$$

dove I è il momento d'inerzia del sistema rispetto al punto di oscillazione O e d la distanza tra il baricentro del sistema e il punto di rotazione, pertanto occorre determinarli entrambi.

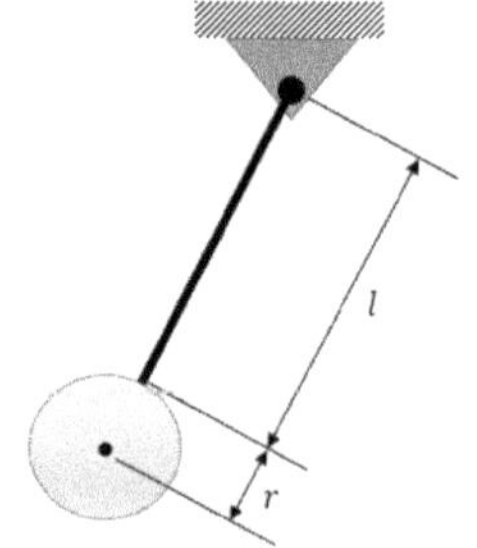

Figura 183

Il momento d'inerzia del sistema I sarà dato dalla somma dei rispettivi momenti d'inerzia rispetto ad O.
Dal teorema di Huyges-Steiner applicato sia al disco che all'asticella si ha:
per il disco

$$I = I_{od} + I_{oA} \tag{2}$$

$$I_{od} = \frac{1}{2}m_d r^2 + m_d(l+r)^2 \tag{3}$$

$$I_{od} = 0{,}5\ kg \cdot \left[\frac{1}{2}(0{,}1m)^2 + (0{,}5m + 0{,}1m)^2\right] = 0{,}183\ kgm^2$$

per l'asticella

$$I_{oA} = \frac{1}{12}m_A l^2 + m_A\left(\frac{l}{2}\right)^2 = \frac{1}{3}0{,}27kg \cdot (0{,}5m)^2 = 0{,}022\ kgm^2 \tag{4}$$

$$I = 0{,}205\ kgm^2$$

Per determinare d occorre calcolare il centro di massa del sistema

$$Md = m_d(l+r) + m_A\frac{l}{2} \tag{5}$$

$$d = \frac{m_d(l+r) + m_A\frac{l}{2}}{M} = \frac{0{,}5\ kg \cdot 0{,}6m + 0{,}27kg \cdot 0{,}25m}{(0{,}5 + 0{,}27)kg} \cong 0{,}477m \tag{6}$$

Sostituendo nella (1) si ha:

$$T = 2\pi \cdot \sqrt{\frac{0{,}205\ kgm^2}{0{,}77kg \cdot 9{,}8\frac{m}{s^2}0{,}48m}} \cong 1{,}50s$$

20. Un'asta rigida di massa M e lunghezza L viene sospesa da un punto C; la si sposta dalla verticale fino a formare un angolo θ_0 con la stessa e poi lasciata libera di oscillare. Considerando nulli gli attriti determinare:

a) La massima velocità angolare;

b) La velocità tangenziale del centro di massa e dell'estremità dell'asta nella posizione B;

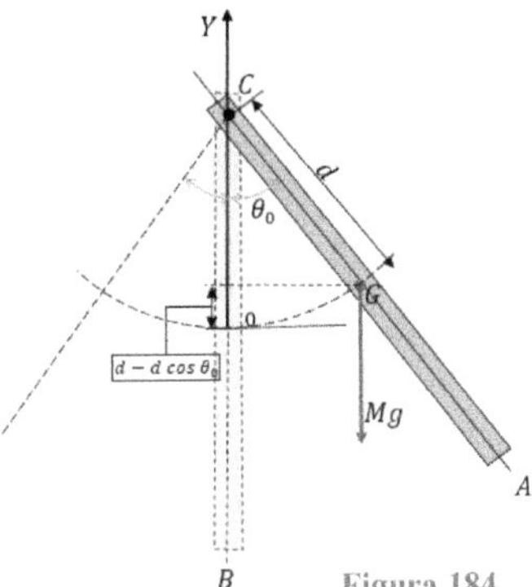

Figura 184

Strategia-soluzione

Il problema può essere affrontato applicando il principio di conservazione dell'energia, considerando che le velocità angolare massima e tangenziale massima, sia del centro di massa che dell'estremità dell'asta, si hanno quando il corpo si ritrova sulla verticale. Se l'angolo iniziale è tale da non poter effettuare le esemplificazioni relative alle piccole oscillazioni, dobbiamo far ricorso a considerazioni energetiche.

a) Applichiamo il principio di conservazione dell'energia meccanica tra il punto iniziale A e finale B:

$$Mgd(1 - \cos\theta_0) = \frac{1}{2} I_A {\omega_B}^2 \quad (1)$$

Il momento d'inerzia dell'asta rispetto al punto C potrà essere determinato applicando il teorema di Huygens-Steiner

$$I_C = I_G + Md^2 = \frac{1}{12}ML^2 + \frac{ML^2}{4} = \frac{1}{3}ML^2 \quad (2)$$

$$Mg\frac{L}{2}(1 - \cos\theta_0) = \frac{1}{2}\cdot\frac{1}{3}ML^2 \cdot {\omega_B}^2 \quad (3)$$

$$\omega_B = \sqrt{\frac{3g}{L}(1 - \cos\theta_0)} \quad (4)$$

b) La velocità tangenziale in B del centro di massa e dell'estremità dell'asta sarà data dalla relazione:

$v = \omega l$ (dove l è la distanza del punto dall'asse di rotazione)

$$v_G = \omega_B \frac{L}{2} = \sqrt{\frac{3gL}{4}(1 - \cos\theta_0)} \quad (5)$$

$$v = \omega_B L = \sqrt{3gL(1 - \cos\theta_0)} \quad (6)$$

APPENDICI

Appendice A

Richiami di matematica - **Trigonometria**

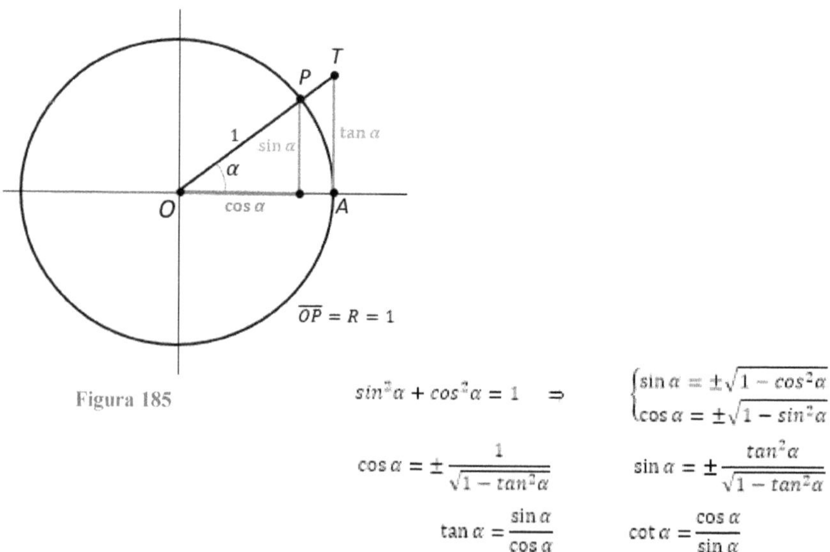

Figura 185

Alcuni valori notevoli

Angolo (°)	**Angolo** (rad)	**sin**	**cos**	**Tan**	**cot**
0	0	0	1	0	∞
30	$\frac{\pi}{6}$	$\frac{1}{2}$	$\frac{\sqrt{3}}{2}$	$\frac{\sqrt{3}}{3}$	$\sqrt{3}$
45	$\frac{\pi}{4}$	$\frac{\sqrt{2}}{2}$	$\frac{\sqrt{2}}{2}$	1	1
60	$\frac{\pi}{3}$	$\frac{\sqrt{3}}{2}$	$\frac{1}{2}$	$\frac{\sqrt{3}}{3}$	$\frac{\sqrt{3}}{3}$
90	$\frac{\pi}{2}$	1	0	∞	0

Formule di addizione

$$\cos(\alpha-\beta)=\cos\alpha\,\cos\beta+\sin\alpha\sin\beta$$

$$\cos\,(\alpha+\beta)=\cos\alpha\cos\beta-\sin\alpha\sin\beta$$

$$\sin(\alpha-\beta)\,=\sin\alpha\,\cos\beta-\sin\beta\cos\alpha$$

$$\sin(\alpha+\beta)\,=\sin\alpha\,\cos\beta+\sin\beta\cos\alpha$$

$$\tan(\alpha-\beta)\,=\frac{\tan\alpha\,-\tan\beta}{1+\tan\alpha\tan\beta}$$

$$\tan(\alpha+\beta)\,=\frac{\tan\alpha\,+\tan\beta}{1-\tan\alpha\tan\beta}$$

Formule di duplicazione

$$\sin 2\alpha=2\sin\alpha\,\cos\alpha$$

$$\cos 2\alpha=\begin{cases}cos^2\alpha-sin^2\alpha\\ 2\,cos^2\alpha-1\\ 1-2\,sin^2\alpha\end{cases}$$

$$\tan 2\alpha=\frac{2\,tan\alpha}{1-tan^2\alpha}$$

Formule di prostaferesi

$$\sin p+\sin q=2\sin\frac{p+q}{2}\cos\frac{p-q}{2}$$

$$\sin p-\sin q=2\sin\frac{p-q}{2}\cos\frac{p+q}{2}$$

$$\cos p+\cos q=2\cos\frac{p+q}{2}\cos\frac{p-q}{2}$$

$$\cos p-\cos q=-2\sin\frac{p+q}{2}\sin\frac{p-q}{2}$$

Formule di bisezione

$$\boldsymbol{sen}\ \frac{\alpha}{2}=\pm\sqrt{\frac{1-\cos\alpha}{2}}$$

$$\boldsymbol{cos}\ \frac{\alpha}{2}=\sqrt{\frac{1+\cos\alpha}{2}}$$

$$\boldsymbol{tan}\ \frac{\alpha}{2}=\begin{cases}\sqrt{\dfrac{1-\cos\alpha}{1+\cos\alpha}}\\ \dfrac{1-\cos\alpha}{\sin\alpha}\\ \dfrac{\sin\alpha}{1+\cos\alpha}\end{cases}$$

Formule di triplicazione

$$\sin 3\alpha=3\sin\alpha-4\sin^3\alpha$$

$$\cos 3\alpha=4\cos^3\alpha-3\cos\alpha$$

<table>
<tr><th colspan="2">Triangoli</th></tr>
<tr><th>rettangoli</th><th>qualunque</th></tr>
<tr><td>
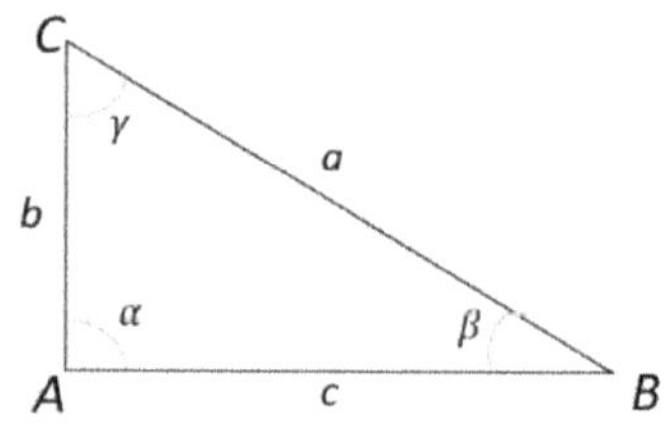

$tan\,\beta = \frac{b}{c} \qquad tan\,\gamma = \frac{c}{b}$

$b = a \sin\beta = a \cos\gamma = c \tan\beta$

$a = \frac{b}{\sin \beta} = \frac{b}{\cos\gamma}$

$c = a\ sin\,\gamma = a\ cos\,\beta = b\ \ tan\,\gamma$

$a = \frac{c}{sin\,\gamma} = \frac{c}{cos\,\beta}$
</td><td>
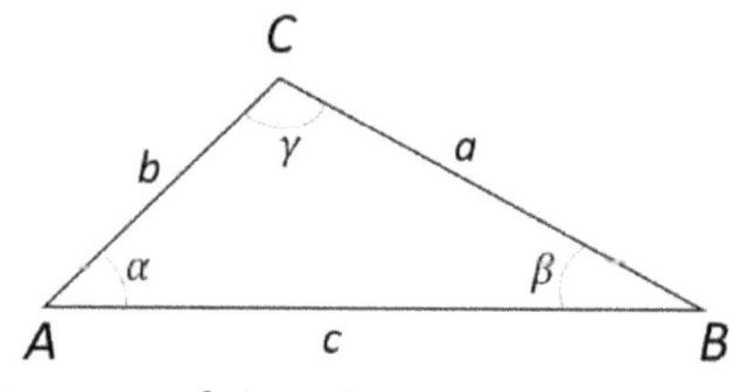

teorema dei seni:

$\frac{a}{sin\,\alpha} = \frac{b}{sin\,\beta} = \frac{c}{sin\,\gamma}$

teorema di carnot:

$a^2 = b^2 + c^2 - 2bc\ cos\,\alpha$

$b^2 = a^2 + c^2 - 2ac\ cos\,\beta$

$c^2 = a^2 + b^2 - 2ab\ cos\,\gamma$

$Area\ = \begin{cases} \frac{1}{2} bc \sin\alpha \\ \frac{1}{2} ac \sin\beta \\ \frac{1}{2} ab \sin\gamma \end{cases}$
</td></tr>
</table>

Appendice B

Richiami di algebra vettoriale - **Prodotti di vettori**

Prodotto tra vettori

Esistono due modi per moltiplicare i vettori:

a) **prodotto scalare;**
b) **prodotto vettoriale.**

a) prodotto scalare

Si indica con (·), il risultato del prodotto scalare tra due vettori e uno scalare, cioè un numero. Esso, è dato dal prodotto dei moduli di ciascun vettore per il coseno dell'angolo compreso tra le direzioni dei due vettori.

$$\vec{a} \cdot \vec{b} = |\vec{a}||\vec{b}| \cos\theta$$
$$\theta = 0° \implies \vec{a} \cdot \vec{b} = |\vec{a}||\vec{b}|$$
$$\theta = 90° \implies \vec{a} \cdot \vec{b} = 0$$
$$\theta = 180° \implies \vec{a} \cdot \vec{b} = -|\vec{a}||\vec{b}|$$

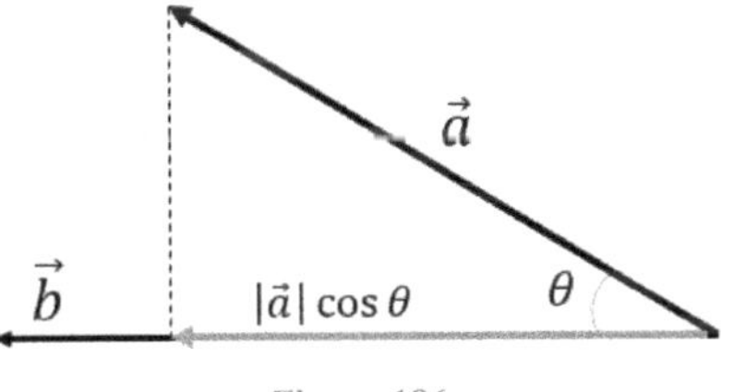

Figura 186

Proprietà del Prodotto scalare

Siano $\vec{\imath}, \vec{\jmath}, \vec{k}$ i versori degli assi cartesiani x,y,z, e dati i vettori nello spazio:

$\bar{a} = a_x\bar{i} + a_y\bar{j} + a_z\bar{k}$ $\bar{b} = b_x\bar{i} + b_y\bar{j} + b_z\bar{k}$

$$\vec{a} \cdot \vec{b} = \vec{b} \cdot \vec{a} = a_x b_x + a_y b_y + a_z b_z = |\vec{a}||\vec{b}| \cos\theta$$

Essendo i versori **ortogonali** fra di loro e con **modulo unitario** il loro prodotto scalare risulta:

$$\vec{\imath} \cdot \vec{\imath} = \vec{\jmath} \cdot \vec{\jmath} = \vec{k} \cdot \vec{k} = 1$$

$$\vec{\imath} \cdot \vec{\jmath} = \vec{\jmath} \cdot \vec{k} = \vec{k} \cdot \vec{\imath} = 0$$

b) prodotto vettoriale

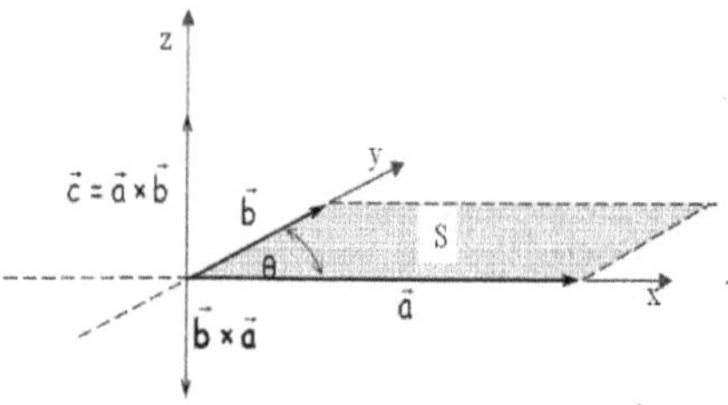

Figura 187

Si indica con (x), il risultato del prodotto vettoriale tra due vettori, è un altro vettore, con direzione perpendicolare al piano formato da entrambi i due vettori.
Il modulo del vettore risultante e uguale alla superficie S del parallelogramma formato dai due vettori
La superficie S di un parallelogramma e il prodotto della base **a** per l'altezza **h**, dove $h = b \sin \theta$, è la proiezione di b sulla ortogonale ad a.

$$S = |\vec{a}| x\, h = \overrightarrow{|\vec{a}||\vec{b}|} \cdot sin\ \theta$$

$$S = \vec{a} x\, \vec{b} = \overrightarrow{|\vec{a}||\vec{b}|} \cdot sin\ \theta$$

$$\theta = 0^\circ \ \Rightarrow\ \vec{a}\, x\, \vec{b} = 0$$

$$\theta = 90^\circ \ \Rightarrow\ \vec{a}\, x\, \vec{b} = |\vec{a}||\vec{b}|$$

$$\theta = 180^\circ \ \Rightarrow\ \vec{a}\, x\, \vec{b} = 0$$

Proprietà del Prodotto Vettoriale

Dati due vettori:

$\vec{a} = a_x\vec{i} + a_y\vec{j} + a_z\vec{k}$ $\qquad \vec{b} = b_x\vec{i} + b_y\vec{j} + b_z\vec{k}$

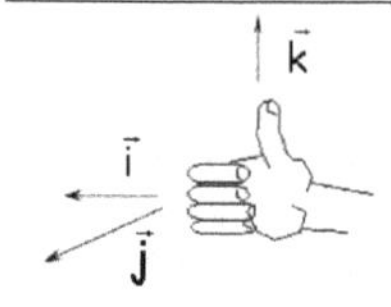

Figura 188

Il prodotto vettoriale è dato da

$$\vec{a} \times \vec{b} = (a_x\vec{i} + a_y\vec{j} + a_z\vec{k}) \times (b_x\vec{i} + b_y\vec{j} + b_z\vec{k})$$
$$= (a_yb_z - a_zb_y)\vec{i} + (a_zb_x - a_xb_z)\vec{j} + (a_xb_y - a_yb_x)\vec{k}$$

Essendo i versori **ortogonali** fra di loro e con **modulo unitario** il loro prodotto vettoriale risulta:

$$\vec{i} \times \vec{i} = 0, \vec{i} \times \vec{j} = \vec{k}, \vec{i} \times \vec{k} = -\vec{j}$$
$$\vec{j} \times \vec{i} = -\vec{k}, \vec{j} \times \vec{j} = 0, \vec{j} \times \vec{k} = \vec{i}$$
$$\vec{k} \times \vec{i} = \vec{j}, \vec{k} \times \vec{j} = -\vec{i}, \vec{k} \times \vec{k} = 0$$

Vale la proprietà distributiva

$$\vec{a}\,x(\vec{b}+\vec{c}) = \vec{a}\,x\,\vec{b} + \vec{a}\,x\,\vec{c}$$

Il prodotto vettoriale è anti-commutativo

$$\vec{a}\,x\,\vec{b} = -\,\vec{b}\,x\,\vec{a} = \begin{vmatrix} \vec{\imath} & \vec{\jmath} & \vec{k} \\ a_x & a_y & a_z \\ b_x & b_y & b_z \end{vmatrix} =$$

$$= (a_y\,b_z - a_z b_y)\vec{\imath} + (a_z b_x - a_x b_z)\vec{\jmath} + (a_x\,b_y - a_y\,b_x)\,\vec{k}$$

Alcune Derivate e integrali indefiniti

funzione	derivata	integrale
$y = x$	$y' = 1$	$\int x\,dx = \frac{x^2}{2} + c$
$y = x^n$	$y' = nx^{n-1}$	$\int x^n dx = \frac{x^{n+1}}{n+1} + c$
$y = \sqrt[n]{x}$	$y' = \frac{1}{n\sqrt{x}}$	$\int \sqrt[n]{x}dx = \frac{n}{n+1}\sqrt[n]{x^{n+1}} + c$
$y = \ln x$	$y' = \frac{1}{x}$	$\int \ln x\,dx = x(\ln x - 1) + c$
$y = \frac{1}{x}$	$y' = -\frac{1}{x^2}$	$\int \frac{1}{x}dx = \ln x + c$
$y = e^x$	$y' = e^x$	$\int e^x dx = e^x$
$y = kf(x)$	$y' = k \cdot f'(x)$	$\int kf(x)dx = k\int f(x)dx$
$y = f(x) + g(x)$	$y' = f'(x) + g'(x)$	$\int [f(x) + g(x)]dx$ $= \int f(x)dx + \int g(x)dx$
$y = f(x) \cdot g(x)$	$y' = f'(x)g(x) + f(x)g'(x)$	$\int [f(x)g(x)]dx$ $= f(x)\int g(x)dx -$ $+ \int \left(f'(x)\int g(x)dx\right)dx$
$y = sin\,x$	$y' = \cos x$	$\int sin\,x\,dx = -\cos x + c$
$y = cos\,x$	$y' = -sin\,x$	$\int cos\,x\,dx = \sin x + c$
$y = \tan x$	$y' = \frac{1}{\cos^2 x}$	$\int \tan x\,dx = -\ln\lvert\cos x\rvert + c$

Appendice C

ALCUNE COSTANTI FONDAMENTALI DELLA FISICA

Costante	Simbolo	Valore
Velocità della luce	c	$3{,}00 \cdot 10^8 m/s$
Massa dell'elettrone	m_e	$9{,}108 \cdot 10^{-31}\ kg$
Massa del protone	m_p	$1{,}672 \cdot 10^{-27}\ kg$
Massa del neutrone	m_n	$1{,}674 \cdot 10^{-27}\ kg$
Unità di massa atomica	**uma**	$1{,}66 \cdot 10^{-27}\ kg$
Costante di gravitazione universale	**G**	$6{,}67 \cdot 10^{-11} Nm^2/kg^2$
Costante dei gas	**R**	8,31 J/Kmol
Numero di Avogadro	N_A	$6{,}022 \cdot 10^{23}\ mol^{-1}$
Costante di Coulomb	**K**	$8{,}99 \cdot 10^9 Nm^2/C^2$
Costante di Boltzmann	**k**	$1{,}38 \cdot 10^{-23}\ j/K$
Costante di Coulomb	**K**	$8{,}99 \cdot 10^9 Nm^2/C^2$
Costante dielettrica nel vuoto	ε_0	$8{,}85 \cdot 10^{-12} C^2/(Nm^2)$
Carica dell'elettrone	e	$1{,}60 \cdot 10^{-19}\ C$
Permeabilità magnetica nel vuoto	μ_0	$1{,}26 \cdot 10^{-6} Tm/A$
Accelerazione di gravità (sulla terra all'equatore)	**g**	$9{,}81\ m/s^2$
	DATI UTILI	
Massa della terra		$5{,}97 \cdot 10^{24}\ kg$
Massa della luna		$7{,}35 \cdot 10^{22}\ kg$
Massa del sole		$2{,}00 \cdot 10^{30}\ kg$
Raggio medio della terra		$6{,}37 \cdot 10^6\ m$
Raggio medio della terra all'equatore		$6{,}37839 \cdot 10^6\ m$
Raggio medio della terra ai poli		$6{,}35599 \cdot 10^6\ m$
Raggio della luna		$1{,}74 \cdot 10^6\ m$
Raggio medio del sole		$6{,}96 \cdot 10^8 m$
Distanza media tra luna -terra		$3{,}84 \cdot 10^5 km$
Distanza media tra Sole -terra		$1{,}50 \cdot 10^8 km$
Densità dell'aria (a 0 °C ed 1 atm)		$1{,}29\ kg/m^3$
Densità dell'acqua (a 20 °C)		$1{,}00 \cdot 10^3 kg/m^3$
Velocità del suono nell'aria		$343\ m/s$

BIBLIOGRAFIA

A.Caforio-A.Ferilli. (1994). *PHYSICA*. LE MONNIER.

d'Annibale, Q. (2003-2004). *Liceo Scientifico Tecnologico - compito finale 3 liceo.* Tratto da www.fisicalst.it.

D. Halliday, & R. Resnick, J. Walker (2001). *Fondamenti di fisica - Meccanica* (Seconda edizione ed.). (A cura di G. Pezzi) Bologna, Italia: Zanichelli editore spa.

Istituto Giovanni Treccani. (s.d.). *Dizionario Treccani.*

Moriani, Nobel, Masi (2011). *Fenomeni e idee.* F.lli Ferraro Editore.

UniBergamo, U. d. (s.d.). Tratto da http://www.ventilii.it.

UniVr-esame. (2007). *matdid204834.pdf.* Tratto da www.dbt.univr.it/documenti/OccorrenzaIns/matdid/.

Walker. (2010). *Corso di fisica - Vol.1.* linx -Pearson Italia.

Walker, J. (2016). *La fisica di Walker -Vol.1.* linx -Pearson Italia.

www.ingramcontent.com/pod-product-compliance
Ingram Content Group UK Ltd.
Pitfield, Milton Keynes, MK11 3LW, UK
UKHW021652190726
13853UKWH00001B/211